资产评估基础

主　编　贾晨露　陈　琳　耿　越
副主编　刘芷含　宋宜霏　杨鑫越
　　　　李　欣　张　宏　赵　强

北京理工大学出版社
BEIJING INSTITUTE OF TECHNOLOGY PRESS

内 容 简 介

《资产评估基础》是一本全面而精练的入门指南,面向财会类专业学生,为初学者深入探索资产评估领域提供了坚实的起点。本教材从资产评估的基本概念与基础理论出发,系统梳理了评估工作的核心要素,包括基本事项、评估程序、评估方法等方面的基础知识。本教材通过详尽的案例分析与实践指导,引导学生在实际操作中运用相关知识,确保评估结果的科学性、准确性和公正性。

同时,本教材特别强调了资产评估法律制度与准则的重要性,详细解读了相关法律法规与行业规范,帮助学生树立合规意识,掌握在复杂法律环境中进行资产评估的技能。此外,关于资产评估报告与档案的管理,本教材也提供了详尽的指南,确保学生能够在评估工作结束后,有效整理、保存并利用评估资料。尤为重要的是,本教材还深入探讨了资产评估的职业道德与法律责任,引导学生理解并遵循行业道德规范,增强职业责任感,为学生成为一名优秀的资产评估专业人士奠定坚实的基础。

版权专有　侵权必究

图书在版编目(CIP)数据

资产评估基础 / 贾晨露, 陈琳, 耿越主编. -- 北京:
北京理工大学出版社, 2025.1.
ISBN 978-7-5763-4898-9

Ⅰ. F20

中国国家版本馆 CIP 数据核字第 2025EH4333 号

责任编辑 / 申玉琴	文案编辑 / 申玉琴
责任校对 / 刘亚男	责任印制 / 李志强

出版发行	/ 北京理工大学出版社有限责任公司
社　　址	/ 北京市丰台区四合庄路 6 号
邮　　编	/ 100070
电　　话	/ (010) 68914026(教材售后服务热线)
	(010) 63726648(课件资源服务热线)
网　　址	/ http://www.bitpress.com.cn

版 印 次	/ 2025 年 1 月第 1 版第 1 次印刷
印　　刷	/ 涿州市京南印刷厂
开　　本	/ 787 mm×1092 mm　1/16
印　　张	/ 14.5
字　　数	/ 340 千字
定　　价	/ 89.00 元

图书出现印装质量问题,请拨打售后服务热线,负责调换

前言

在全球化经济浪潮中,资产是企业价值的核心载体,对资产的准确评估与科学管理日益成为市场经济体系不可或缺的一环。本教材应运而生,旨在为读者搭建一座通往资产评估广阔领域的坚实桥梁。我们深知,无论是企业并购、资产处置、财务报告编制,还是法律诉讼、税收筹划等复杂场景,都离不开对资产价值的精准把握。因此,本教材从资产评估的基本概念出发,逐步深入,系统阐述资产评估的理论体系、方法技巧及其实践应用,力求为读者呈现一个全面、系统、实用的资产评估知识框架。

本教材不仅全面系统地介绍了资产评估的基本原理与方法,更在内容编排与呈现方式上展现出独有的特色和显著的优势。特别是在党的二十大报告中,明确提出要"加快建设现代化经济体系,推动高质量发展",这为资产评估行业的发展指明了方向。

本教材紧跟资产评估行业快速发展和相关法律法规不断完善,及时吸纳了最新的政策导向、行业标准和国际评估准则,确保读者能够获取到最前沿、最权威的知识信息。

党的二十大还强调了"创新驱动发展"的重要性,本教材还注重培养学生的创新思维和实践能力。通过设计多样化的思考题、练习题和案例分析题,引导学生主动思考、积极探索,培养学生解决问题的能力和批判性思维。这些内容与二十大精神高度契合,旨在为培养高素质、专业化的资产评估人才提供有力支持。

《资产评估基础》教材以独特的编写风格、丰富的教学内容、前沿的知识体系和实用的实践指导,成为资产评估领域不可多得的优秀教材,为培养高素质、专业化的资产评估人才提供了有力支持。

参加本书编写的有:沈阳科技学院贾晨露(第一章、第三章、第四章)、陈琳(第六章第一节~第三节)、耿越(第六章第四节、第五节)、刘芷含(第二章第一节~第三节)、宋宜霏(第五章第一节、第二节)、杨鑫越(第七章)、李欣(第二章第四节、第五节)、张宏(第五章第三节)、赵强(第五章第四节)。最后由贾晨露总纂定稿和审稿。

本书在编写过程中参考了大量资产评估的相关文献,在此向作者表示感谢。由于作者水平有限,再加上编写时间紧张,书中可能出现许多问题甚至错误,敬请读者指正。

目录

第一章　资产评估概述及基础理论 (001)
第一节　资产评估的发展历程 (002)
第二节　资产评估的基本概念和特点 (008)
第三节　资产评估的基础理论 (012)
第四节　资产评估与会计、审计的区别与联系 (015)

第二章　资产评估基本事项 (020)
第一节　资产评估相关当事人 (021)
第二节　资产评估对象和评估范围 (027)
第三节　资产评估目的与价值类型 (034)
第四节　资产评估基准日与报告日 (040)
第五节　资产评估假设 (044)

第三章　资产评估程序 (052)
第一节　资产评估程序概述 (053)
第二节　明确业务基本事项 (055)
第三节　订立业务委托合同 (059)
第四节　编制资产评估计划 (062)
第五节　实施现场调查 (063)
第六节　收集整理评估资料 (071)
第七节　评定估算形成结论 (080)
第八节　编制出具评估报告 (080)
第九节　整理归集评估档案 (085)

第四章　资产评估方法 (088)
第一节　市场法 (089)
第二节　收益法 (101)
第三节　成本法 (116)
第四节　资产评估方法的选择 (128)

第五章　资产评估法律制度与准则 …………………………………………（130）
第一节　资产评估法律体系概述 ……………………………………（132）
第二节　《资产评估法》的主要内容 …………………………………（134）
第三节　资产评估准则 …………………………………………………（145）
第四节　资产评估监管 …………………………………………………（152）

第六章　资产评估报告与档案 ……………………………………………（157）
第一节　资产评估报告概述 ……………………………………………（160）
第二节　资产评估报告的基本内容 ……………………………………（165）
第三节　国有资产评估报告的特殊要求 ………………………………（173）
第四节　资产评估档案的概念与内容 …………………………………（186）
第五节　资产评估档案的归集和管理 …………………………………（191）

第七章　资产评估的职业道德与法律责任 ………………………………（193）
第一节　资产评估的职业道德 …………………………………………（195）
第二节　资产评估的法律责任 …………………………………………（206）

参考文献 ………………………………………………………………………（225）

第一章　资产评估概述及基础理论

知识目标

了解我国资产评估的发展历程、我国资产评估的地位和作用、资产评估与会计和审计之间的区别和联系；熟悉资产评估的特点、资产评估的基础理论；掌握资产评估的基本概念、资产评估的要素。

素质目标

根据行业人才管理和培养的需求，培养学生成为牢固掌握资产评估与管理技术专业岗位(群)基础理论知识和专业技能、能从事各种资产评估工作的应用型人才。

能力目标

全面系统地掌握资产评估的概念及特点，能够熟练区分资产评估的基本要素，能判断资产评估与会计、审计的区别与联系；了解我国资产评估行业发展与管理状况。

思维导图

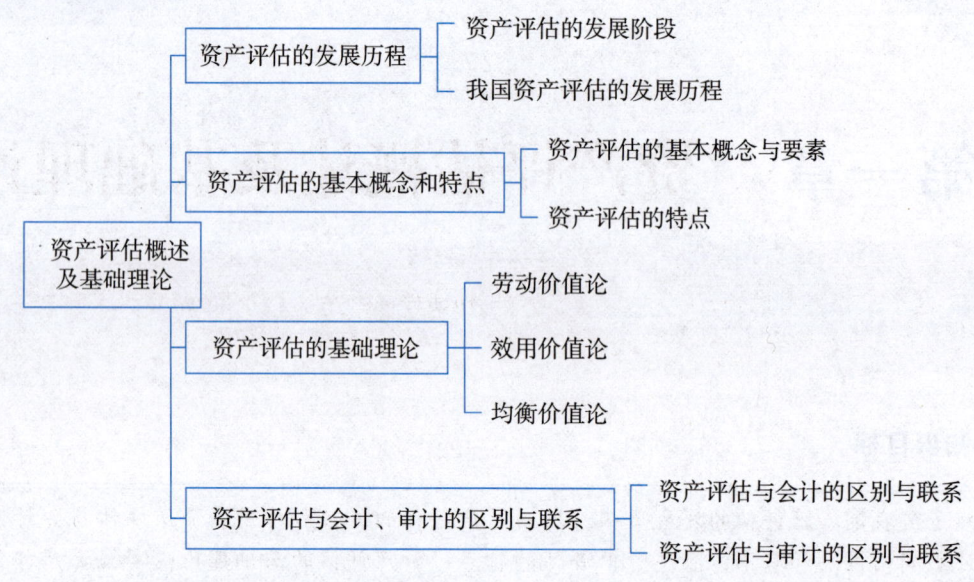

- 资产评估概述及基础理论
  - 资产评估的发展历程
    - 资产评估的发展阶段
    - 我国资产评估的发展历程
  - 资产评估的基本概念和特点
    - 资产评估的基本概念与要素
    - 资产评估的特点
  - 资产评估的基础理论
    - 劳动价值论
    - 效用价值论
    - 均衡价值论
  - 资产评估与会计、审计的区别与联系
    - 资产评估与会计的区别与联系
    - 资产评估与审计的区别与联系

第一节 资产评估的发展历程

一、资产评估的发展阶段

资产评估的产生和发展，经历了三个时期。

第一个时期是原始评估时期。在原始社会末期，生产的进一步发展导致剩余财产的出现，这是私有制产生的物质基础。随着私有制的发展，出现了商品生产和商品交易。在商品交换的过程中，如果交易双方对所交换商品的价值达不成一致的话，就要找到具有公信力的第三方对要交换的这个商品的价值进行估计，于是产生了对资产评估的客观需要，这就是所谓的原始评估。

原始评估有三个特点。由于原始评估不经常发生，所以其第一个特点是偶然性。第二个特点是直观性，即具有公信力的第三方对产品或商品价值的估算，一般都是直观的，如根据商品的大小或其他特征来进行估计。第三个特点是无偿性，即有公信力的第三方进行的价值估算活动是免费的。

第二个时期是经验评估时期。经验评估主要发生在前资本主义时期，因商品交换的不断扩大，出现了经常性评估。随着经济的进一步发展和商品、资产交易频率的提高，资产评估业务也逐渐向专业化和经常化方向发展，从而产生了一批具有一定评估经验的评估人员。这些评估人员由于积累了较丰富的评估经验，因而专业水平更高，接受的委托评估业务也较频繁，他们实行有偿服务，而且逐步向职业化方向发展，成立了专门的评估机构。经验评估时期的资产评估的特点是经常性、经验性、有偿性和责任性。

第三个时期是规范评估时期，也是资产评估的当前发展阶段。规范评估时期，资产评估的特点表现为评估机构的公司化，评估人员的专业化，评估程序的科学化，评估资产结果的责任化，等等。评估机构通过为资产交易双方提供评估服务，积累了大量的资产评估资料和丰富的资产评估经验,形成了符合现代企业特点的管理模式,培养了一大批具有丰富评估经验的评估人员,公司化的资产评估机构产生了。在专业的评估机构和评估人员出现的同时,资产评估工作也开始规范化,各国资产评估管理机构或行业自律协会开始制定统一的评估准则,对评估师的职业道德规范和评估工作程序做出明确、具体的规定。

从这三个发展阶段来看,原始评估阶段是资产评估的萌芽阶段,经验评估阶段是资产评估的一个过渡阶段,而从严格意义上来说,规范评估阶段的资产评估才是我们现在讲的资产评估。从这个意义上来说,资产评估规范从产生、发展到现在,也就是100多年的历史。从全世界的范围来看,资产评估真正进入快速发展时期是在20世纪40年代以后,到20世纪80年代,资产评估才开始进入国际化。

二、我国资产评估的发展历程

(一)我国资产评估行业发展史及发展特点(结合中国经济发展史)

我国资产评估行业是在改革开放和社会主义市场经济建设过程中兴起的,其发展历程可以分为以下几个阶段。

资产评估雏形阶段(1978—1991年)。自20世纪80年代起,随着我国经济的改革开放,资产评估行业应运而生。为了适应企业改制、股份制改造、联营合作等需要,出现了一些对企业或部分资产进行初步评价或核算的活动。这一时期的资产评估主要服务于国有企业改革和对外开放,虽然这些评价或核算活动还不具备专业性和系统性,但为资产评估的后续发展奠定了基础。1993年,中国资产评估协会成立,标志着我国资产评估行业开始走向规范化、专业化和统一化。

资产评估起步阶段(1992—1996年)。进入20世纪90年代后,我国资产评估行业逐渐成熟,并开始将资产评估业务拓展到更多领域。随着1993年12月中国资产评估协会的正式成立,资产评估行业进一步规范化。为了满足国有企业改革、上市公司建设、金融体制改革等需要,出现了一批专门从事资产评估的机构和人员,这些机构和人员开始探索与运用一些基本的评估方法和技术,并逐渐形成了一些评估规范和标准。这一时期,我国陆续出台了全国性的管理会计、律师行为的统一法律规定,却一直没有出台一部全国性的法律来规范资产评估行为。为实现行政和行业自律双重管理,1995年,我国资产评估协会加入了国际评估准则委员会;同年5月,中华人民共和国人事部、国家国有资产管理局联合印发《注册资产评估师执业资格制度暂行规定》及《注册资产评估师执业资格考试实施办法》,全国注册资产评估师执业资格制度正式建立。1996年5月,举办了首次全国注册资产评估师执业资格考试。此外,国家国有资产管理局还于1996年5月发布了《关于转发〈资产评估操作规范意见(试行)〉的通知》(国资办发[1996]23号)。在资产评估准则出台前,《资产评估操作规范意见(试行)》是规范我国资产评估业务的技术规范,该规范于2011年2月21日废止。

资产评估成长阶段(1997—2006年)。为了适应经济全球化、市场多元化、竞争激烈化等的需要,注册资产评估师执业资格全国统一考试于1996年开始实行,出现了一大批专业化、规模化、多元化的资产评估机构和人员。1998年,根据政府机构改革方案,国家国有资产管理局被撤销,相应的资产评估管理工作移交到财政部,中国资产评估协会划归财政部管理。进入21世纪后，我国资产评估行业迎来了飞速发展的十年。1999—2000年，我国资产评估行业完成了资产评估机构脱钩改制工作，资产评估机构在人员、财务、职能、名称四个方面与挂靠单位脱钩。2000年后，中国资产评估协会先后加入国际评估师联合会（IVS）和亚洲评估协会联合会（AAAV）。2001年，原由农业部主管的乡镇企业注册资产评估师及评估机构并入注册资产评估师队伍进行统一管理。

2001年12月31日，国务院办公厅转发财政部《关于改革国有资产评估行政管理方式加强资产评估监督管理工作意见的通知》（国办发〔2001〕102号），对国有资产评估管理方式进行重大改革，取消财政部门对国有资产评估项目的立项确认审批制度，实行财政部门的核准制或财政部门、集团公司及有关部门的备案制。之后，财政部相继制定了《国有资产评估管理若干问题的规定》《国有资产评估违法行为处罚办法》等配套改革文件。评估项目的立项确认制度改为核准、备案制，加大了资产评估机构和注册资产评估师在资产评估行为中的责任。为与此相适应，财政部将资产评估机构管理、资产评估准则制定等原先归属政府部门的行业管理职能移交给了资产评估行业协会。这一重大改革不仅是国有资产评估管理的重大变化，也标志着我国资产评估行业的发展进入了一个强化行业自律管理的新阶段。

2003年，国务院设立国务院国有资产监督管理委员会（以下简称"国资委"），财政部有关国有资产管理的部分职能划归国务院国资委。国务院国资委作为国务院特设机构，以出资人的身份管理国有资产，其职能包括负责监管所属企业资产评估项目的核准和备案。财政部则作为政府管理部门负责资产评估行业的管理工作，并行使国有金融企业及烟草、铁路、邮政、科学、教育、文化、农业、司法等行业的中央企业和行政事业单位国有资产管理职责。这次改革对我国资产评估行业的发展具有重大影响，基本实现了国有资产评估管理与资产评估行业管理的分离，表明我国资产评估行业成为一个独立的专业服务行业。

2004年2月，中国资产评估协会单独设立，侧重于行业自律管理；同月，财政部发布《资产评估准则——基本准则》《资产评估职业道德准则——基本准则》，这是推动我国建立资产评估准则体系的重要标志，为我国资产评估准则制定和资产评估行业规范化发展奠定了坚实基础。同年，《中华人民共和国行政许可法》实施，根据法律法规和国务院文件的规定，资产评估行业进一步完善了行政管理和行业自律管理相结合的管理体制。依据《国务院对确需保留的行政审批项目设定行政许可的决定》（中华人民共和国国务院令第412号），国家继续对资产评估机构从事证券业务实行行政许可，由财政部和证监会共同实施。

2005年，经教育部批准，部分高校设立了资产评估本科专业。同年5月11日，财政部发布《资产评估机构审批管理办法》（财政部令第22号），对资产评估机构及其分支机构的设立、变更和终止等行为进行了规范。人事部门与财政部门共同实施注册资产评估师执业资格许可（含珠宝评估专业），注册资产评估师的注册工作由中国资产评估协会管理。

随着国内外资本市场的不断发展，资产评估的业务范围逐渐扩大，涵盖了企业重组、上市、并购、破产清算等各种场景，我国资产评估行业开始走向国际舞台。在此期间，我国资产评估机构数量大幅增加，从业人数不断壮大，行业影响力持续提升。这些机构和人员开始广泛参与国有资产管理、企业兼并重组、金融风险防范、社会公共利益保障等领域的评估服务，并不断完善和创新评估理论与方法，提高评估的质量和效率。

资产评估成熟发展阶段（2007年至今）。为满足国家战略规划、经济社会高质量发展、现代财税体制改革等的需要，行业内出现了一批具有国际影响力和品牌优势的资产评估机构与人员。2007年11月,中国资产评估准则体系正式发布;2008年6月底,评估机构全部实行专营化管理,会计师事务所和其他机构不得兼营。

自2010年起,我国资产评估行业进入成熟发展阶段。尽管国内外经济环境发生了多次变化,但我国资产评估行业依然保持着稳健的发展态势。2011年8月11日,财政部发布《资产评估机构审批和监督管理办法》(财政部令第64号),进一步规范了资产评估机构审批管理。

2014年8月12日,国务院发布《关于取消和调整一批行政审批项目等事项的决定》(国发〔2014〕27号),取消了注册资产评估师等11项职业资格许可和认定事项。2014年8月13日,人力资源和社会保障部印发《关于做好国务院取消部分准入类职业资格相关后续工作的通知》(人社部函〔2014〕44号),将资产评估师职业资格调整为水平评价类职业资格。

2016年,十二届全国人大常委会第二十一次会议审议通过《中华人民共和国资产评估法》,自2016年12月1日起施行。《中华人民共和国资产评估法》对资产评估机构和资产评估专业人员开展资产评估业务、资产评估行业行政监管和行业自律管理、资产评估相关各方的权利义务责任等一系列重大问题作出了明确规定,全面确立了资产评估行业的法律规范,进一步促进资产评估行业的健康发展,具有重大的历史和现实意义。

2017年4月21日,财政部出台《资产评估行业财政监督管理办法》(财政部令第86号),建立了资产评估行业行政监管、行业自律与机构自主管理相结合的管理原则,明确了对资产评估专业人员、资产评估机构和资产评估协会的监管内容和监管要求,划分了各级财政部门的行政监管分工和职能,细化了资产评估法律责任的相关规定,为财政部门实施监督管理的资产评估行业落实《中华人民共和国资产评估法》的管理要求提供了依据。2017年8月23日,财政部发布《资产评估基本准则》;9月8日,中国资产评估协会发布了修订后的25项资产评估执业准则和职业道德准则,实现了资产评估准则的与时俱进。

2018年2月16日,中共财政部党组通过并印发了《关于加强资产评估行业党的建设工作的指导意见》(以下简称《指导意见》)的通知,明确了资产评估行业党建工作的指导思想、原则和目标,提出了组建省级评估行业党组织、推动资产评估机构党的组织和工作全覆盖的工作任务,并对加强资产评估行业党员管理和教育、抓好资产评估行业党务工作者队伍建设、强化对资产评估行业党建工作的领导和指导等工作提出了具体要求。《指导意见》的出台,为进一步加强党对资产评估行业的领导、提高资产评估行业党的建设工作水平起到了重要作用。

2019年12月28日,第十三届全国人民代表大会常务委员会第十五次全体会议修订通过了《中华人民共和国证券法》(以下简称《证券法》)。新修订的《证券法》落实"放管服"要求,除规定从事证券投资咨询服务业务应当经国务院证券监督管理机构核准之外,取消了从事其他证券服务业务必须经过国务院证券监督管理机构和有关部门批准的规定,要求会计师事务所、律师事务所以及从事资产评估、资信评级、财务顾问、信息技术系统服务的机构从事证券服务业务时,应当报国务院证券监督管理机构和国务院有关主管部门备案。该法还要求资产评估等证券服务机构勤勉尽责、恪尽职守,按照相关业务规则为证券的交易及相关活动提供服务,并提高了对证券服务机构未履行勤勉尽责义务的违法行为的处罚力度。修订后的《证券法》对资产评估机构在资本市场的执业及监管产生了重要影响,资产评估机构与从业人员开始拓展资产评估的服务领域和类型,提升资产评估的专业化、标准化、信息化、品牌化、国际化水平，并积极参与国际交流与合作，为全面建设社会主义现代化国家做出贡献。

经过几十年的发展，资产评估行业已经成为我国经济建设和社会发展的重要力量，为各类企业和机构的资产配置、运营和处置提供着不可或缺的专业服务。随着经济的不断发展，我国资产评估行业将继续保持旺盛的增长势头。回顾过去，我们不仅见证了我国资产评估行业的飞速进步，也对其未来的发展充满信心。

面对未来的挑战，我们要继续努力提高行业自律和规范化建设水平。首先，随着资本市场的深入发展，资产评估业务将更加丰富和复杂，资产评估机构和从业人员需要不断提升专业能力和服务水平，为构建一个更加完善、公正、透明的现代金融市场体系贡献力量。其次，随着"一带一路"倡议的深入推进，我国资产评估行业将有更多机会参与国际业务，资产评估机构和从业人员要不断提高自身的国际化水平。然而，我国资产评估行业当前仍面临着法规体系不够完善、专业标准不够统一、信息化水平不够高等挑战。未来，我国资产评估行业需要继续加强行业自律和规范化建设，提高执业质量和公信力，以更好地服务于经济社会发展。

（二）我国资产评估的地位和作用

我国的资产评估在中国特色社会主义市场经济建设、经济发展方式转变和产业结构优化升级、社会进步和发展等方面做出了积极的贡献，已成为我国经济体制改革的重要专业支柱。

1. 我国资产评估在市场经济中的地位

以市场为纽带的对外经济交往呼唤资产评估业的诞生和发展。现代市场经济是开放的经济，我国的资产评估业就是在这样一个经济环境下产生的。在经济全球化的浪潮中，中国作为发展中国家，积极引进国外的先进技术、设备和管理技能，而中外合资、合作、对外长期投资和对外出售产权等行为的不断增多，就要求必须合理确定中外双方的交易底价。1989年，大连市政府率先做出尝试，规定国有企业与外资企业进行合营时，必须对中方资产进行评估，这标志着资产评估业在中国的诞生。随着市场经济体制的建立，经济、金融、财政、外贸等领域相继出台了一系列的改革政策，投资建设的政策、环境条件等方面发生了显著变化。目前，我国资产评估行业经历了几十年的发展，早已脱胎换骨，在我国的市场经济中占据着无法代替的显著地位。

（1）资产评估是市场经济中不可或缺的专业服务行业。

市场经济的特征是生产要素在经济活动中无障碍地流通，调节生产要素在不同部门的流出流入，以实现其有效配置，使其获利能力达到最大化。资产评估是建立市场体系和发展市场经济的必然要求。市场体系包括商品市场和要素市场。市场经济下，企业的一切经济活动都是通过市场，在市场竞争中利用价值规律经营，这就出现了适者生存的局面。资产作为生产要素，其交易价值是由其有效配置下的获利能力决定的，交易价格实质上是其获利能力的价值表现。

受市场环境和资源配置等各种因素的影响，资产一般不能简单地按原值或账面价值进行交易，否则可能会损害交易当事方的利益，影响资产的合理流动。资产评估是资产保值价值、巩固经济基础的必要条件。按大幅低于现值的账面原值提取折旧，由于折旧额高于实际提取的折旧额，反映到产品成本的物化劳动就失实严重，会造成企业利润虚增；受通货膨胀的影响，流动资产的价格飞速上涨，如果仍按原始成本计算，会造成利润不实。

资产评估的目的在于促进交易各方当事人的合理决策，为资产交易双方理性确定资产交易价格、保障产权有序流转提供价值尺度。资产评估是一项动态化、市场化的社会活动，是市场经济条件下不可或缺的专业服务行业。

（2）资产评估是现代专业服务业的重要组成部分。

现代服务业通常是指智力化、资本化、专业化、效率化的服务业，现已成为衡量一个国家或地区综合竞争力和现代化水平的重要标志之一。资产评估行业是典型的现代服务行业，具有技术密集、知识密集、高附加值、低资源消耗、低环境污染、高产业带动力等现代高端服务业特点，是专业服务业的重要组成部分。

（3）资产评估是我国经济体制改革逐步深化的重要专业支撑力量。

一方面，资产评估在巩固和发展公有制经济与鼓励、支持和引导非公有制经济发展中大显身手。30多年来，我国资产评估行业植根于经济体制改革，成为改革向纵深推进的专业支撑力量。资产评估是理顺产权关系，完善国有资产管理的基础。我国资产评估行业在诞生之初，就立足维护国有资产权益、防止国有资产流失，确定产权关系，在国有产权交易中发挥着抑制腐败的重要作用。加强国有资产评估是保护所有者、经营者和交易双方的合法权益的重要途径。随着经济体制改革实践的发展，市场出现了联合经营、承包经营、企业兼并及股份经营等形式，而完善和深化企业改革，也需要明白企业资产的准确数量和现实价值。

另一方面，随着非公经济领域的日趋活跃，资产评估为非公有制企业产权重组、兼并收购等经济活动提供专业服务和智力支持，资产评估的服务对象日益扩大。在经济体制改革及相关重点领域，如财税体制、金融体制、林权管理体制和文化体制等改革领域中，资产评估以其提供的价值评估的专业服务，在支持自主创新和促进科技成果向现实生产力转化，加强资源节约和环境保护，推动国家知识产权战略实施等方面发挥了重要作用。通过评估服务，为政府财政管理、绩效评价、科学决策，更好地行使监督与管理职能提供了强有力的支持。

2. 我国资产评估在市场经济中的作用

在当前的投资方式下，资产评估已经成为市场经济活动中不可缺少的一环，在促进市场资源优化配置、保障资本市场良性运行、维护社会主义市场经济秩序、维护各类资产权利人权益、维护公共利益和对外开放环境下的国家利益中发挥了积极作用，有力地推动了产权市场的发育和完善，较好地维护了产权各方的利益。

（1）资产评估对促进市场资源优化配置有引导作用

在市场经济条件下，资源优化配置是指市场遵循平等性、竞争性、法制性和开放性的一般规律，通过市场机制的自动调节实现对资源的配置。资产评估所体现的评价和估值功能，是价值规律实现的必要条件。受社会必要劳动时间、供求关系及市场环境的动态影响，资产价值往往处在不断变化之中，需要评估专业人员对资产的时点价值进行合理评估，为交易双方提供合理的价值信息，以引导经济资源向价值最大化方向流动，防止"劣币驱逐良币"现象产生。

（2）资产评估对服务资本市场发展有保障作用

我国资产评估行业与我国资本市场几乎同时起步，资产评估行业也已成为保障资本市场良性运行不可或缺的专业服务行业，在推进上市公司并购重组、促进融资功能提升、提高资本市场信息披露质量方面发挥着至关重要的作用。

（3）资产评估对规范经济秩序有促进作用

产权交易的本质是等价交换，而资产评估的职能就是为交易主体实现公平交易提供公允的价值尺度。在产权交易过程中，资产评估机构的介入，既抑制了交易主体的非理性行为，也为政府强力监管提供了"数据库"。正是资产评估机构职能的发挥，才将"看不见的手"与"看得见的手"完美融合，使"公开、公平、公正"的经济秩序得到维护并不断优化。

（4）资产评估对维护各类资产权利主体的合法权益有积极作用

资产评估的目的在于维护投资者（包括潜在的投资者）与经营者、债权人与债务人及其他利害关系人的共同权益并实现权益均衡。有了资产评估，交易各方能够在公开、公平、公正的前提下，实现资产最有可能实现的交换价值，达到帕累托最优状态。

（5）资产评估对维护公共利益和对外开放环境下的国家利益有重要作用

资产评估是公众利益的维护者。首先，资产评估通过促进市场资源的优化配置，为政府增收节支、为企业提高经济效益、为全社会增加经济总量做出重要贡献，从而改善社会公众的整体福祉。其次，资产评估通过完善经济秩序，保障了纳税人的合法权益。再次，林权评估、碳排放交易评估等相关业务，有助于消除外部不经济，加快建设资源节约型和环境友好型社会。最后，资产评估通过进入司法鉴证业务领域，正逐步在防止贪污腐败、实现司法公正方面发挥越来越突出的作用。

资产评估是对外开放条件下国家利益的维护者。对外开放是我国的一项基本国策，而提高对外开放水平，要以维护国家利益为最高准则，实现国内发展与对外开放的统一。从"引进来"看，资产评估为中外合资、合作的资产组合的合理作价提供专业服务，使交易双方的合作建立在公平、平等、透明的基础上，避免了资产高估或低估的情况，提高了外资利用水平，推动了国内企业技术进步和产业结构升级。从"走出去"看，一些大型资产评估机构积极跟随我国企业"走出去"，在跨国并购和投资中做好配套服务，有力地支持了我国企业在全球范围内开展资源配置和价值链组合，提高了国际竞争力。

第二节 资产评估的基本概念和特点

一、资产评估的基本概念与要素

（一）资产评估的概念

1. 资产评估

资产评估属于价值判断的范畴，价值判断是经济建设和社会管理中不可回避的问题。资产评估的概念可以从一般意义、专业服务和法律规定三个角度进行表述。

一般意义上的资产评估是指估计和判断资产的价值。在进行市场交易时，大多市场参与者会依据自己所掌握的知识和信息，对交易对象进行价值判断，从而确定交易价格。在这一判断过程中，人们可能会自觉或不自觉地运用资产评估的理论和方法。

作为一种专业服务，资产评估是由资产评估机构及其评估专业人员依据一定的执业标准对资产的价值进行评定估算的专业化活动。

《中华人民共和国资产评估法》（以下简称《资产评估法》）对资产评估的定义是："评估机构及其评估专业人员根据委托对不动产、动产、无形资产、企业价值、资产损失或者其他经济权益进行评定、估算，并出具评估报告的专业服务行为。"

《资产评估法》所指的资产评估除了规定资产评估是一种价值评定、估算行为外，还强调了资产评估的主体、客体、服务的法律性质、内容及成果，具体如下。

（1）资产评估的主体。

资产评估的主体是指资产评估机构及其评估专业人员。资产评估机构是依法设立、从事资产评估活动的专业机构。评估专业人员包括评估师和其他具有评估专业知识及实践经验的评估从业人员。评估师是指通过评估师资格考试的评估专业人员。

（2）资产评估的客体。

资产评估的客体是指资产评估的对象，包括不动产、动产、无形资产、企业价值、资产损失或者其他经济权益等。具体而言，土地、房屋建筑物和在建工程等属于不动产；产成品、原材料和机器设备等属于动产；专利权、著作权和商誉等属于无形资产。企业价值则是指企业整体价值、股东全部权益价值或股东部分权益价值。资产损失是指因某些外部原因，如房屋拆迁、环境及侵权损害等，对资产造成的价值贬损。其他经济权益是指未涵盖在前述分类中，符合法律法规要求，资产权利人拥有的可以用货币计量的经济权益。

（3）资产评估专业服务的法律性质。

资产评估专业服务受到委托人与资产评估机构依法订立的资产评估委托合同的约束。这种约束既包括对资产评估服务行为本身的约束，也包括对资产评估业务委托和受托双方当事人的约束。例如，资产评估委托合同中会约定评估目的、评估对象和评估范围等具体评估要素，还会约定资产评估委托方和受托方各自的权利与义务。因此，资产评估机构和评估专业人员依法开展的评估行为受到法律保护，并对依法出具的资产评估报告承担相应的法律责任。

（4）资产评估专业服务的内容及成果。

作为现代专业服务的资产评估是一种高端智力服务活动，它伴随着市场经济的发展而成熟壮大，逐渐成为市场经济正常运行中不可或缺的重要组成部分。资产评估专业服务的内容是指资产评估机构及其评估专业人员对评估对象的价值进行评定估算。例如，资产的抵押和质押、出租和转让、企业承包经营等都需要对所涉及的财产及其权益等开展评定估算。这些专业的评定估算行为最终综合体现为由资产评估机构出具的系统性、规范性的资产评估报告，它是资产评估机构及其评估专业人员针对评估对象发表专家意见的载体和履行评估合同的劳动成果。

2. 资产

在资产评估中，资产是指特定主体拥有或控制的、预期能够给该主体带来经济利益的经济资源。

对于资产的概念，可以从以下三个方面进行理解。

（1）资产是特定主体拥有或控制的。

资产必须是特定主体拥有或控制的，特定主体可以是自然人、法人或其他组织。依法获得财产权利是特定主体能够拥有或控制相关资产的前提条件，因此，对资产的拥有或控制主要体现在对资产产权的界定和保护上。资产的产权是经济所有制关系的法律表现形式，它包括财产的所有权，财产的所有权包括资产占有权、使用权、收益权和处分权等。

在现代市场经济下，拥有或控制相关资产，可以是完全拥有其所有权，也可以是不拥有该项资产的所有权，但能依据合法程序对其所有权实施控制。例如，我国的城镇土地所有权属于国家，企业只拥有土地使用权，但企业可以依法使用土地，或依法转让、出租、抵押、投资土地使用权。所以，虽然企业不拥有土地的所有权，但是能够依法对土地享有占有、使用、收益的权利，以及法律和合同规定的对土地使用权的处分权，应当将土地确认为企业的资产。

又如，企业融资租入的固定资产，虽然其所有权不属于企业，但是企业实质上获得了该资产所产生的主要经济利益，同时承担了与该资产有关的风险，这表明企业实际控制了该项资产，因此也应将该固定资产确认为企业的资产。

再如，某企业通过与专利权人订立合同，获得了对已批准专利的实施许可权，在一定的时间和地域内享有实施专利带来的经济利益。这种许可权可以是只允许该企业独享的独占许可权，也可以是仅允许专利权人和该企业享有的排他许可权，还可以是除专利权人与该企业之外也允许其他人实施的普通许可权。

可见，资产的产权类型不同，为权利人带来的经济利益通常也会存在差异。即使是同样的资产载体，也可能会因为产权类型不同而表现出不同的经济价值。例如，资产的所有权价值一般会高于其使用权的价值。这就要求资产评估专业人员关注被评估资产的产权状况，重视产权类型对资产评估结论的约束和影响。

(2) 资产能够为特定主体带来未来经济利益。

经济资源可以是实体，也可以是无形权利。其所具有的能够带来未来经济利益的潜在能力，是特定主体愿意拥有或控制某一经济资源的主要动因。这种未来经济利益可以表现为两个方面：一是使用资产给特定主体带来的利益；二是通过资产产权的变动给特定主体带来的利益。如果能被恰当地使用，经济资源的潜在获利能力就可以实现，进而使该经济资源具有使用价值和交换价值。因此，该经济资源方可作为特定主体的资产予以确认。资产的价值大小，则取决于其能够带来未来经济利益的能力。资产评估就是通过适当的方法量化这种能力，反映资产的价值。

(3) 资产是经济资源。

"资产是经济资源"应从两个方面进行理解。

第一，经济资源具备有用性和稀缺性特点。有用性意味着经济资源能带来某种效用，从而使自身具有使用价值；稀缺性意味着对于该经济资源存在需求，从而使该经济资源具有交换价值。这两个特点是经济资源能够带来未来经济利益的潜在原因。

第二，资产的价值应当能够用货币计量和反映。现代人类社会经济是交易过程中以货币作为价值尺度和流通手段发挥作用的货币经济。因此，"资产是经济资源"意味着资产的价值应当能够运用货币计量和反映，这就要求资产能够给特定主体带来的效用或利益必须是可量化的，否则就不能确认为资产评估中的资产。

(二) 资产评估的要素

资产评估是一种对资产进行价值判断的活动，是资产交易、投资决策、财务报告等众多领域中不可或缺的环节。在进行资产评估的过程中，我们需要关注以下十个基本要素。

1. 评估对象

评估对象是资产评估中的首要要素，它指的是需要被评估的资产，这些资产可能包括房地产、机器设备、无形资产、金融资产等。评估对象会直接影响评估方法的选择和应用。

2. 评估目的

评估目的是指进行资产评估的原因和用途，例如税务评估、保险评估、资产转让评估等都有不同的评估目的。评估目的决定了评估的价值类型和方法选择。

3. 评估基准日

评估基准日是指评估价值所对应的日期。这一日期对于评估结果具有重要影响，因为它会直接影响资产的账面价值和市场价值。

4. 评估假设

评估假设是指在评估过程中所做的一些假设和预测。这些假设通常基于对未来的预测和推断，例如预测未来市场走势、利率变化等。

5. 交易条件

交易条件是指在进行资产交易时的相关条件，例如交易方式、交易价格、交易数量等。交易条件对于评估结果有重要影响。

6. 资产状况

资产状况是指资产的物理状态、性能状况、使用年限等因素。这些因素对于评估结果有一定影响。

7. 评估方法

评估方法是指进行评估时所采用的具体方法和技术。常见的评估方法包括市场法、收益法、成本法等。不同的评估方法具有不同的优点和缺点，应根据具体情况进行选择。

8. 评估参数

评估参数是指在评估过程中所使用的一些关键数据和指标，例如市场价格、收益预测、折现率等。这些参数对于评估结果具有重要影响，因此需要保证其准确性和可靠性。

9. 评估结论

评估结论是指根据评估过程所得出的具体评估结果。这一结果应该是客观、公正、科学的，并且需要经过相关专家的审核和认可。

10. 评估报告

评估报告是指在评估完成后所出具的正式文件。这份文件应该详细记录整个评估过程和评估结果，并且需要经过相关专家的审核和认可。

二、资产评估的特点

资产评估以其客观、真实、有效的专业服务，保障着市场经济运行的规范、有序、公平和公正。资产评估一般具有公正性、鉴证性、咨询性和专业性等特点。

(一)公正性

公正性是指资产评估应当维护社会公共利益和各方当事人的合法权益,而不能片面地维护某一方的利益,否则必然会损害公共利益或其他相关当事人的权益。资产评估的公正性表现在两个方面:一是资产评估必须按照法定的准则进行,必须具有公允的行为规范和业务规范,这是公正性的技术保证;二是执业的资产评估机构及其评估专业人员应当与资产业务及相关当事人没有利害关系,是相对独立的第三方,这是公正性的组织保证。

(二)鉴证性

资产评估是伴随市场经济发展而产生的经济鉴证类专业服务,在维护市场秩序,防止信息扭曲和提高经济效率等方面发挥着重要作用。资产评估的鉴证性体现为资产评估是由资产评估机构及其评估专业人员对资产的价值进行鉴别和举证的活动。资产评估以经济分析理论和专项资产价值识别技术为基础,对资产及其价值进行分辨、识别和判断,并提供关于资产及其价值结论的有力支撑。资产评估的鉴证性特点使其成为当事人各方进行决策的参考依据,所以,资产评估机构及其评估专业人员应当对其评估行为承担相应的专业责任、民事责任和刑事责任。同时,需要强调的是,资产评估从事的是价值鉴证,而不是权属鉴证。

(三)咨询性

咨询性是指资产评估结论作为向资产业务提供的专业化估价意见,该意见本身并无强制执行的效力,资产评估机构及其评估专业人员只对结论本身合乎职业规范要求负责,而不对资产业务定价决策负责。资产评估专业人员对评估对象在评估基准日特定目的下的价值发表专业意见并形成资产评估结论,是建立在一定的假设条件基础上的,并可能受到一些限制条件的影响。资产评估结论通常被作为交易定价或其他经济行为的价值参考,但最终的成交价取决于当事人的决策动机、谈判地位和谈判技巧等综合因素。我国《资产评估基本准则》第二十八条明确规定:"资产评估报告使用人应当正确理解评估结论。评估结论不等同于评估对象可实现价值,评估结论不应当被认为是对评估对象可实现价格的保证。"

(四)专业性

专业性是指资产评估是由专业人员从事的专业技术判断活动。资产评估的专业性特点要求从事资产评估业务的机构应由一定数量且不同类型的专家及专业人员组成。资产评估的专业性体现在两个方面:一方面,资产评估机构形成专业化分工,使评估活动专业化;另一方面,资产评估机构及其评估人员对资产价值的估计判断,也应建立在专业技术知识和经验的基础之上。

第三节 资产评估的基础理论

资产评估需要解决的一个最根本问题就是要评估技术与资产的"价值",而不同的理论对"价值"的阐释是有差异的。本小节主要介绍劳动价值论、效用价值论及均衡价值论。

一、劳动价值论

劳动价值论在 1662 年由威廉·配第于他的作品《赋税论》中首次提出，经多位学者逐步深入研究，至马克思对其的研究中发展到成熟阶段。劳动价值论不仅是马克思主义经济学的基本理论之一，也是理解市场经济和社会发展的重要工具。劳动价值论的核心是商品的二因素和劳动的二重性。马克思创造了劳动二重性学说，认为劳动的二重性决定了商品的二因素，劳动是价值的实体，是创造价值的唯一源泉，从而完成了劳动价值论。劳动价值论认为是劳动创造了价值，即商品的价值由生产该项商品的社会必要劳动时间决定。资产也是一种商品，在资产评估方面，劳动价值论提示了以下几点。

（一）资产的价值由生产或创建该资产的社会必要劳动时间所决定

社会必要劳动时间越长，资产的价值越大。因此，资产评估要充分考虑生产或创建该项资产所需的社会必要劳动时间的长短，这是构成资产价值的物质基础。

（二）新购建的经济效用相同的资产，如果技术水平发生了变化，它们的价值也可能存在较大的差别

从收益的角度来看，只能认为技术水平变化以前的资产发生了较显著的技术性贬值。因此，在资产评估中，必须注意资产的技术性贬值，这样的贬值有时非常显著，如果被忽略，资产评估的结果就不够公正合理，不具有科学性。

（三）进行资产评估时，必须把被评估资产置于技术水平变化的动态中去考虑

进行资产评估时，站在静态的立场上是无法准确评估资产价值的。

（四）劳动价值论认为资产的价值由凝聚到资产中的物化劳动和活劳动所决定

这是指生产成本决定价值论，它是从资产的供给角度来度量资产的实际价值。

综上，劳动价值论是资产评估的理论基础之一。劳动价值论的主要内容和现代意义是紧密联系的。在当代，劳动价值论依然具有重要意义，可以指导我们更好地理解和改善经济现象，推动人的全面发展和社会公平正义。

二、效用价值论

效用价值论是以物品满足人的欲望的能力或人对物品效用的主观心理评价来解释价值及其形成过程的经济理论，它与劳动价值论相对立，以主观心理感受解释商品价值的本质、源泉及尺度，因此又被称为主观价值论。该理论认为，价值并非商品内在的客观属性，而是人们对物品的效用的主观心理评价。

效用，即物品满足人们某种欲望的能力，效用是价值的源泉，也是形成价值的一个必要条件。同时，价值的形成还以物品的稀缺性为前提，因为物品只有在对于满足人们欲望而言是稀缺的时候，才构成人们的福利所不可缺少的条件，从而引起人们的评价，表现为价值。

物品的价值是由物品的"边际效用"来衡量的。人们对物品的欲望随着物品的不断增加而递减，如果某物品无限供给，人们对该物品的欲望可以递减到零。但由于物品的稀缺性，人们总是把物品在一定种类的欲望之间进行适当分配，以最大可能地满足各种欲望。此时，人的欲望没有完全得到满足，而是停止在达到零之前的某一点上，这一点上的欲望

便是边际效用，即不断增加的物品中，最后一单位物品所具有的效用。边际效用论认为，只有边际效用才能显示出价值量因稀缺程度的变动而带来的变动，所以边际效用是价值的尺度。根据边际效用，商品的价格决定于主观评价高于它的买主的人数与主观评价低于它的卖主的人数恰好相等之点，这一个点是在竞争条件下买卖双方对物品的主观评价彼此衡量的结果。

效用价值论在19世纪60年代前主要表现为一般效用论，在19世纪70年代后主要表现为边际效用论。效用价值论在17—18世纪上半期的资产阶级经济学著作中有明确的表述和充分的发挥。英国早期经济学家N. 巴本（1640—1698）是最早明确表述效用价值观点的思想家之一。他认为，一切物品的价值都来自它们的效用；无用之物，便无价值；物品效用在于满足人的欲望和需求；一切物品能满足人类天生的肉体和精神欲望，才成为有用的东西，才有价值。

意大利经济学家F. 加利亚尼（1728—1787）是最早提出主观效用价值观点的人之一。他指出，价值是物品与人的需求的比率，价值取决于交换当事人对商品效用的估价，也可以理解为取决于物品的效用和稀少性。资本主义商品交换关系的发展，是效用价值论在17—18世纪上半期得以存在和发展的条件。

效用价值论在18世纪下半期和19世纪初期处于踏步不前状态。产业革命的实现和社会生产力的大发展，为古典经济学建立劳动价值论和以其为基础的理论体系创造了客观前提。英国古典经济学的代表A. 斯密和D. 李嘉图在阐述劳动价值论的过程中，对效用价值论作了有力的批判。在这一时期，尽管还有一些经济学家，如英国的罗德戴尔伯爵（1759—1839）和法国的J. B. 萨伊，仍然坚持效用价值观点，但他们并没有给这一理论增添新内容。

效用价值论的基本思想是资产的价值由资产为其拥有者带来的收益所决定。资产的收益通常表现为未来一定时期内的收入流，而收入流是有时间价值的，因此，要评定估算资产的价值，就必须把资产未来时期的收入流按一定的折现率折现，以此来表示资产的收益，这样才能确定资产的现时价值，从而评估其价值，这就是资产评估方法中收益法的基本思想。目前，收益法是被西方发达国家广泛采用的一种资产评估方法，在企业资产交易以及企业兼并中更是被大量采用。

三、均衡价值论

1890年，英国剑桥大学的马歇尔出版《经济学原理》一书，提出了以完全竞争为前提，以"均衡价格论"为核心的经济学体系，形成了新古典经济学派。它对价值论的贡献是把劳动价值论的价值理论和边际效用学派的价值理论结合起来，促进了价值理论的发展。

新古典经济学派的价值理论对于资产评估在理论和实践上的重要意义如下。

(一)资产评估要考虑生产或购建资产的成本

生产成本主要从四个方面考察：人力成本、资金成本、资本成本和地租成本。生产成本取决于市场平均成本水平及其变化，平均成本水平越高，资产的价格就越高；反之，则越低。同时，市场平均成本水平的上升趋势表明资产的价格有上升趋势；反之，则表明有下降趋势。因此，在进行资产评估时应充分考虑资产的生产成本及其变化趋势，特别是在应用重置成本法进行资产评估时，更应该重点考虑生产成本这一因素。

(二)资产评估要考虑资产的市场需求

市场需求一般取决于资产为其持有者带来的预期收益，收益越大，市场需求越大，资产的价格就越高；反之，就越低。资产的收益是一定时期内的收入流，所以在对资产的收益进行测算时，需要把未来的收入流按一定的贴现率换算成现在的收益。此外，资产的收益既包括经济收益，也包括非直接经济收益。非直接经济收益又包括对资产持有者公众形象的改善、企业商誉的提高等。

(三)资产评估要综合考虑生产成本和市场需求的影响

资产的价格既不单纯取决于生产或购建资产的成本，也不单纯取决于市场需求，而是取决于两者的综合影响。假定一项资产的生产成本很高，但如果给其持有者带来的收益很小，则这项资产的市场需求也会很小，它的价格就不会很高；反之，在短期内也可能出现这样的情况，一项资产的生产成本很低，但为其持有者带来的收益很大，这样的资产价格也不会很高，因为随着市场的变化，资产的收益会随之发生变化。

在一个竞争的市场上，商品或资产的市场价格都会随着市场的波动而变化。影响市场波动的因素非常多，有经济本身的因素，也有非经济的因素，各种因素相互作用，造成市场供求关系的变化，从而影响资产的市场价格，而这些因素有时和资产本身不一定有很大关系。当宏观经济中总需求大于总供给、经济快速增长时，资产的市场价格通常会上升；反之，当总需求小于总供给、经济萧条、经济严重紧缩时，资产的价格通常会下降。但是，一般来说，资产的市场价格都是以其实际价格(价值)为基础上下波动的，例如一只手电筒的市场价格无论如何波动也不会高于一辆汽车的价格；反之，一辆汽车的市场价格无论如何波动也不会低于一只手电筒的价格。因此，在进行资产评估时，特别是采用现行市价法进行资产评估时，必须充分考虑市场波动因素对资产价格的影响，且不能因为市场价格的波动而掩盖资产的实际价格。

第四节　资产评估与会计、审计的区别与联系

一、资产评估与会计的区别与联系

资产评估是对企业、个人或实体的资产进行评估的专业，而会计则是对财务交易和业务数据进行处理与解释的专业。会计是以提供事实判断为主要内容的服务，而资产评估则是以提供以价值判断为主要内容的服务，二者有很大的不同，但又因双方在资产业务中的专业分工而产生内在联系。由此所见，资产评估和会计是两个不同的专业领域，但它们在企业和机构中都发挥着重要作用。

(一)资产评估与会计的区别

1. 基本职能及基本目标的不同

会计是以货币为主要计量单位，以记账、算账和报账为基本手段，连续、系统地反映和监督企业生产经营、财务收支及其成果的一种社会活动，同时作为一种经济管理活动向有关各方提供会计信息，是企业组织管理中的一个重要组成部分，会计的基本职能是对会

计主体的经济活动进行反映和监督。

资产评估是为了特定的评估目的，遵循适用的评估原则，选择适当的价值类型，按照法定的评估程序，运用科学的评估方法，对特定资产的价值进行估算的过程。目的是指资产评估行为所服务的经济活动，也即估价结果的期望用途。

可见，会计的基本职能是核算和监督，资产评估的基本职能则是评估和咨询。会计工作的基本目标是为企业管理、会计核算和会计信息披露服务，而资产评估是一种以提供资产价值判断为主要内容的咨询活动，是一种社会中介服务活动，其基本目标是为资产交易和产权变动服务。

2. 要素及假设的不同

会计要素按照其性质分为侧重反映企业财务状况的资产、负债、所有者权益和侧重反映企业经营成果的收入、费用和利润六大要素。会计主体、持续经营、会计分期和货币计量是作为企业会计确认、计量和报告前提的四个会计假设。

资产评估则是由评估对象、评估目的、评估基准日、评估假设、交易条件、资产状况、评估方法、评估参数、评估结论、评估报告十个要素构成。资产评估的几大基本假设是交易假设、持续使用假设、公开市场假设和清算假设。

3. 对资产的确认和计价不同

会计记账和算账对资产的确认与计价有相当一部分仍然以可以可靠计量的历史成本为依据。资产评估对资产的确认和评价主要以资产效用与市场价值为依据。

会计中的计价方法大多采用核算方法。资产评估中的资产价值评估除了利用核算方法之外，还广泛地运用了预期收益折现、市场售价类比等多种技术方法。

（二）资产评估与会计的联系

尽管资产评估和会计之间存在一些区别，但它们之间也有很多联系。首先，在理论依据方面，资产评估部分理论依据经济学和会计学等学科中与资产评估活动相关的部分。无论是资产评估还是会计，它们都是企业和管理的重要工具，都是企业和管理层决策的重要依据。此外，它们在某些方面有所重叠。例如，在财务报告中，资产评估和会计都需要对企业的财务状况进行评估与呈报。

1. 资产评估活动的理论依据部分与名称设计来源于会计类学科

目前，资产评估还未形成完善的理论体系，评估活动所依据的理论主要来源于经济学和会计学等学科中与资产评估活动相关的理论，如时间价值理论、资产价值理论等。资产评估中，应用最广泛的一种方法是成本法。使用成本法评估资产的首要工作是核算资产的重置成本，核算资产的重置成本常采用的方法有重置核算法、价格指数法、功能价值类比法和统计分析法，这些方法的基本思路都是在账面历史成本的基础上对时间、技术变革等差异进行修正得到当前成本价值。可以看出，资产评估工作大多数都是以会计资料作为基本依据，特别是对企业价值进行评估时，评估师需要充分利用财务报表及相关的财务数据。在资产评估实务中，资产评估广泛地采用会计的计价方法。

我国财务会计制度的资产分类同样影响着我国资产评估对象的划分，资产评估学在各评估项目上的阐述口径与会计是一致的，即同称为资产，进而划分为流动资产、长期投资、固定资产、无形资产等。

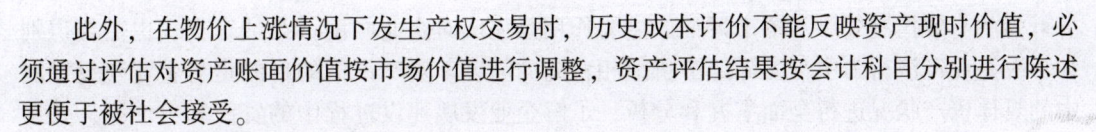

此外，在物价上涨情况下发生产权交易时，历史成本计价不能反映资产现时价值，必须通过评估对资产账面价值按市场价值进行调整，资产评估结果按会计科目分别进行陈述更便于被社会接受。

2. **资产评估结论是资产会计计价和财务报表数据的重要来源**

国有资产管理法规规定，国有资产转让、国有企业兼并、出售和联营等经济活动发生时需要提供资产评估报告。按照《中华人民共和国公司法》（以下简称《公司法》）及相关法律法规的要求，投资方以非货币资产投资时应该进行资产评估，并以资产评估结果为依据，核实财产、确定投资数额，为会计计价提供依据。《证券法》也规定了申请公开发行公司债券时，要提供资产评估报告给国务院相关授权部门，必要时可以委托资产评估机构对公司的财务状况、内部控制状况、资产的价值进行评估。这些法规都表明了资产评估活动为债券和资产的价值计量提供了依据和数据来源，体现了资产评估和会计的紧密联系。

2007 年 9 月，中国资产评估协会颁布了《以财务报告为目的的评估指南（试行）》，将以财务报告为目的的评估作为资产评估业务中的一个特定领域，使两者之间的关系更加紧密。新的《企业会计准则》规定，在投资性房地产、长期股权投资、交易性金融资产、债务重组、非货币性资产交换、非同一控制下企业合并、资产减值等具体准则中，允许采取有限度的运用公允价值作为会计计价属性。这一规定表明，在这些经济活动中，资产评估活动与会计活动进一步形成了相互依存、相互合作、相互支持和共同发展的关系。

在财务处理上，资产评估结果是公司会计入账的重要依据。以财务报告为目的的资产评估是专门为企业会计核算和财务信息披露服务的一项专项评估活动，资产评估师利用评估技术，对财务报告中各类资产和负债的公允价值或特定的价值进行分析、估算，并发表专业性意见。另外，在企业联合、兼并、重组等产权变动过程中，资产评估结果都可能是企业在产权变动后重新建账、调账的重要依据。这些业务反映了资产评估在企业会计财务报告方面的具体应用，可以看出，在特定的条件下，会计计价有很多要利用资产评估结论的地方。从某种意义上来讲，以财务报告为目的的评估是资产评估理论和技术与会计规范有机结合的产物。

二、资产评估与审计的区别与联系

新时代背景下，我国社会经济迅速发展，资产评估在中介服务行业发挥出重要作用，有效促进了经济的更好发展。因此，人们在开展相关项目的过程中，需要对项目进行审计和资产评估，以有效促进国家经济发展。资产评估与审计中，由于部分操作环节难以把控，对于评估与审计工作的配合状态无法掌握，可能会影响到处理效果，对资产评估质效产生不良影响，甚至对两项工作的开展造成一定程度的制约。文章主要针对资产评估与审计的联系、区别等进行详细的分析，提高实践操作的有效性，促进资产评估工作更好、更快地持续发展。

（一）资产评估与审计的区别

1. 目的、作用区别

审计工作和资产评估工作存在目的性的区别，由于二者的目的不同，故影响着两者之间的关系。审计工作的主要目的是完成对企业资产行为的审核，审计报告反映的是资产经济行为的有效控制效果。资产评估的主要作用是完成对企业经济行为的审查,也需要识别和解决企业经济行为中与实际经济价值相背离的问题。资产评估的目的是对企业建设发展中的具体资产状况进行全面掌握和分析,了解企业发展建设过程中的资产和负债率,其主要作用是实现企业经济发展建设的有效控制作用,提升企业经济发展效果。

2. 基础特性、职能区别

审计工作的基础特性是具有公允价值性,其审计的实际工作展开更加合理,也能够提升审计工作计算质量,确保其职能发挥更加有效。

审计工作具有自身独特的特点,呈现出经济监管评价和验证的责任。注册会计师开展审计工作中发挥自身岗位的鉴定职能,然而资产评估工作主要以提供咨询性意见为基础职能。资产评估与审计相比较,后者更加注重评价经济活动的合法合规性,前者更加注重经济事项和活动的真实性,同时重视鉴定资产的价值量。

3. 原则、标准区别

审计工作人员和资产评估人员在工作上必须遵守的原则存在一定区别。由于工作基本原则存在差异,所以二者在实际工作中的方式方法存在差别。审计工作主要保证各项会计信息的真实可靠性,对信息的处理按照会计处理信息的方法进行,尤其对资产计价的原则和会计相同;而资产评估和市场存在密切联系,主要提供相应资产的市场价值,和审计方法存在较大差异性。另外,我国相关法律法规对两者的规定和要求存在一定差异,这进一步造成了两者基本原则的不同。

资产评估与审计的标准不同,前者主要针对现实市场,对资产在市场机制的评估主要以市场价值为评估依据;后者主要针对会计报告,结合相应的原则开展工作,主要对历史成本进行审计。资产评估与审计一方针对市场价值,一方针对历史成本,这体现出两者标准的不同,进而决定了两者工作方式方法的不同。

(二)资产评估与审计的联系

1. 资产评估与审计是互相作用的

企业资产评估工作是企业了解自身资产、负债率等情况的重要工作,对企业未来实施发展工作计划也有关键的作用;而审计工作是对企业的经济行为进行的监督审查,二者之间有共同性。因此,人们可以将审计财务报表当作企业价值评估的关键基本材料。

资产评估和审计之间相互作用,两者的发展存在一定的联系。这表现在,两个中介行业的实际目的存在一定的差异性,但是都属于中介机构,在实际操作中都对相关的数据开展处理工作。资产评估与审计之间在分析方法上存在相互作用的联系,一方的发展在很大程度上促进着另一方获得相对应的成绩。

开展资产评估与审计工作时,一般都会选择中介机构作为评估和审计单位,以确保相关工作的安全性。同时,评估和审计服务过程中,被审核单位也要提供审计服务单位的薪酬。资产评估工作和审计工作均不能以个人的名义对外提供服务。此外,资产评估和审计均属于高智能产业,注重资金和人力资源的高效结合。我国在经济发展背景下也十分重视评估和审计工作的配合,建立了资产评估和注册会计师的双向统计单位,对于会计师培训而言有非常重要的作用,也能够提升人力资源的综合应用效果,确保其发展建设合理;由统一协会进行安全监管,也能够提升资产评估和审计工作的有效配合。我国审计准则规定

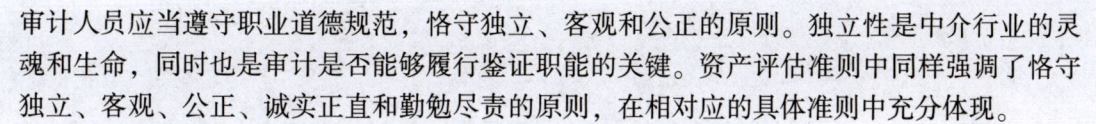

审计人员应当遵守职业道德规范，恪守独立、客观和公正的原则。独立性是中介行业的灵魂和生命，同时也是审计是否能够履行鉴证职能的关键。资产评估准则中同样强调了恪守独立、客观、公正、诚实正直和勤勉尽责的原则，在相对应的具体准则中充分体现。

2. 资产评估与审计工作存在一定的交叉

通常情况下，审计为企业提供的主要为事实判断，资产评估主要为企业提供价值判断，但是两者在工作内容和业务上存在一定的交叉。

资产评估机构在实行评估作价的过程中，通常应用监盘、函证等和审计方法相同或者类似的程序。审计机构在审计工作过程中，经常应用公允价值测试资产价值，提升审计工作开展的实效性。

第二章　资产评估基本事项

知识目标

通过本章学习，应了解资产评估相关当事人，掌握资产评估的对象、范围、目的、价值类型以及资产评估的假设等基本理论知识。本章内容也是资产评估专业人员确定资产评估程序、选择评估方法、形成及编制评估报告的基础。

素质目标

通过学习资产评估基本事项，学生能够形成对待评估工作一丝不苟、注重细节的职业素养，确保评估过程的准确性和公正性。强化学生对资产评估相关法律法规的认识，学生能够树立依法评估的观念，同时培养良好的职业道德，维护评估行业的公信力和声誉。通过案例分析和实践练习，学生能够运用所学知识综合分析评估项目特点，合理判断评估参数，形成独立而准确的评估意见。

能力目标

通过对本章内容的学习，具备对资产评估相关数据和信息进行深入分析的能力，以及根据分析结果做出合理的判断和决策的能力；培养对资产评估领域新知识、新技能的持续学习和掌握能力；能够适应行业发展和市场需求的变化，提升个人专业素养和竞争力。

> 第二章　资产评估基本事项

> 思维导图

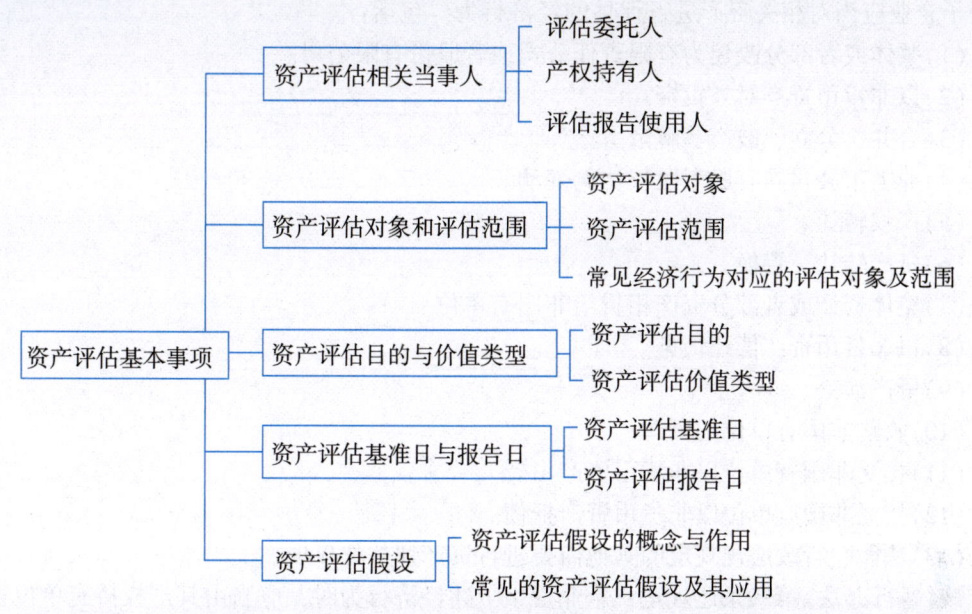

- 资产评估基本事项
  - 资产评估相关当事人
    - 评估委托人
    - 产权持有人
    - 评估报告使用人
  - 资产评估对象和评估范围
    - 资产评估对象
    - 资产评估范围
    - 常见经济行为对应的评估对象及范围
  - 资产评估目的与价值类型
    - 资产评估目的
    - 资产评估价值类型
  - 资产评估基准日与报告日
    - 资产评估基准日
    - 资产评估报告日
  - 资产评估假设
    - 资产评估假设的概念与作用
    - 常见的资产评估假设及其应用

第一节　资产评估相关当事人

资产评估的相关当事人包括评估委托人、资产评估机构、资产评估专业人员、产权持有人（或被评估单位）和资产评估报告使用人等。

一、评估委托人

作为一项民事委托/受托事项，开展资产评估业务需要签订委托合同。根据《资产评估法》的规定，资产评估委托人应当与资产评估机构订立评估委托合同。资产评估委托合同的委托人就是评估委托人，受托人则是资产评估机构，两者是民事合同的当事双方。

（一）评估委托人的概念

资产评估作为一项民事经济活动，是建立在委托合同基础上的。评估委托人是与资产评估机构就资产评估专业服务事项签订评估委托合同的民事主体。

委托人可以是一个，也可以是多个，可以是法人，也可以是自然人。一旦评估委托合同签订，该评估委托合同就受到《中华人民共和国民法典》（以下简称《民法典》）的约束，评估委托人和资产评估机构享有委托合同中规定的权利，也要严格履行委托合同约定的义务。

《资产评估法》规定，资产评估业务分为法定评估业务和非法定评估业务。对于法定评估业务，委托人的确定需要符合国家有关法律、法规的规定；对于非法定评估业务，委托人的确定可以基于自愿协商的原则进行。

1. 涉及国有资产的评估业务

涉及国有资产的评估业务对评估委托人有确定的要求，具体如下。

《企业国有资产评估管理暂行办法》（国务院国有资产监督管理委员会令第12号）（以

下简称《暂行办法》)第六条规定了各级国有资产监督管理机构履行出资人职责的企业及其各级子企业应当对相关资产进行评估的经济行为。包括：

(1) 整体或者部分改建为有限责任公司或者股份有限公司。
(2) 以非货币资产对外投资。
(3) 合并、分立、破产、解散。
(4) 非上市公司国有股东股权比例变动。
(5) 产权转让。
(6) 资产转让、置换。
(7) 整体资产或者部分资产租赁给非国有单位。
(8) 以非货币资产偿还债务。
(9) 资产涉讼。
(10) 收购非国有单位的资产。
(11) 接受非国有单位以非货币资产出资。
(12) 接受非国有单位以非货币资产抵债。
(13) 法律、行政法规规定的其他需要进行资产评估的事项。

该《暂行办法》第八条还规定，企业发生上述经济行为时，应当由其产权持有单位委托具有相应资质的资产评估机构进行评估。

在目前国有资产管理实践中，有些地方、企业的国有资产管理部门也将国有资产出租或承租行为的租金纳入了需要进行评估的情形。

国务院国有资产监督管理委员会在《关于加强企业国有资产评估管理工作有关问题的通知》(国资委产权〔2006〕274号)中，对《暂行办法》第八条进行了细化："经济行为事项涉及的评估对象属于企业法人财产权范围的，由企业委托；经济行为事项涉及的评估对象属于企业产权等出资人权利的，按照产权关系，由企业的出资人委托。企业接受非国有资产等涉及非国有资产评估的，一般由接受非国有资产的企业委托。"《企业国有资产交易监督管理办法》(国务院国有资产监督管理委员会、财政部令第32号)在规范国有及国有控股企业、国有实际控制企业增加资本的行为方面规定："企业增资在完成决策批准程序后，应当由增资企业委托具有相应资质的中介机构开展审计和资产评估。""投资方以非货币资产出资的，应当经增资企业董事会或股东会审议同意，并委托具有相应资质的评估机构进行评估，确认投资方的出资金额。"条文中的"增资企业"指的是需要增加资本的国有及国有控股企业、国有实际控制企业。

当评估对象为单项资产、多项资产或资产组时，其产权持有人为持有该资产或资产组的单位；当评估对象是对外投资形成的权益时，如长期股权投资等，其产权持有人应该为投资人，而非被投资人；因国有企业/单位收购、增资非国有单位需要对非国有单位进行资产评估时，国有资产管理部门受理资产评估核准或备案所要求的资产评估委托人应当包括拟进行收购或投资行为的国有企业/单位。在此种情况下，评估对象的产权持有人与资产评估的委托人可能不是同一主体。涉及国有资产评估核准或备案业务的资产评估委托人可以是多个，但委托人中必须包括国有资产评估管理规定所要求的委托主体。

2. 涉及证券服务的资产评估业务

根据财政部、证监会2020年10月21日公布的《资产评估机构从事证券服务业务备案办法》，证券服务资产评估业务包括：①为证券发行、上市、挂牌、交易的主体及其控制的主体、并购标的等制作、出具资产评估报告；②为证券公司及其资产管理产品制作、出具资产评估报告；③财政部、证监会规定的其他业务。该办法还规定了"资产评估机构为基金期货经营机构及其发行的产品等提供证券服务业务的，参照适用本规定"。为拟上市和已上市公司所提供的资产评估是被该办法影响最大的业务领域。

资产评估行业对拟上市和已上市公司提供的资产评估业务，主要包括公司制改建、证券发行、并购重组、资产转让、担保、财务报告等经济行为。发生上述资产评估行为时，按照资本市场的监管要求，应当履行信息披露义务，由于拟上市或已上市公司是相关信息披露的义务人，故一般情况下应当由拟上市或已上市公司委托开展资产评估，或者由拟上市或已上市公司与经济行为的其他当事人共同委托。如果拟上市公司或已上市公司为国有控股企业，或者相关经济行为涉及国有资产，委托人的确定还应满足国有资产评估管理的有关规定。

3. 涉及司法活动的资产评估业务

服务于司法的资产评估业务一般包括两类：一类是为司法机关审判提供司法鉴定或者为执行司法判决提供处置参考价的资产评估业务；另一类是为司法诉讼当事人的诉讼请求提供协助的资产评估业务。

对于第一类中的司法鉴定业务，《中华人民共和国民事诉讼法》第七十九条规定："当事人可以就查明事实的专门性问题向人民法院申请鉴定。当事人申请鉴定的，由双方当事人协商确定具备资格的鉴定人；协商不成的，由人民法院指定。当事人未申请鉴定，人民法院对专门性问题认为需要鉴定的，应当委托具备资格的鉴定人进行鉴定。"北京市高级人民法院发布的《关于对外委托鉴定评估工作的规定（试行）》中，除了上述要求之外，还规定"准许当事人申请或依职权委托的，法官应当确认需要鉴定的事项和要求"。综上所述，我国为司法机关审判提供司法鉴定的资产评估业务，由人民法院或具有委托职权的当事人委托。此外，根据《最高人民法院关于人民法院确定财产处置参考价若干问题的规定》（法释〔2018〕15号），人民法院在确定财产处置参考价时，对于"法律、行政法规规定必须委托评估、双方当事人要求委托评估或者网络询价不能或不成的，人民法院应当委托评估机构进行评估"。

对于第二类业务，即为司法诉讼当事人的诉讼请求提供协助的资产评估业务，可以由诉讼举证方委托。

（二）评估委托人的权利与义务

1. 评估委托人的权利

评估委托人根据委托合同的约定，享有合同中规定的相关权利。《资产评估法》对评估委托人的权利有以下规定。

（1）评估委托人有权自主选择符合《资产评估法》规定的评估机构，任何组织或者个人不得非法限制或者干预。

（2）评估委托人有权要求与相关当事人及评估对象有利害关系的评估专业人员回避。

为了保证资产评估的公正性，当发现参与评估工作的评估机构中有与相关当事人或资产评估对象存在利害关系的评估专业人员，或者评估机构安排的评估专业人员与相关当事人或资产评估对象存在利害关系，评估委托人有权要求有利害关系的评估机构或者评估专业人员回避。

(3) 当评估委托人对资产评估报告结论、评估金额、评估程序等方面有不同意见时，可以要求评估机构解释。

(4) 评估委托人认为评估机构或者评估专业人员违法开展业务的，可以向有关评估行政管理部门或者行业协会投诉、举报，有关评估行政管理部门或者行业协会应当及时调查处理，并答复评估委托人。

2. 评估委托人的义务

评估委托人在享有必要权利的同时还必须履行评估委托合同约定的义务。《资产评估法》对委托人的义务有以下规定。

(1) 评估委托人不得对评估行为和评估结果进行非法干预，不得串通、唆使评估机构或者评估专业人员出具虚假评估报告。

(2) 评估委托人应当按照合同约定向评估机构支付费用，不得索要、收受或者变相索要、收受回扣。

(3) 评估委托人应当对其提供的权属证明、财务会计信息和其他资料的真实性、完整性和合法性负责。

真实、完整、合法的权属证明、财务会计信息和其他资料是资产评估业务正常开展的基础。真实是指所提供的相关资料的内容必须真实反映评估对象的实际情况，不得弄虚作假；完整是指提供的相关资料种类应当齐全、内容应当完整无遗漏；合法是指所提供的资料的内容和形式应当符合法定要求。评估委托人对其提供的权属证明、财务会计信息和其他资料的真实性、完整性和合法性负责是其最基本的义务。

(4) 评估委托人应当按照法律规定和评估报告载明的使用范围使用评估报告，不得滥用评估报告及评估结论。

资产评估准则要求资产评估报告明确该评估的评估目的，评估委托人使用评估报告应当符合评估目的的要求，不得将评估报告的结论用作其他目的，或者提供给其他无关人员使用。除非法律法规有明确规定，评估委托人未经评估机构许可，不得将资产评估报告全部或部分内容披露于任何公开的媒体上。

此外，《资产评估执业准则——资产评估委托合同》第十三条规定：资产评估委托合同应当约定，委托人应当为资产评估机构及其资产评估专业人员开展资产评估业务提供必要的工作条件和协助；委托人应当根据资产评估业务需要，负责资产评估机构及其资产评估专业人员与其他相关当事人之间的协调。

【例2-1】下列关于评估委托人权利的说法，不正确的是(　　)。

A. 评估委托人有权自主选择《资产评估法》规定的评估机构

B. 评估委托人对资产评估报告结论、评估金额、评估程序等方面有不同意见时，可以要求评估机构解释

C. 评估委托人可以拒绝与评估对象有利害关系的评估专业人员参与评估工作

D. 评估委托人应当按照法律规定和评估报告载明的使用范围使用评估报告

【正确答案】D

【答案解析】评估委托人应当按照法律规定和评估报告载明的使用范围使用评估报告，

不得滥用评估报告及评估结论，这是评估委托人应当履行的义务，不是评估委托人的权利。

【例 2-2】下列关于资产评估委托人的说法，错误的有(　　)。
　　A. 资产评估委托人应当与资产评估机构或资产评估专业人员订立评估委托合同
　　B. 委托人可以是一个或多个，也可以是法人或自然人
　　C. 对于法定评估业务，委托人的确定需要符合国家有关法律、法规的规定
　　D. 对于非法定评估业务，委托人的确定可以基于自愿协商的原则进行
　　E. 委托人一定是评估对象的产权持有人

【正确答案】AE
【答案解析】选项 A，资产评估委托人应当与资产评估机构订立评估委托合同；选项 E，委托人与产权持有人可能是同一主体，也可能不是同一主体，资产评估的委托人并不一定是评估对象的产权持有人。

二、产权持有人(或被评估单位)

(一)产权持有人(或被评估单位)的概念

产权持有人，是指评估对象的产权持有人。当评估对象为股权或所有者权益时，"产权持有人"是指股权或所有者权益的拥有者，与相关股权或所有者权益对应的被投资单位则称为被评估单位。

委托人与产权持有人可能是同一主体，也可能不是同一主体，资产评估的委托人并不一定是评估对象的产权持有人。例如，按照国有资产评估管理法规的规定，对国有企业法人财产转让时需要由产权持有人委托评估机构，这时的委托人与产权持有人为同一主体；对国有企业收购非国有资产，如果被收购方不同时作为委托人，评估委托人与评估对象的产权持有人则不是同一主体。

评估对象一般受产权持有人控制。当评估委托人与评估对象的产权持有人不是同一主体时，资产评估专业人员在对评估对象实施评估时需要通过委托人协调产权持有人配合工作。有时产权持有人可能不愿意提供评估所需要的资料，或不愿意配合评估工作，这就会对评估程序的实施产生一定的影响。如出现上述情况，评估专业人员应该与委托人协商，由委托人出面协调产权持有人配合评估工作。

(二)产权持有人(或被评估单位)的权利与义务

当评估委托人与评估对象的产权持有人不是同一主体时，产权持有人可能会作为单独的签约主体出现在资产评估委托合同中，或者作为由委托人负责协调和安排的对象在合同中体现。目前，我国《资产评估法》中没有单独规范产权持有人(或被评估单位)权利与义务的相关条款。因此，在订立资产评估委托合同时，对作为签约主体的产权持有人的权利及义务可以在委托合同中直接约定；对不作为委托合同签订方的产权持有人配合资产评估工作的要求，一般可以在委托合同中对委托人应承担的协调工作中进行约定。

【例 2-3】下列有关产权持有人或被评估单位的说法，不正确的是(　　)。
　　A. 产权持有人，是指评估对象的产权持有人
　　B. 评估对象一般受产权持有人的控制
　　C. 我国《资产评估法》中有条款单独规范了产权持有人的权利与义务
　　D. 委托人与产权持有人可能是同一主体，也可能不是同一主体，资产评估的委托人

并不一定是评估对象的产权持有人

【正确答案】C

【答案解析】目前我国《资产评估法》没有单独规范产权持有人(或被评估单位)权利与义务的相关条款。所以选项C的说法不正确。

三、评估报告使用人

(一) 评估报告使用人的概念

评估报告使用人,是指法律、行政法规明确规定的,或者资产评估委托合同约定的有权使用资产评估报告或评估结论的当事人。

除委托人、资产评估委托合同中约定的其他资产评估报告使用人和法律、行政法规规定的资产评估报告使用人之外,其他任何机构和个人不能成为资产评估报告的使用人。

按照资产评估准则的要求,资产评估委托合同应当明确资产评估报告使用人。如果存在委托人以外的其他使用人,应当在资产评估委托合同中明确约定。资产评估专业人员还应当在资产评估报告中明确披露评估报告使用人。由于资产评估机构对委托人以外的其他评估报告使用人承担的责任会增加对评估执业和信息披露的要求,因此,资产评估机构需要在承接资产评估业务前与委托人就评估报告的使用人及其需求达成清晰的共识,这是合理界定资产评估机构与资产评估报告使用人的责任,以及明确对资产评估实施及成果的要求的基础。

除非法律、行政法规规定或者已在承接评估业务时明确,从委托人处获得评估报告的当事人并不能当然成为委托资产评估及使用评估成果的主体;根据客户披露义务而获得评估报告的当事人,也不能成为资产评估报告使用人。

评估报告使用人可以是具体的单位或个人,也可以是某一类的使用人,如委托人指定的代理人(律师等)或合作伙伴等。当使用人的具体名称无法确定时,可以根据类型加以明确。

(二) 评估报告使用人的权利与义务

评估报告使用人有权按照法律和行政法规规定、资产评估委托合同约定和资产评估报告载明的使用范围和方式使用评估报告或评估结论。

评估报告使用人未按照法律、行政法规规定或资产评估报告载明的使用范围和方式使用评估报告的,资产评估机构和资产评估专业人员将不承担责任。

资产评估机构和资产评估专业人员不承担非评估报告使用人使用评估报告的任何后果和责任。

【例2-4】甲公司以股权收购为目的委托乙资产评估机构对被收购企业的股权进行评估。收购完成后,甲公司将此评估报告交给丙银行用于股权质押贷款。上述案例中,属于评估报告使用人的是( )。

A. 甲公司
B. 乙资产评估机构
C. 丙银行
D. 甲公司和乙资产评估机构

【正确答案】A

【答案解析】评估报告使用人,是指法律、行政法规明确规定的,或者资产评估委托合

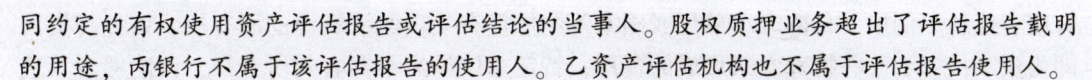

同约定的有权使用资产评估报告或评估结论的当事人。股权质押业务超出了评估报告载明的用途，丙银行不属于该评估报告的使用人。乙资产评估机构也不属于评估报告使用人。

【例2-5】下列关于评估报告中对于委托人和资产评估报告使用人的说法，不正确的是（　　）。

A. 资产评估报告应该阐明委托人及其他报告使用人的身份
B. 资产评估报告只能阐明委托人及其他报告使用人的名称，不能阐明类型
C. 资产评估报告可以阐明委托人及其他报告使用人的类型
D. 资产评估报告可以阐明委托人及其他报告使用人的名称

【正确答案】B

【答案解析】在评估报告中应当阐明委托人和其他评估报告使用人的身份，包括名称或类型。

知识育人探讨

2023年，鹏都农牧拟收购其大股东旗下一家净资产－5 000多万元、账面价值－2.24万元的公司，对该公司进行评估后标的资产价格却高达5.62亿元，溢价2.5万倍，而且该收购项目采用现金收购的形式。这引起了监管机构的关注，监管机构要求说明该评估结果的公允性、收购价格是否审慎合理。其后，这起关联收购被终止。如果这起交易没有被终止，不知有多少人会为这场利益买单，不知多少人的利益会受到侵害。

诚信是资产评估机构的"生命线"，是其立身之本、执业之基。如果私下腐败交易影响了评估的"公正性""独立性"，那么资产评估就是"走过场"。党的二十大报告深刻阐明了坚持不敢腐、不能腐、不想腐一体推进的基本原则，资产评估从业者应该坚定理想信念，提升职业素养，增强社会责任感，成为一名既具备专业技能又具备高尚职业品德的资产评估人才，为社会主义现代化建设贡献自己的力量。

作为未来的资产评估从业者，你认为应具备哪些关键素质和能力来维护行业的诚信与公正？

第二节　资产评估对象和评估范围

一、资产评估对象

(一)概念

1. 资产的含义与基本特征

资产是资产评估的客体，即资产评估的对象。

在资产评估中，资产是指由特定权利主体拥有或者控制的、预期会给该主体带来经济利益的经济资源。

作为资产评估对象的资产应具有以下基本特征。

(1)资产必须是特定主体拥有或者控制的。资产作为一项经济资源，应为特定主体拥

有或者控制。例如，自然人、单位或国家等主体拥有某项经济资源的所有权，该经济资源即为资产；对于一些特殊方式形成的资产，特定主体虽然不拥有其所有权，但能够对其进行实际控制的，如融资租入固定资产，按照实质重于形式原则的要求，也应当将其作为特定主体资产予以确认。

(2)资产的价值必须能以货币计量。也就是说，资产能够以货币计量其价值，否则就不能作为资产予以确认。例如，某生产饮料的企业，垄断占有一个含有丰富微量元素的优质矿泉水水源，该水源对于该企业来说是一大经济资源，它有利于企业生产优质矿泉水饮料，能够给企业带来未来的经济效益，但是由于无法用货币对该矿泉水资源的价值进行计量，所以不能将其作为资产予以确认。

(3)资产必须是能够给特定主体带来未来经济利益的经济资源，即能够给特定主体带来现金流入的资源。也就是说，资产必须具有交换价值和使用价值，没有交换价值和使用价值、不能给特定主体带来未来效益的，不能作为资产予以确认。

2. 资产的分类

为了科学地进行资产评估，应该将资产按不同的标准进行合理分类。

(1)按资产存在的形态可以分为有形资产和无形资产。

有形资产是指那些具有实体形态的资产。会计学中的固定资产，一般是以使用年限在一年以上、单位价值在规定限额以上为标准的主要劳动手段。在资产评估中，固定资产具体是指机器设备、房屋建筑物等。对这些固定资源应分别进行评估，因为它们具有不同的功能和特性。

无形资产是指那些没有物质实体而以某种特殊权利和技术知识等经济资源存在并发挥作用的资产，包括专利权、商标权、非专利技术、土地使用权、商誉等。

(2)按资产是否具有综合获利能力可以分为单项资产和整体资产。

单项资产是指单台、单件的资产；整体资产是指由一组单项资产构成的具有获利能力的资产综合体。

作为资产评估对象的资产，大多具有可确指的存在形态，可以单件、单台地进行评估。例如，我们可以确切地评估厂房、机器设备的单项价值，可以评估确定某项技术专利等无形资产的开发或购置成本。以单项资产为对象的评估，称为单项资产评估。将单项资产评估价值汇总起来，可以得到作为资产综合体的企业的总资产的价值。

但是，如果不是变卖单项资产，而是把企业作为商品进行买卖时，则不能够简单地按单项资产的评估价值总和来交易，这就是有别于单项资产评估的整体资产评估。典型的整体资产一般是一个企业，也可以是某一个车间，或者是一组无形资产的综合体。企业整体资产不是企业各单项可确指资产的汇集，其价值也不等于各单项可确指资产价值的总额。因为企业整体资产评估所考虑的是它作为一个整体资产的生产能力或获利能力，所以，其评估价值除了包括各单项可确指资产的价值以外，还包括不可确指的资产，即商誉的价值。

(3)按资产能否独立存在可以分为可确指的资产和不可确指的资产。

可确指的资产是指能独立存在的资产，前文所列的有形资产和无形资产，除商誉以外都是可确指的资产；不可确指的资产是指不能独立于有形资产而单独存在的资产，如商誉。商誉是由于企业地理位置优越、信誉卓越、生产经营出色、劳动效率高、历史悠久、经验丰富、技术先进等原因，获得的投资收益率高于一般正常投资收益率所形成的超额收益，它不能脱离企业的有形资产单独存在，因此被称为不可确指的资产。所以，就资产而言，除了商誉是不可确指的资产，其他都是可确指的资产。

从西方发达国家的资产评估历史分析，最初的资产评估对象主要是不动产，即非货币性长期资产。但随着市场经济的发展和资产评估业务的不断开展，资产评估的对象范围在不断扩大。例如，以美国为代表的资产评估体系，评估对象不仅包括不动产，还包括动产、珠宝、机器设备、企业价值等；以英国为代表的欧洲资产评估体系，则几乎完全偏重于不动产评估。《国际评估准则》即是以不动产为对象予以规范的，但值得注意的是，《国际评估准则》的内容也在发生变化，1997年的《国际评估准则》中，指南3为厂房和设备的评估；2000年的《国际评估准则》中增加了指南4——无形资产评估；2001年版《国际评估准则》中共有十项评估指南，其中指南6为企业价值评估；《国际评估准则2011》的基本框架是基本准则、资产准则和评估应用，并将资产准则分为企业及企业权益、无形资产、机器设备、不动产权益、在建投资性不动产、金融工具。《国际评估准则》的变化说明资产评估对象的范围在不断地丰富和发展，资产评估业务也正由单项资产评估向综合性评估发展。

（二）评估对象的确定

根据《资产评估法》的规定，资产评估的对象包括不动产、动产、无形资产、企业价值、资产损失或者其他经济权益。这种描述是按资产形态进行概括的，这种描述不仅概括了财政部门管理的资产评估，而且涵盖了其他政府部门管理的房地产估价、土地估价、矿业权评估、旧机动车鉴定估价和保险公估在内的评估专业领域，属于大评估的概念。在资产评估业务中，评估对象应当由委托人依据法律法规的规定和经济行为要求提出，并在评估委托合同中明确约定。在确定评估对象的过程中，评估机构和资产评估专业人员应当关注其是否符合法律法规的规定、满足经济行为要求，必要时应向委托人提供专业建议。

【例2-6】W公司有两个独立的业务，分别是业务A和业务B，现W公司要将业务A进行转让，需要评估，则评估对象是(   )。

A. W公司的资产
B. W公司的权益
C. W公司对业务B的权益
D. W公司对业务A的权益

【正确答案】D

【答案解析】如果资产组合的评估目的是业务板块的整体转让，评估对象一般界定为资产组合的权益，如所有者权益。

二、资产评估范围

（一）概念

资产评估范围，是对评估对象所进行的详细描述，包括构成、物理及经济权益边界、约束条件等内容。评估范围是资产评估专业人员根据评估目的界定的对象资产边界，评估范围也能帮助评估报告使用人更加清晰地理解评估对象。

（二）单项资产的评估范围

当资产评估对象是单项资产时，评估范围是对该项资产边界的描述。

机器设备的评估范围通常要明确其是否包含与设备本体相关的附件以及设备的基础、安装工程、附属设施等。对已安装机器设备的评估，在评估目的要求机器设备原地持续使用的条件下，评估范围通常包含设备本体以及附件、基础、安装工程、附属设施等；对于拟变现处置的机器设备，评估范围可能只包括设备本体及附件，同时还要根据委托约定确定是否包括设备的拆除等费用。

当房地产评估项目的评估对象是企业拥有的一幢已出租的房地产，评估目的是为企业对投资性房地产的公允价值计量提供价值参考时，评估结论应当反映房地产的产权人及其作为房地产的出租人对该房地产享有的权益，评估中应当考虑租赁合同对该房地产价值的影响，但评估范围不包含承租人对该房地产的权益。如果评估目的是为确定被征收房屋的补偿提供价值参考，评估结论反映的应当是该被征收房地产的市场价值，并且根据《国有土地上房屋征收评估办法》规定"不考虑被征收房屋租赁、抵押、查封等因素的影响"，确定评估范围时就无须考虑租赁合同的影响，但评估专业人员应当在相关资产评估报告中如实披露评估对象已经租赁的事实和租赁合同对出租人义务等条件的约定。

当权利人将其注册商标专用权，即所有权进行转让时，评估对象应当是该注册商标的专用权，评估范围应当包括构成该商标专用权的全部权利。当权利人将其持有商标的部分权利许可他人使用时，评估对象为商标许可权，评估范围是被授权人在许可范围内使用该商标的权利。

(三) 资产组合的评估范围

资产组合的评估范围一般由组成该资产组合的资产构成，当资产组合的评估对象是资产组合的权益时，其评估范围是组成该资产组合的全部资产与负债。

例如，某国有汽车生产企业拟将其具有独立运营能力的汽车零部件业务板块进行剥离转让，按照相关法规规定，该企业需要委托评估机构对该业务板块进行价值评估，作为转让定价的参考依据。在此次评估中，评估对象是企业所拥有的汽车零部件业务板块资产组合的权益，评估范围是构成该资产组合的全部资产及负债，具体评估范围一般由企业根据剥离方案确定并编制模拟财务报表，评估专业人员应当了解相关剥离方案，履行核查验证义务。

(四) 整体企业的评估范围

当评估对象为企业整体权益、股东全部权益和股东部分权益时，评估范围包括被评估企业的全部资产和负债，包括可辨识的资产和不可辨识的资产(如商誉等)。

企业进行股份制改建过程中，当评估对象为企业可用于出资的资产及负债时，评估范围可以包括企业的存货、房地产、设备、专利权、商标专用权、股权等法律法规允许出资的资产及负债，但不包括法律法规不允许出资的资产，如商誉。

(五) 资产评估范围的确定

资产评估范围应当依据法律法规的规定、评估目的，以及评估对象的特点合理确定，并在资产评估委托合同中明确界定，具体评估范围应由委托人负责确定。

资产评估专业人员在进行资产评估时，应注意资产评估范围中的资产或者资产及负债是否与所服务的经济行为要求的评估范围一致。

【例2-7】下列有关资产评估范围的说法，不正确的是(　　)。

A. 资产评估范围是对评估对象所进行的详细描述
B. 资产评估范围是资产评估专业人员根据评估目的界定的对象资产边界
C. 当企业价值评估的评估对象是企业股权时，评估范围是被评估企业的全部资产
D. 评估范围能帮助报告的使用人更加清晰地理解评估对象

【正确答案】C

【答案解析】当企业价值评估的评估对象是企业股权时，评估范围应该是被评估企业的全部资产和负债，包括可辨识的资产和不可辨识的资产（商誉等），选项C的说法不正确。

三、常见经济行为对应的评估对象及范围

在资产评估时，应当针对评估所服务经济行为的特点，来进行评估对象及范围的确定，保障评估目的的实现。

(一) 转让

对转让/收购、置换、非货币资产偿债等经济行为进行资产评估，其评估对象是相关经济行为对应的标的资产。标的资产可以是企业或业务板块资产组合权益，也可以为单项资产。

(二) 抵（质）押

抵（质）押行为的资产评估对象为相关抵（质）押物。抵（质）押物可以是企业权益，也可以是单项资产。对抵（质）押物价值的动态管理进行的资产评估，其评估对象应当是贷款存续期的抵（质）押物。

(三) 公司设立、增资

以非货币资产出资设立公司时，根据《中华人民共和国公司法》的规定，需要对非货币性出资资产进行评估，作为确定出资资本的参考依据，其评估对象是实物、知识产权、土地使用权等可以用货币估价并可以依法转让的非货币财产。不符合出资规定的资产不能作为评估对象，如劳务、信用、自然人姓名、商誉、特许经营权、设定担保的财产等。

在公司增资时，对应的评估目的有二种：一是确定被增资企业股东的全部权益价值，作为确定增资金额或持股比例的参考依据；二是确定非货币性增资资产的价值，作为确定增资资本的参考依据。第一种评估目的的评估对象是被增资企业的股东权益，评估范围为被增资企业的全部资产及负债。第二种评估目的的评估对象是非货币增资资产，评估范围是拟用于增资且符合出资条件的资产。

公司发行股份购买资产的行为实质上是被购买资产的产权持有人以非货币资产对发行股份的公司进行增资。该经济行为既需要确定股票发行前发行股份公司的股东全部权益价值，作为确定被购买资产的产权持有人在发行股份公司中持股比例的参考依据；又需要确定拟购买资产的价值，作为确定购买方需要发行的股份数额及公司资本金的参考依据。上述两种评估需求和目的应当分别出具资产评估报告，其评估对象分别为发行股份公司的股东权益和被购买的资产，评估范围分别为发行股份公司的全部资产及负债和与被购买评估对象所对应的单项或整体资产。

如果发行股份的公司为上市公司，且可以通过公开市场的股票价格合理确定其股权价

值，则该上市公司实施发行股份购买资产经济行为时，可以根据相关监管规定，不评估其股权价值，只委托评估被购买资产的价值。

(四) 企业整体或部分改建为有限公司或股份公司

1. 公司制改建

企业整体或部分改建为有限责任公司或者股份有限公司进行资产评估时，评估对象是依据企业改制方案确定的公司制改建所涉及的整体或部分资产。

如果企业改制涉及产权转让、国有资产流转等事项的资产评估，可以依据企业改制方案所确定的转让/流转标的，以及转让行为的要求确定具体的评估对象。按照国有资产管理要求，向非国有投资者转让国有产权的，企业的专利权、非专利技术、商标权、商誉等无形资产必须纳入评估范围。

2. 有限责任公司变更为股份有限公司

有限责任公司已经审计的净资产账面价值折股变更为股份有限公司的，资产评估对象和范围均是有限责任公司根据《公司法》规定可以作为出资的可辨识资产和相关负债。如果变更中因引进战略投资者而委托资产评估，评估对象应当为有限责任公司的股东权益，评估范围则是该公司的全部资产及负债。

(五) 财务报告

企业合并对价分摊的评估对象应该根据会计准则要求和委托合同的约定确定，可以是被购买方的各项可辨认资产、负债及或有负债，也可以是委托人约定评估的具体的可辨认资产，其评估范围是与评估对象对应的资产和负债。

资产减值测试的评估对象是拟进行减值测试的单项资产或资产组。评估对象为单项资产的，评估范围是与评估对象对应的单项资产。评估对象为资产组的，评估范围为构成资产组的全部资产。《企业会计准则第8号——资产减值》规定，资产组的账面价值包括可直接归属于资产组与可以合理和一致地分摊至资产组的资产账面价值，通常不应当包括已确认负债的账面价值，但如不考虑该负债金额就无法确定资产组可收回金额的除外。

公允价值计量的评估对象是需要以公允价值计量的相关资产或负债，具体对象应根据会计准则和委托合同的约定确定，可以是单项资产或负债，也可以是资产组合、负债组合或者资产和负债的组合。

(六) 税收

以税收为目的的资产评估业务中，评估对象可以是企业股东权益，也可以是单项资产。非货币资产投资的计税价值评估，评估对象是用于投资的非货币性资产。

非货币资产持有或流转环节所涉税种的税基评估，评估对象是与所涉税种对应的非货币资产。

抵税财物处置评估，评估对象为拟处置的抵税财物。

(七) 司法

1. 司法审判涉及的资产评估

司法审判资产评估中对诉讼标的财产/权益价值评估的评估对象是相关涉案标的财产。侵权/损害损失包括侵权/损害产生的财产直接损害和间接损失，间接损失又称可得利益损失，是指被侵权/损害人因不法侵害行为遭受的可得财产利益的损失。侵权/损害损失的赔偿范围及标准需要依据法律规定加以确定。

对于侵害物权造成的财产直接损害，需要按照财产损失发生时的市场价格标准计算确定，资产评估的对象就是相关涉案财产。对房地产侵权造成的损失，除了评估房地产减值损失，还可以根据侵权造成的影响和委托要求评估因损害造成的搬迁、临时安置、停产停业等损失。

对于侵犯专利权的赔偿，《中华人民共和国专利法》第七十一条规定："侵犯专利权的赔偿数额按照权利人因被侵权所受到的实际损失或者侵权人因侵权所获得的利益确定；权利人的损失或者侵权人获得的利益难以确定的，参照该专利许可使用费的倍数合理确定。对故意侵犯专利权，情节严重的，可以在按照上述方法确定数额的一倍以上五倍以下确定赔偿数额。权利人的损失、侵权人获得的利益和专利许可使用费难以确定的，人民法院可以根据专利权的类型、侵权行为的性质和情节等因素，确定给予三万元以上五百万元以下的赔偿。"

该条款首先规定了我国专利权侵权赔偿数额的确定标准，标准包括：①按照权利人因被侵权所受到的实际损失或者侵权人因侵权所获得的利益确定；②参照该专利许可使用费的倍数合理确定；③人民法院根据专利权的类型、侵权行为的性质和情节等因素确定。其次，条款明确了在法律实践中选择前述标准的顺位，依次为：首先选择标准①；当标准①难以确定时选择标准②；当标准①和②都难以确定时选择标准③。最后，其条款规定"赔偿数额还应当包括权利人为制止侵权行为所支付的合理开支"。在受理相关评估业务时，评估专业人员应当按照法律规定的赔偿数额确定标准、顺位以及涉案专利的特点合理确定评估对象。

2. 民事判决执行涉及的资产评估

民事判决执行中为确定执行标的物处置参考价的资产评估，评估对象是相关执行标的物，可以是企业的股东权益，也可以是单项资产。

【例2-8】下列关于评估对象及范围的说法，不正确的是(　　)。

A. 对抵(质)押物价值动态管理的资产评估，可以根据抵(质)押物类型、分布和价值变化特点和委托约定选定典型抵(质)押物作为评估对象

B. 对于上市公司等可以通过公开市场的股票价值确定公司股权价值的，可以只评估被购买资产的价值

C. 公允价值计量的评估对象是单项资产或负债

D. 公司制改建的评估对象是依据企业改制方案确定的公司制改建所涉及的整体或部分资产

【正确答案】C

【答案解析】公允价值计量的评估对象是需要以公允价值计量的相关资产或负债，具体对象应根据会计准则和委托合同的约定确定，可以是单项资产或负债，也可以是资产组合、负债组合或者资产和负债的组合。

第三节 资产评估目的与价值类型

一、资产评估目的

(一)资产评估目的的概念与作用

1. 资产评估目的的概念

资产评估目的,实际就是资产评估业务对应的经济行为对资产评估结果的使用要求,或资产评估结论的具体用途。资产评估总是为满足特定经济行为的需要进行的。委托人计划实施的经济行为决定了资产评估的目的。资产评估专业人员在承接资产评估业务时应与委托人沟通,确定资产评估目的。确定评估目的是委托人的责任,评估目的应当在资产评估委托合同中明确约定。

2. 资产评估目的的作用

资产评估目的的作用主要表现在两个方面。

一是对于价值类型的选择。资产评估是与资产经济行为的发生联系在一起的,没有资产经济行为的发生,也就无所谓资产价值评估活动的开展。当然,对于国有资产价值评估来说,《国有资产评估管理办法》的规定具有特殊性,它规定了哪些经济行为发生时应该评估和可以评估。一般来说,资产评估服务于特定的经济行为,资产经济行为不同,其市场供需条件、市场环境边界和约束条件以及价值内涵不同,而由此确定的价值类型不同,所获得的评估结果也就不一样。评估目的是决定价值类型的重要依据。美国评估准则规定:只有在评估日或在此载明的日期内进行的评估才有效,评估只能为评估目的或在此载明的目的服务,任何为其他推测或计划目标进行的评估均无效。

二是对于评估结果的使用。资产评估结果是在资产的经济行为即特定目的发生情况下做出的价值反映,每一个评估结果都反映具体的经济行为。因此,基于特定目的做出的评估结果只能应用于特定目的。

总之,资产评估目的是委托人对资产评估结论的使用要求,或是委托人或资产评估报告使用人对资产评估结论的具体用途,在整个资产评估过程中具有十分重要的作用。

(二)资产评估目的的类型

1. 资产评估的一般目的

资产评估的一般目的或资产评估的基本目的是由资产评估的性质及其基本功能决定的。资产评估作为一种专业人员对特定时点及特定条件约束下的资产价值进行估计和判断的社会中介活动,其所要实现的一般目的只能是给出资产在评估时点的公允价值。在资产评估中,公允价值是关键。它不仅仅是一个数值,更是一个合理的评估标准,它确保了评估结果的公正性和准确性。公允价值反映了资产在市场上的真实价值,同时考虑了所有相关因素,如资产状况、市场供需状况以及各方当事人的权益。公允价值的特点在于其全面性和公正性,它考虑了资产面临的所有条件和市场因素,确保评估结果既符合市场规律,又能维护所有相关方的权益。公允价值使资产评估成为一种高效、准确的市场工具,为资产交易提供了可靠的参考依据。

2. 资产评估的特定目的

资产评估的特定目的是评估当事人委托进行资产评估的特定目的。资产评估的特定目的对评估结果的性质、价值类型等有重要的影响，它贯穿于资产评估的全过程，影响着评估人员对评估对象的界定和资产价值的选择等。资产评估的特定目的是评估人员在进行具体资产评估时必须首先说明的基本事项。

从我国的资产评估实践来看，引起资产评估的业务主要有以下几类。

(1) 资产转让。

资产转让是指资产拥有单位有偿转让其拥有的资产，通常是指转让非整体性资产的经济行为。

(2) 企业兼并。

企业兼并是指一个企业以承担债务、购买、股份化和控股等形式有偿接收其他企业的产权，使被兼并方丧失法人资格或改变法人实体的经济行为。

(3) 企业出售。

企业出售是指将独立核算的企业或企业内部的分厂、车间及其他整体资产产权进行出售的行为。

(4) 企业联营。

企业联营是指国内企业、单位之间以固定资产、流动资产、无形资产及其他资产投入组成各种形式的联合经营实体的行为。

(5) 股份经营。

股份经营是指资产占有单位实行股份制经营方式的行为，包括法人持股、内部职工持股、向社会发行不上市股票和上市股票等。

(6) 中外合资、合作。

中外合资、合作是指我国的企业和其他经济组织与外国企业和其他经济组织或个人在我国境内举办合资或合作经营企业的行为。

(7) 企业清算。

企业清算是指企业因解散或破产而履行清理债权债务、分配剩余财产等法定程序的总称。

(8) 担保。

担保是指资产占有单位以本企业的资产为其他单位的经济行为担保，并承担连带责任的行为，通常包括抵押、质押、保证等。

(9) 企业租赁。

企业租赁是指资产占有单位在一定期限内，以收取租金的形式，将企业全部或部分资产的经营使用权转让给其他经营使用者的行为。

(10) 债务重组。

债务重组是指债权人按照其与债务人达成的协议或法院的裁决同意债务人修改债务条件的事项。债务重组的方式有多种，包括以资产清偿债务、将债务转为资本、修改其他债务条件等。

(11) 抵押。

抵押是指资产占有单位以本单位的资产作为物质保证进行抵押而获得贷款的经济行为。

二、资产评估价值类型

(一)资产评估价值类型的概念

资产评估价值类型是指资产评估活动所确认的资产价值属性和表现形式,是对资产评估价值质的规定。

不同的资产评估价值类型所说明的被估资产价值在性质与内涵上是不同的,在量上也是不同的。

资产价值类型受资产评估特定目的的直接影响,也受被估资产的市场条件、功能技术参数等因素的影响。价值类型是影响和决定资产评估价值的重要因素,明确评估价值类型,既可以更清楚地表达评估结果,还可以避免报告使用人误用评估结果。

(二)资产评估价值类型的作用

价值类型在资产评估中的作用主要表现为以下几点。

(1)价值类型是影响和决定资产评估价值的重要因素。

(2)价值类型对资产评估方法的选择具有一定的影响,价值类型实际上是评估价值的一个具体标准。

(3)明确价值类型,可以更清楚地表达评估结论,可以避免评估委托人和其他报告使用人误用评估结论。

(三)资产评估价值类型的种类

目前,国际和国内评估行业对价值类型有不同的分类,但是一般认为最主要的价值类型包括以下几种。

1. 市场价值

市场价值是在适当的市场条件下,自愿买方和自愿卖方在各自理性行事且未受任何强迫的情况下,评估对象在评估基准日进行公平交易的价值估计数额。市场价值主要受到两个方面因素的影响。其一是交易标的因素。交易标的是指不同的资产,其预期可以获得的收益是不同的,而不同获利能力的资产自然会有不同的市场价值。其二是交易市场因素。交易市场是指该标的资产将要进行交易的市场,不同的市场可能存在不同的供求关系等因素,对交易标的市场价值产生影响。总之,影响市场价值的因素都具有客观性,不会受到个别市场参与者个人因素的影响。

2. 投资价值

投资价值是指评估对象对于具有明确投资目标的特定投资者或者某一类投资者所具有的价值估计数额,亦称为特定投资者价值。投资价值针对特殊的市场参与者,即"特定投资者或者某一类投资者",这类特定的投资者不是主要的市场参与者,或者其数量不足以达到市场参与者的多数。明确的投资目标,是指特殊的市场参与者一般追求协同效应,或者因追求其他特定目的而可以接受不同的投资回报。

投资价值与市场价值相比,除受到交易标的因素和交易市场因素影响外,其最为重要的差异是投资价值还受到特定交易者的投资偏好或追求协同因素的影响。

3. 在用价值

根据资产评估价值类型指导意见的规定,在用价值是指将评估对象作为企业、资产

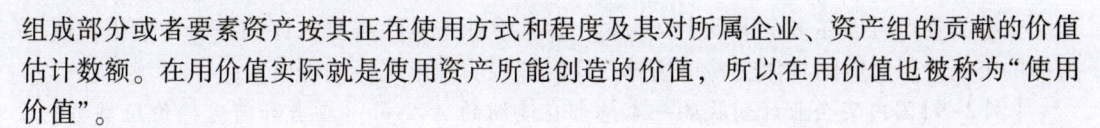

组成部分或者要素资产按其正在使用方式和程度及其对所属企业、资产组的贡献的价值估计数额。在用价值实际就是使用资产所能创造的价值，所以在用价值也被称为"使用价值"。

4. 清算价值

清算价值是指在评估对象处于被迫出售、快速变现等非正常市场条件下的价值估计数额。清算价值与市场价值的主要差异有二：其一，清算价值是一个资产拥有者需要变现资产的价值，是一个退出价，不是购买资产的进入价，而市场价值没有规定其必须是退出价；其二，清算价值的退出变现是在被迫出售、快速变现等非正常市场条件下进行的，这一点与市场价值所对应的市场条件也有明显不同。因此，清算价值的特点主要是：第一，该价值是退出价；第二，这个退出是受外力胁迫的退出，不是正常的退出。

5. 残余价值

残余价值是指机器设备、房屋建筑物或者其他有形资产等的拆零变现价值估计数额，实际上是将一项资产拆除成零件进行变现的价值。从整体角度而言，这种资产实际已经没有使用价值，也就是其已经不能再作为企业或业务资产组的有效组成部分发挥在用价值作用，只能变现。由于其整体已经没有使用价值，因此也不可能整体变现，只能改变状态变现，也就是拆除零部件变现。

6. 其他价值类型

《资产评估价值类型指导意见》规定：执行资产评估业务应当合理考虑该指导意见与其他相关准则的协调。评估专业人员采用本指导意见规定之外的价值类型时，应当确信其符合该指导意见的基本要求，并在评估报告中披露。这一规定实际允许评估专业人员根据特定业务需求，选择其他价值类型，但是需要在评估报告中进行充分披露。

评估实务中的确存在其他价值类型，比较常见的是会计准则中的公允价值。评估实务中还存在一些抵押、质押目的的评估和保险赔偿目的的评估等。这些目的的评估可能会需要采用其他价值类型，评估专业人员只要确信其符合价值类型指导意见的基本要求，并在评估报告中披露就可以使用。

（四）资产评估价值类型的选择

在满足各自含义及相应使用条件的前提下，市场价值、投资价值以及其他价值类型的评估结论都是合理的。评估专业人员执行资产评估业务，选择和使用价值类型时，应当充分考虑评估目的、市场条件、评估对象自身条件等因素。

另外，评估专业人员选择价值类型时，应当考虑价值类型与评估假设的相关性。

1. 市场价值类型的选择

当评估专业人员执行的资产评估业务对市场条件和评估对象的使用等并无特别限制和要求，特别是不需要考虑特定市场参与者的特性和偏好，评估目的是为正常的交易提供价值参考依据时，通常应当选择市场价值作为评估结论的价值类型。

在选择市场价值时，评估专业人员需要意识到，同一资产在不同空间或级次市场的市场价值可能存在差异。不同国家和地区可能存在不同的交易市场，甚至在一个国家或地区内也可能有多个不同的交易市场，在这种情况下，评估专业人员应当关注其评估的"市场价值"所对应的具体"市场"。

当标的资产可以在多个市场上交易时，评估专业人员除需要在评估报告中恰当披露所选择的市场价值对应的具体交易市场外，还应该说明做出选择的理由。

【例2-9】 国内某企业计划收购一家总部在澳洲的A公司，应当如何选择价值类型？A公司有一家在美国注册的全资子公司B公司，在评估A公司价值时涉及评估B公司的股权价值，应当如何选择B公司价值所对应的市场？

【解析】 该交易属于资产收购经济行为，由于没有提及需要考虑特定的买方或卖方的投资偏好或特定目标，因此，应该选择市场价值。下面需要进一步讨论的是如何选择该价值类型所对应的市场。

案例中提出需要评估B公司的价值。由于收购案例的标的资产A公司是澳洲的公司，评估A公司时选择了A公司所在的澳洲市场，但是这并不一定代表评估B公司的市场价值时也一定要选择澳洲市场。由于B公司是一家在美国注册的公司，从理论上说，B公司可以在美国市场转让其股权，也可以在澳洲市场转让其股权，并且这两种转让方式都存在可能性。因此，在评估B公司的市场价值时，应该选择B公司在美国市场和澳洲市场中的最有利市场，也就是说，应该评估B公司在美国市场和澳洲市场中最有利市场的市场价值。

设定抵(质)押权的评估可以根据评估对象及其风险特点选择市场价值或市场价值扣减已知悉的优先受偿款等评估结论表现形式。处置抵(质)押物、抵税财产和执行涉案财产评估也可以根据评估对象特点和委托条件选择市场价值类型。确定计税价值和税基的评估应当选择符合有关资产计税、课税和征税法律规定的价值类型，在很多情况下税收征管部门会要求使用市场价值类型。财务报告目的的公允价值计量、合并对价分摊评估，依据会计准则要求选择公允价值类型。

2. 投资价值类型的选择

评估专业人员在执行资产评估业务时，如果评估业务针对的是特定投资者或者某一类投资者，则评估中还必须考虑某一类投资者或特定投资者自身的投资偏好或特定目标对交易价值的影响，即通常需要考虑选择投资价值类型。

特定市场参与者的目标和偏好可能表现为其自身已拥有的资产与标的资产之间形成协同效应，可以获得超额收益；也可能表现为因自身偏好而可以接受一般市场参与者无法接受的交易价值。尽管这两种情况都对应投资价值所述的情形，但是评估专业人员可以通过合理计量协同效应估算出第一种情况下的投资价值，却可能无法采用经济学的手段估算出第二种情况下的投资价值。

在评估实务中，评估专业人员在选择投资价值时通常需要说明选择的理由以及所考虑投资价值包含的与市场价值有区别的要素，如发生协同效应的资产范围以及产生协同效应的种类，这是选择投资价值时必须详细披露的内容。

3. 在用价值类型的选择

执行资产评估业务，评估对象是企业或者整体资产中的要素资产，并在评估业务执行过程中只考虑了该要素资产正在使用的方式和贡献程度，没有考虑该资产作为独立资产所具有的效用及在公开市场上交易等对评估结论的影响，通常选择在用价值作为评估结论的价值类型。

在用价值并不是一种资产在市场上实际交易的价值，而是计量交易价值的一个方面。

一项资产在市场上的实际交易价值一定是综合其在用价值和交换价值之后确定的。

《企业会计准则第 8 号——资产减值》中，资产减值是指资产的可收回金额低于其账面价值。企业在进行资产减值测试时，资产的可收回金额应当根据资产的公允价值减去处置费用后的净额与资产预计未来现金流量的现值两者之间较高者确定。

上述概念中的"资产预计未来现金流量的现值"，是指资产在未来使用中可以获得的预期收益的现值，就是该资产在企业管理层目前的经营方式或模式下持续经营的在用价值。因此，会计准则对资产减值测试中"可收回金额"的确定规定了两个角度的测试方法：一是估计资产在目前经营模式下的在用价值，判断其继续用于生产经营能够创造的价值；另一个是估计资产的公允价值减去处置费用后的净额，判断资产从企业生产经营环节退出、直接出售变现可以收回的金额。测试后，选出资产拥有者可以从中获得更高价值的结果作为资产的可收回金额，再将其与资产的账面金额进行比较，判定资产的减值状况。《企业会计准则第 8 号——资产减值》也规定，资产的公允价值减去处置费用后的净额与资产预计未来现金流量的现值，只要有一项超过了资产的账面价值，就表明资产没有发生减值，不需再估计另一项金额。

4. 清算价值类型的选择

当评估对象面临被迫出售、强制变现或者评估对象具有潜在被迫出售、强制变现等情况时，评估专业人员通常应当选择清算价值作为评估结论的价值类型。

清算价值类型与以清算为目的的评估有联系，但两者并不是直接对应的关系。清算价值作为一种价值类型，是以评估对象被强制变现或被强制出售为前提条件的，只有评估对象是在强制变现或强制出售的前提条件下进行评估，其评估结论的价值类型才可以选择清算价值。

卖方被迫出售资产、资产出售得不到适当的市场展示期是采用清算价值类型的评估对象的主要交易特点。"被迫出售"不仅使卖方得不到适当的营销时间，也可能导致买方无法进行适当的尽职调查。这种情况下实现的价值反映的是卖方在某一特定时期内被迫出售资产的结果，而不是市场价值定义中设定的自愿的卖方所接受的价格。被迫出售资产可能得到的价格大小取决于卖方所受压力的强度以及资产在市场展示的时间被限制的程度。只有了解评估对象被强迫出售的理由及程度才能合理预计其清算价值。

抵（质）押物、涉案财产等处置的评估，也可以根据评估对象特点及委托条件选择清算价值类型。

5. 残余价值类型的选择

当评估对象无法或者不宜整体使用，但将其拆解分割后的零部件还具有使用价值时，评估专业人员通常应当考虑将评估对象拆零变现，并选择残余价值作为评估结论的价值类型。

比较典型的案例是国家规定的发电机组"上大压小"政策。小规模的发电机组必须强制淘汰，将要淘汰的发电机组从整体上看已经不具有再继续使用的价值，但是将发电机组拆分成一些零部件后，可能会存在能够继续使用的零部件，这时，评估专业人员可以选择残余价值类型对其进行评估。

第四节　资产评估基准日与报告日

一、资产评估基准日

(一)资产评估基准日的概念

资产评估基准日是资产评估结论对应的时间基准,评估委托人需要选择一个恰当的资产时点价值,有效地服务于评估目的。资产评估机构接受客户的评估委托后,需要了解委托人根据评估目的及相关经济行为需要确定的评估时点,也就是委托人需要评估机构评估资产在什么时间点上的价值。这个时间点就是资产评估基准日。

(二)资产评估基准日的作用

一般而言,资产的价值在不同的时间点是不一样的。这主要体现在两个方面:其一是资产的状态和资产交易的市场情况在不同的时间点是不同的,所以,在不同时间点,评估对象在市场上交易的价值是不同的;其二是用于计量资产价值的货币的自身价值在不同时间点是不同的,所以采用不同时点货币价值计量出的评估对象的价值也是不同的。

1. 明确评估结论所对应的时点

资产评估是为特定的经济行为服务的,这个特定的经济行为存在时效性。因此,评估委托人需要选择一个恰当的资产时点价值,有效地服务于评估目的。评估基准日实际上起到了规定评估结论所对应的时间基准的作用。

评估基准日通常是现在时点,属于现时性评估业务;也可以是过去或将来的时点,分别对应追溯性评估业务和预测性评估业务。

(1)现时性评估。

评估基准日选择的是现时日期,在评估工作日近期的时点,评估结论采用的价格依据和标准也是近期有效的,这样的评估就是现时性评估。其评估结论表达的是评估对象截至评估基准日的现实状态,对应于评估基准日的市场条件,以评估基准日货币币值计量的价值。目前,大部分资产评估业务属于现时性评估业务。

(2)追溯性评估。

评估基准日选择的是过去的某个日期,这一日期与评估工作日相距通常不少于一年,这样的评估属于追溯性评估。一般来说,追溯性评估结论的计量是以评估对象在被追溯基准日的货币价值体现的,其计量标准采用的是被追溯基准日的币种、货币单位、汇率、利率等;评估对象应当反映其在被追溯基准日的物理、权属、利用等状态。开展追溯性评估时,资产评估专业人员应当以被追溯基准日的市场条件、政策环境等因素对评估对象进行追溯性价值判断,不应考虑被追溯基准日后发生的、在被追溯基准日无法合理预期的事件。

在司法诉讼、损失界定、调查追责中,以及企业对历史经济行为所涉及的资产或损失的价值进行追溯、判断时,通常需要采用追溯性评估。例如,某国有企业在某历史时点未经评估、未履行必要的程序非法处置国有资产,国有资产监管部门对此进行调查时,通常

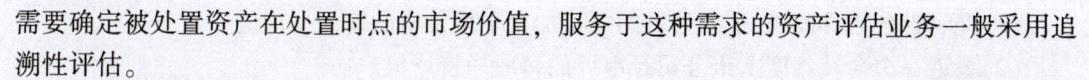

需要确定被处置资产在处置时点的市场价值,服务于这种需求的资产评估业务一般采用追溯性评估。

(3)预测性评估。

评估基准日选择的是未来的某个日期,这一日期在评估工作日之后、非近期的时点,这种评估属于预测性评估。预测性评估采用的是被预测基准日预期的市场条件和价格标准或依据,评估对象的状态一般为被预测基准日的预期状态。

在以抵押为目的的资产评估业务中,当抵押期较长、抵押物会随时间的变化产生较大的贬损或价格变化时,抵押权人可能会要求评估专业人员确定在实现抵押权时抵押资产的价值,服务于这种需求的资产评估业务通常采用预测性评估。

2. 用于确定评估报告结论的使用期限

由于实现资产评估所服务的经济行为具有时效性,所以对资产评估结论的使用也应该规定一个有效期,超过这个有效期,评估报告的结论就很可能无法有效、合理地反映评估对象及其所对应的市场状况。

我国资产评估执业准则对评估结论有效期的规定,通常是以评估基准日为基础确定的。例如,《资产评估执业准则——资产评估报告》第十条规定:"通常,只有当评估基准日与经济行为实现日相距不超过1年时,才可以使用资产评估报告。"对涉及国有资产的资产评估项目,我国《企业国有资产评估管理暂行办法》也明确规定"经核准或备案的资产评估结果使用有效期为自评估基准日起1年"。

我国目前尚无对追溯性和预测性资产评估业务评估结论使用有效期的规定。为合理有效地利用资产评估结论,评估报告服务的经济行为必须在报告所明示的结论使用有效期内实施,评估报告使用人对此需要特别关注。

(三)资产评估基准日的选择

评估基准日的选择应该是委托人的责任,评估专业人员可以提供相关专业建议。评估基准日的选取需要重点考虑以下四个因素:首先是有利于评估结论有效服务于评估目的;其次是有利于现场调查、评估资料收集等工作的开展;再次是企业价值评估业务中评估基准日尽可能选择会计期末;最后是法律法规有专门规定的,从其规定。

1. 国有资产评估业务的评估基准日选择

目前,国有资产评估大多为现时性评估。现时性评估的评估基准日需要选择现时日期,同时应该选择与评估目的相关联的经济行为或特定事项实施日期相接近的日期。

国务院国资委、财政部、证监会2018年5月联合发布的《上市公司国有股权监督管理办法》规定,国有股东所持上市公司股份间接转让时,"上市公司股份价值确定的基准日应与国有股东资产评估的基准日一致,且与国有股东产权直接持有单位对该产权变动决策的日期相差不得超过1个月"。该办法所称"国有股东所持上市公司股份间接转让"是指上市公司的国有股东因国有产权转让或增资扩股等原因不再符合国有全资或控股条件的行为。该办法要求国有股东所持上市公司股份间接转让应当按照以下规定确定其所持上市公司股份价值:国有股东公开征集转让上市公司股份的价格不得低于下列两者之中的较高者:

(1) 提示性公告日前 30 个交易日的每日加权平均价格的算术平均值。

(2) 最近一个会计年度上市公司经审计的每股净资产值。

目前，国有资产评估对追溯性或者预测性评估的评估基准日的选择没有做出明确规定。

2. 其他资产评估基准日的选择

对于上市公司发行股票购买资产等重大资产重组事项，资产评估基准日应该尽量与发行股票的定价日相近。

企业合并对价分摊资产评估的评估基准日应当选择购买日。购买日是指购买方实际取得对被购买方控制权的日期。

核定税基、确定计税价值资产评估的评估基准日应选择发生应税行为所对应的时点。

其他资产评估可以根据经济行为的性质和对评估结论的使用要求妥善选择评估基准日。

3. 评估基准日的选择与评估报告中引用的其他报告的基准日的匹配问题

在评估实务操作中，资产评估报告经常需要引用其他专业报告的结论或数据，这些专业报告通常也具有时效性，如审计报告具有审计截止日或报告日，其他专业评估报告如矿业权评估、土地估价等报告，也具有评估基准日（或估价期日、价值时点）。当资产评估报告引用这些专业报告或单项资产评估报告时，评估专业人员应当关注这些专业报告的基准日或截止日与评估基准日的匹配性。

当评估报告引用的专业报告是审计报告时，审计的截止日一般应与评估基准日保持一致。例如，国有资产评估业务的评估基准日为 2024 年 12 月 31 日，则要求为评估服务的审计报告的截止日也应当是 2024 年 12 月 31 日；上市公司重大资产重组的评估基准日为 2025 年 6 月 30 日，则要求审计报告的截止日也应当是 2025 年 6 月 30 日。作为特殊的情形，《企业国有资产交易监督管理办法》第十一条规定，涉及参股权转让不宜单独进行专项审计的，转让方应当取得转让标的企业最近一期年度审计报告。

当评估报告需要引用其他评估机构出具的单项资产评估报告的结论时，拟引用单项资产评估报告的评估基准日、使用限制等应当满足资产评估报告的引用要求。国务院国资委《关于印发〈企业国有资产评估项目备案工作指引〉的通知》（国资发产权〔2013〕64 号）第二十八条规定，资产评估结果引用土地使用权、矿业权或者其他相关专业评估报告评估结论的，应当关注所引用报告的评估基准日、评估结论使用有效期等要素与本次评估报告是否一致。例如，某企业价值评估以资产基础法的结果作为评估结论，所引用的土地使用权估价报告的评估基准日虽与资产评估报告相同，但土地估价报告和资产评估报告的评估结论使用有效期分别为半年和一年，此处，由于评估所服务的经济行为要求的资产评估对象是企业股东权益，而土地使用权作为企业整体资产的组成部分，其评估结论也是企业整体评估结论的组成部分，不能因为不同的评估报告出现不同的使用有效期，否则将完全有悖于资产评估服务于特定目的的基本功能。

【例 2-10】企业合并对价分摊资产评估的评估基准日应当选择（　　）。

A. 发行股票的定价日

B. 购买方实际取得对被购买方控制权的日期

C. 发生应税行为所对应的时点
D. 委托合同签订日

【正确答案】 B

【答案解析】 企业合并对价分摊资产评估的评估基准日应当选择购买日。购买日是指购买方实际取得对被购买方控制权的日期。

【例2–11】 选取资产评估基准日时，应该考虑的因素不包括(   )。
A. 是否能有效服务于评估目的
B. 是否有利于现场调查、评估资料收集等工作的开展
C. 法律法规有专门的规定的，从其规定
D. 单项资产评估业务中评估基准日尽可能选择会计期末

【正确答案】 D

【答案解析】 评估基准日的选取需要重点考虑以下因素：①有利于评估结论有效服务于评估目的；②有利于现场调查、评估资料收集等工作的开展；③企业价值评估业务中评估基准日尽可能选择会计期末；④法律、法规有专门的规定的，从其规定。

二、资产评估报告日

(一)资产评估报告日的概念

根据《资产评估执业准则——资产评估报告》的规定，资产评估报告日通常为评估结论形成的日期。

(二)资产评估报告日的法律意义

根据目前评估准则的规定以及社会对评估报告的认识惯例，评估报告日的法律意义是：在评估基准日到评估报告日之间，如果被评估资产发生重大变化，评估机构负有了解和披露这些变化及其可能对评估结论产生的影响的义务；评估报告日后，评估机构不再负有对被评估资产重大变化进行了解和披露的义务。

(三)资产评估基准日后的期后事项的处理原则

评估机构和评估专业人员需要采用适当的方式，对评估专业人员撤离评估现场后至评估报告日之间，被评估资产所发生的相关事项以及市场条件发生的变化进行了解，并分析判断该事项和变化的重要性，对于较重大的事项，应该在评估报告中进行披露，并提醒报告使用人注意该期后事项对评估结论可能产生的影响；如果期后发生的事项非常重大，足以对评估结论产生颠覆性影响，评估机构应当要求评估委托人更改评估基准日并重新进行评估。如果评估机构的要求未被委托人采纳，应当在评估报告中就此重大事项及影响作报告使用风险的特别提示。

《关于印发〈企业国有资产评估项目备案工作指引〉的通知》要求，"企业在评估基准日后如遇重大事项，如汇率变动、国家重大政策调整，企业资产权属或数量、价值发生重大变化等，可能对评估结果产生重大影响时，应当关注评估基准日或评估结果是否进行了合理调整"。

第五节　资产评估假设

一、资产评估假设的概念与作用

(一) 资产评估假设的概念

由于认识客体无限变化和认识主体有限能力的矛盾，人们不得不依据已掌握的数据资料对某一种事物的某些特征或全部事实做出合乎逻辑的推断。这种依据有限事实，通过一系列推理，对于所研究的事物做出的合乎逻辑的假定说明就叫假设。资产评估与其他学科一样，其理论体系和方法体系的确立也是建立在一系列假设基础上的。在进行资产评估时，由于资产本身特征和市场交易的多样性，首先应对被评估对象所处的市场条件进行准确描述和精确刻画，并在此基础上得出抽象、合理的假定，以规范和指导资产评估活动。资产评估假设，是对资产评估领域未知的事物，根据客观的存在状况和发展趋势所做出的合乎逻辑的认定。

(二) 资产评估假设的作用

假设是建立一门学科的基石，理论的建立和完善离不开科学的假设。资产评估假设在资产评估理论中的作用主要表现在以下几个方面。

1. 评估假设是客观存在的，不是凭空捏造的，并受制于评估环境

资产评估活动始终处于经济、政治及文化等社会环境中，必然受到这些环境因素的制约。而这些环境因素是不断变化的，为保持理论结构的稳定性和相对独立性，评估人员必须明确理论系统的边界，即在工作之前设定一些前提，这些前提一经形成，就成为评估工作赖以存在的基本前提，也是设计选择方法的主要依据。评估假设来源于评估产生和发展的客观环境，其实质是对评估环境制约评估活动的规律的认识。

2. 评估假设是在评估环境约束下，决定评估活动和发展的基本前提和约束条件

评估假设是对资产未来可能情况的合乎逻辑的设想。人们就评估活动中一些尚未确知的因素所做出的一些科学推断或设定等基本前提，是人们通过评估实践所赖以存在的客观环境所做出的，是对资产评估实务中所产生的一些尚不能确指的事物进行约束的一种合乎逻辑发展的设想。

3. 评估假设是对客观环境下评估活动本质特征的反映，本质上具有普遍性

评估假设包含的内容是公认有效的，但尚待进一步检验和认证。评估假设是以有限的事实和观察为基础推断出来的，随着环境的变化而变化。

二、常见的资产评估假设及其应用

(一) 常见的资产评估假设

1. 交易假设

交易假设是资产评估得以进行的一个最基本的假设。交易假设是假定被评估资产已经

处在交易过程中，评估专业人员根据被评估资产的交易条件等信息模拟市场进行估价。资产评估是在资产实际交易之前进行的，为了能够在资产实际交易之前为委托人提供资产价值参考，利用交易假设将被评估资产置于"交易"当中，模拟市场进行评估十分必要。

交易假设一方面为资产评估得以进行创造了条件；另一方面，它明确限定了资产评估的外部环境，即资产被置于市场交易之中。资产评估不能脱离市场条件孤立地进行。

2. 公开市场假设

公开市场是指充分发达与完善的市场条件，即一个有众多买者和卖者的充满竞争性的市场。公开市场假设，是假定在市场上交易的资产，或拟在市场上交易的资产的交易双方彼此地位平等，彼此都有获取足够市场信息的机会和时间，以便对资产的功能、用途及其交易价格等做出理智的判断，买卖双方的交易行为都是在自愿的、理智的，而非强制的或受限制的条件下进行的。

公开市场假设基于市场客观存在的现实，即资产在市场上可以公开买卖。不同类型的资产，其性能、用途不同，市场程度也不一样，用途广泛的资产一般比用途狭窄的资产的市场活跃性要高，而资产的买者或卖者都希望得到资产最大最佳效用。所谓最大最佳效用，是指资产在可能的范围内，用于既有利又可行以及法律上允许的用途。资产的最大最佳效用可以是现时的，也可以是潜在的。在评估资产时，评估专业人员按照公开市场假设处理或做适当调整，才有可能使资产效用达到最大最佳。资产的最大最佳效用，由资产所在地区、具体特定条件以及市场供求规律所决定。

3. 持续经营假设

持续经营假设实际是一项针对经营主体（企业或业务资产组）的假设，该项假设一般不适用于单项资产。持续经营假设是假设一个经营主体的经营活动可以持续下去，在未来可预测的时间内，该主体的经营活动不会中止或终止。持续经营假设要求经营主体在其可以预见的未来不会停止经营，这种经营可以是在现状基础上的持续经营，也可以是在合理预计状态下的未来的持续经营。这两种状态有所不同，如果需要区分，评估专业人员可以增加限定为"现状持续经营"或者"预计状态持续经营"。

假设一个经营主体是由部分资产和负债按照特定目的组成，并且需要完成某种功能，持续经营假设就是假设该经营主体在未来可预测的时间内继续按照这个特定目的，完成该特定功能。该假设不但是一项评估假设，而且是一项会计假设。对一个会计主体或者经营主体进行评估时，也需要对其未来的持续经营状况做出假设。因为经营主体是否可以持续经营，其价值表现是完全不一样的。通常来说，持续经营假设是采用收益法评估企业等经营主体价值的基础。

4. 清算假设

与持续经营假设相对应的假设就是不能持续经营。如果一个经营主体不能持续经营，就需要清算这个经营主体，这时评估人员需要使用清算假设。与清算有关的假设包括有序清算假设和强制清算假设。

有序清算假设，是指假设经营主体在其所有者有序控制下实施清算，即清算在一个有计划、有秩序的前提下进行。强制清算假设，是指假设对经营主体的清算不在其所有者控制之下，而是在外部势力的控制下，按照法定的或者由控制人自主设定的程序进行，该清算经营主体的所有者无法干预。

当不满足持续经营的原因是经营期限届满或者协议终止经营等由经营主体的所有者自主决定时，这时进行清算应该选择有序清算假设。因为这种清算是由经营主体所有者自主控制的。当经营主体不满足持续经营的原因是破产清算时，这时的清算完全由债权人或法院指定的清算代理人控制，该经营主体的所有者完全无法控制，在这种情况下，一般应该选择使用强制清算假设。

5. 原地使用假设

原地使用假设是指假设一项资产在原来的安装地被继续使用，其使用方式和目的可能不变，也可能会改变。例如，一台机床是用来加工汽车零部件的，但是现在该机床仍在原地继续被使用，但是已经改为加工摩托车零部件了。原地使用的价值构成要素一般包括设备的购置价格、设备运输费、安装调试费等。如果涉及使用方式及目的变化，还要根据委托条件确定是否考虑因变更使用方式而发生的成本费用。

6. 移地使用假设

移地使用假设是指假设一项资产不在原来的安装地被继续使用，而是要被转移到另外一个地方继续使用，其使用方式和目的可能会改变，也可能不改变。例如，一台二手机床要出售，购买方要将其移至另外一个地方重新安装使用，资产的这种使用状态就称为移地使用。移地使用涉及设备的拆除、迁移和重新安装调试等环节。所以，除了设备本体价值，评估专业人员还需要根据买卖双方约定的资产交割及费用承担条件，确定其价值要素是否包括设备的拆除费用、运输到新地址的费用和重新安装调试的费用等。

7. 最佳使用假设

最佳使用假设是指假设一项资产在法律上允许、技术上可能、经济上可行的前提下，经过充分合理的论证，实现其最高价值的使用。最佳使用通常是对一项存在多种不同用途或利用方式的资产进行评估时，为其选择最佳的用途或利用方式。会计准则明确规定，公允价值是资产在最佳用途下的价值。

8. 现状利用假设

现状利用假设要求对一项资产按照其目前的利用状态及利用方式进行价值评估。当然，现状利用方式可能不是最佳使用方式。现状利用假设与最佳使用假设相对应，该假设一般在资产只能按照其现实使用状态评估时选用。

9. 非真实性假设

非真实性假设是指为进行分析所做出的与现实情况相反的假设条件。非真实性假设所假定的评估对象的物理、法律和经济特征、市场条件或趋势等资产外部条件以及分析中使用的数据与已知的实际情况相反。例如，评估已知不存在排水设施的土地时，假设排水设施齐全。按照《专业评估执业统一准则》，非真实性假设仅在以下情形中才可以使用。

（1）基于法律规定、合理分析或进行比较的需要。
（2）使用非真实性假设后能够进行可信的分析。
（3）评估专业人员遵守《专业评估执业统一准则》中关于非真实性假设的披露要求。

《国际评估准则2017》将非真实性假设称为"特别假设"，我国《房地产估价规范》中使用的"背离事实假设"就属于非真实性假设。

10. 特别假设

特别假设是指直接与某项特定业务相关、如果不成立将会改变评估结论的假设。特别假设是就评估对象的物理、法律和经济特征、市场条件或趋势等资产外部条件以及分析中所使用数据的真实性等不确定性事项予以假定。例如，在并不知道土地是否存在排水设施，也没有证据表明没有排水设施的情况下，假设在排水设施齐全条件下评估土地。

对某项条件所做出的假设究竟属于特别假设还是非真实性假设，取决于评估专业人员对这个条件的了解程度。如果评估专业人员不知道该条件的状况而且可以合理相信该条件是真实的，所做出的相关假设就是特别假设。与此相反，评估专业人员已知晓该条件并不真实，但出于评估分析的需要做了假设，这时做出的相关假设就是非真实性假设。使用特别假设会对评估结论形成重大影响。按照《专业评估执业统一准则》，特别假设仅在以下情形中才可以使用。

(1) 基于恰当评估、形成可信评估结论的需要。
(2) 评估专业人员有合理的理由使用特别假设。
(3) 使用特别假设后能够进行可信的分析。
(4) 评估专业人员遵守《专业评估执业统一准则》中关于特别假设的披露要求。

(二) 常见的资产评估假设的应用

1. 资产评估假设应用的基本要求

资产评估假设的选择、应用要符合合理性、针对性和相关性要求。

(1) 合理性。

评估假设应该建立在合理的依据、逻辑及推断前提下。设定的假设有可靠的证据表明其很可能发生，或者虽然缺乏可靠证据，但也没有理由认为其明显不切合实际。假设不可能发生的情形是不合理的假设。

(2) 针对性。

评估假设应该针对评估中遇到的某些特定问题。这些特定问题具有不确定性，而这种不确定性，评估专业人员可能无法合理计量，所以需要通过假设忽略其对评估工作的影响。

(3) 相关性。

评估假设与评估项目实际情况相关，与评估结论形成过程相关。

2. 评估假设应用需要考虑的基本因素

(1) 评估目的。

评估目的规定着资产评估结论的具体用途，也在宏观上规范了被评估资产的作用空间。评估目的不同，评估对象的市场环境条件、交易方式、企业存续状态、资产使用状态等不同，评估报告的作用以及评估结论的使用方式也不同。例如，《人民法院委托司法执行财产处置资产评估指导意见》规定，执行人民法院委托司法执行财产处置资产评估业务，不应当考虑评估对象被查封以及原有的担保物权和其他优先受偿权情况对评估结论的影响，应当视为没有查封、未设立担保物权和其他优先受偿权的财产进行评估，并在资产评估报告的评估假设中予以说明。因此，评估假设应结合评估目的来设定。

(2) 评估对象。

单项资产评估假设适用资产使用状态假设；企业价值评估假设适用于企业持续经营假

设或者清算假设等。

（3）价值类型。

不同的价值类型对应的市场交易条件、资产使用等条件很可能存在差异。例如，使用投资价值类型评估并购标的企业价值，需要对企业并购方式和并购后的措施及实施情况做出假设，作为估算协同效应价值的前提；使用清算价值类型评估被清算资产的价值，需要对资产的清算方式及条件做出假设，作为估算资产变现价值的前提。

3. 交易假设的应用

交易假设就是假定所有拟评估资产已经处在交易过程中。因此，交易假设是资产评估最基本的假设。

该假设适用于经济行为为交易和产权及经营主体变动性质或可视为这种性质的资产评估业务。对本章提及的常见经济行为的资产评估都可以使用该假设。

4. 公开市场假设的应用

公开市场假设的核心是资产的市场价值是由自由竞争的市场参与者自主决定的，而不是其他力量垄断或者强制决定的。只有满足公开市场假设，评估专业人员才有可能对资产的市场价值做出符合市场供需关系的分析、判断。如果不满足公开市场假设，则这个市场可能是严格人为管制下的市场，或者是垄断条件下的市场。在这样的市场上，资产的交易价格是由管制者或者垄断者决定的，也就没有评估的必要。

公开市场假设设定需要评估的资产是在一个具有自愿的买方和卖方的市场上交易。在这个市场上，该项资产的交易是十分活跃的，资产交易没有套利空间，在不考虑交易相关税费的前提下，市场参与者购买一项资产的价格与卖出资产的价格是一致的。

公开市场假设是资产评估中的一个重要假设，其他假设都是以公开市场假设为基本参照的。公开市场假设也是资产评估中使用频率较高的一种假设，凡是能在公开市场上进行交易、用途较为广泛的或者通用性较好的资产，都可以考虑按公开市场假设前提进行评估。

在资产评估常见的经济行为中，以自愿公开交易或假定自愿公开交易为目的的资产评估，其评估对象的市场条件可以运用公开市场假设予以明确和设定。

5. 持续经营假设的应用

持续经营假设主要针对经营主体，不针对单项资产。这个经营主体可以是一个企业，也可以是一个业务资产组，当没有相反的证据证明该经营主体不能满足持续经营的条件时，通常可以假设该经营主体持续经营。这里的"相反证据"是指那些表明相关主体很可能将结束经营的证据，如合同规定的经营期满、企业资不抵债而濒临破产等。

持续经营假设要求经营主体在其可以预见的未来不会停止经营。这种经营可以是在现状基础上的持续经营，也可以是在合理预计状态下的未来的持续经营。这两种状态有所不同，如果需要区分，评估专业人员可以增加限定为"现状持续经营"或者"预计状态持续经营"。

常见经济行为中，绝大部分以企业或业务等经营主体权益为对象的资产评估均可采用持续经营假设。例如，企业增资扩股评估中，评估对象的存续状态和作用空间可以用持续经营假设予以限定。股权转让（收购）评估业务，一般情况下需要考虑被评估企业基于现时状态的假设条件下的权益价值。如果需要考虑在收购交易完成后，实现了有关协同效应后的权益价值，就不能采用"现状持续经营"假设，而应当以并购完成后的状态持续经营作为假设条件，评估其投资价值。

在持续经营前提下，还可以根据评估目的和评估对象的特点，对企业未来持续经营的具体条件通过具体假设进行限定。

【例2-12】某企业享受所得税优惠政策，但享受年限短于评估收益年限，优惠政策到期后，是否可以假设延长优惠期？

【解析】企业享受的税收优惠政策期满后有两种可能性：一种是继续享受优惠政策；另一种是优惠政策终止。评估时，如果被评估企业满足享受税收优惠的条件且没有证据表明被评估企业未来会不满足这些条件，在收益预测时也能够考虑被评估企业持续满足相关条件所涉及的支出，评估中可以采用企业所享受的税收优惠政策在期满后能够依照规定继续延长的评估假设。如果资产评估专业人员对所了解的情况进行分析后认为，被评估企业没有到期继续享受税收优惠政策的证据或理由，即延长税收优惠政策的可能性不大，评估中就应按期满后不再享受税收优惠政策计税。

以某高新技术企业的企业价值评估为例，该企业是获得高新技术企业认证的企业，按规定享有企业所得税优惠政策，认证的有效期距评估基准日还有六年。评估专业人员了解到，该企业的研发人员配备和研发费用投入一直都满足高新技术企业的认证条件，与高新技术相关的产品有良好的市场前景；企业计划采取措施持续满足高新技术企业的认证条件，在编制未来收益预测时假设该企业在高新技术企业认证期满能按规定继续获得相关认证，在现行认证期届满后继续采用高新技术企业适用的所得税政策，并依据企业的业务发展目标和高新技术企业认证要求在收益预测中考虑了相应的支出。评估专业人员在履行核查验证程序后接受了企业盈利预测的相关处理方式。

上述涉及项目达产和税收优惠的评估假设属于推测性假设。推测性假设，是针对评估对象实体、法律、经济属性方面存在的不确定性以及资产市场条件与趋势的外部环境存在的不确定性，选择最有可能发生或发生概率最大的情形作为评估前提。推测性假设是较为常见的一种评估假设。

6. 有序清算假设的应用

当经营主体出现的证据证明其未来不能或不再持续经营时，就需要对该主体进行清算。当不满足持续经营的原因是经营期限届满或者协议终止经营等由经营主体的所有者自主决定的清算，则应该选择有序清算假设前提。因为这种清算是由经营主体所有者自主控制的清算。

7. 强制清算假设的应用

当经营主体不满足持续经营的原因是被人民法院依法宣告破产，这时的清算已经由人民法院介入，破产财产变价方案由法院指定的破产管理人负责拟订和实施，方案实施前需要提交债权人会议通过或者报人民法院依法裁定。该经营主体的所有者无法控制这种清算。这种情况一般应当选择强制清算假设。

8. 原地使用假设的应用

原地使用假设是标的资产仍然在原安装地继续使用。能否在原地继续使用，会影响被评估资产的价值构成要素，进而影响其评估结果。对于需要较大数额的运输费和安装调试费，或者拆除迁移会明显降低其功能及价值的资产，如钢铁、化工等行业的设备等，采用原地使用假设进行评估有利于更好地体现其功能及价值。

9. 移地使用假设的应用

移地使用假设多用于评估可移动的资产。例如，企业停产搬迁或者进行搬迁补偿目的的评估，由于企业的可移动设备一般都需要从原安装地拆除，搬迁到新地址后再安装调试，因此，需要在评估中选择移地使用假设，并需要根据评估目的要求和买卖双方的约定，恰当处理相关拆除、运输以及再安装费用。

对无须在原安装地使用的设备的转让等评估，也可以采用移地使用假设，将设备本体及必要附件列入评估范围。评估范围是否考虑设备的拆除、运输至设备交易场所等需要发生的费用，也应当在评估委托时根据委托人计划或确定的交付条件明确约定。

10. 最佳使用假设的应用

最佳使用假设多用于房地产评估，因为房屋和土地经常存在多种用途或利用方式，所以在评估其市场价值时要求进行最佳使用分析，按照最佳使用状态进行评估。根据最佳使用分析，适合某种房地产的最佳使用状态可能是改变用途、改变规模、更新改造、重新开发或维持现状，也可能是前述情形的若干组合。房地产的最佳使用必须是法律上允许、技术上可能、经济上可行的，经过充分合理地论证的使用状态。

11. 现状利用假设的应用

现状利用假设，与最佳利用假设相对应，是指按照资产目前的利用状态评估其价值，而不管其现状利用是否为最佳。该假设一般在资产只能按照其现实使用状态评估时选用。

【例2-13】甲评估机构负责评估A公司破产清算的可变现资产的价值，法院要求在限定时间内处置完可变现资产。这一情形下应该选择的评估假设是（　　）。

A. 原地使用假设
B. 有序清算假设
C. 强制清算假设
D. 公开市场假设

【正确答案】C

【答案解析】当经营主体不满足持续经营的原因是被人民法院依法宣告破产时，这时的清算已经由人民法院介入，破产财产变价方案由法院指定的破产管理人负责拟订和实施，方案实施前需要提交债权人会议通过或者报人民法院依法裁定。该经营主体的所有者无法控制这种清算。这种情况一般应当选择强制清算假设。

【例2-14】开展资产评估业务时，进行资产评估假设的作用是（　　）。

A. 提高评估工作的效率
B. 减轻评估专业人员的工作量
C. 提高评估准确性
D. 促进经济行为的达成

【正确答案】A

【答案解析】资产评估假设的作用为在可以控制相关差异的前提下提高评估工作的效率，抓住主要矛盾，即将一项资产交易价格的主要影响因素从实际中抽象出来，并研究这些因素对交易价格的影响。

【例2-15】下列关于持续经营假设的说法，不正确的是（　　）。

A. 持续经营假设主要是针对企业，不针对业务资产组或单项资产
B. 当预计未来是在现状基础上持续经营时，属于现状持续经营假设
C. 当没有证据表明企业经营期满或濒临破产，则认为企业满足持续经营条件
D. 当预计未来以合理预计状态持续经营，属于预计状态持续经营假设

【正确答案】A

【答案解析】持续经营假设主要是针对经营主体，不是针对单项资产。这个经营主体可以是一个企业，也可以是一个业务资产组，当没有相反的证据表明该经营主体不能满足持续经营的条件时，通常可以假设该经营主体持续经营。

【例2-16】某公司因中外合资需进行企业价值评估，资产评估专业人员了解到该公司因城市规划需要，将整体搬迁到新区生产，该项目所涉及的机器设备评估适用的评估假设应当是(　　)。

A. 有序清算
B. 原地使用
C. 强制清算
D. 移地使用

【正确答案】D

【答案解析】移地使用是指一项资产不在原来的安装地继续被使用，而是要被转移到另外一个地方继续使用，迁移地点后，资产的使用方式和目的可能会改变，也可能不改变。

【例2-17】国内甲公司收购总部在香港的乙集团公司下属的全资子公司丙，丙公司注册地在加拿大。评估公司接受委托后在业务委托合同中约定采用持续经营假设和收益法进行评估，由委托方提供历史经验数据按照现状持续经营假设，完全参考其历史经营数据预测未来盈利。请问：
(1)评估对象和评估范围是什么？
(2)指出评估方案的不恰当之处并说明理由。
(3)价值类型应如何选择？

【答案解析】

(1)将企业作为一个整体进行评估，其评估对象一般为企业的股权。所以，本题的评估对象为丙公司的股权，评估范围为丙公司的全部资产和负债，包括可辨识和不可辨识资产。

(2)第一，评估方法无须在委托合同中约定。第二，完全参考其历史经营数据预测未来不恰当。标的丙公司作为企业集团的全资子公司，其历史经营中很可能与集团之间存在某些关联交易，或者有一些集团为了追求协同效应而有意安排的经营业务，一旦将其转让出集团，这些关联交易或者有意安排的业务都将不能持续。所以，此时完全按照现状持续经营假设参考标的企业的历史数据预测未来，是不符合未来实际情况的，其依据也是不充分的。

(3)题目中并未提到特定买方和卖方的特性，因此应该选择市场价值。虽然企业集团是香港的公司，但这并不一定代表评估其子公司的市场价值时也一定是评估其在香港的市场价值。因为丙公司是在加拿大注册的公司，从理论上说，可以在加拿大市场上转让该公司股权，也可以在香港市场上转让其股权，并且这两种转让方式都有可能达成。因此应选择两个市场中的最有利市场的市场价值。

第三章　资产评估程序

知识目标

掌握资产评估业务中资产评估程序的重要性以及资产评估程序的内容，明确资产评估程序实施与资产评估风险规避的关系。明确资产评估业务基本事项的内容，理解资产评估基本事项对资产评估业务实施的影响。熟悉资产评估的工作原则与步骤，掌握如何实施现场调查及如何选择现场调查手段。学习收集与整理评估资料的方法并掌握编制出具评估报告的流程。

素质目标

希望学生能够在学习的过程中掌握资产评估业务基本事项和资产评估方法，教师需适时引入理论知识以满足学生操作中的知识需求，实现教、学、做一体化，融合理论与实践。培养学生踏实谨慎的工作态度，树立爱岗敬业的责任意识。

能力目标

认识资产评估业务中资产评估程序的重要性，能够熟悉资产评估的工作原则与步骤，能够进行评估报告的编制与归档。

思维导图

```
                    ┌── 资产评估程序概述
                    ├── 明确业务基本事项
                    ├── 订立业务委托合同
                    ├── 编制资产评估计划
      资产评估程序 ──┼── 实施现场调查
                    ├── 收集整理评估资料
                    ├── 评定估算形成结论
                    ├── 编制出具评估报告
                    └── 整理归集评估档案
```

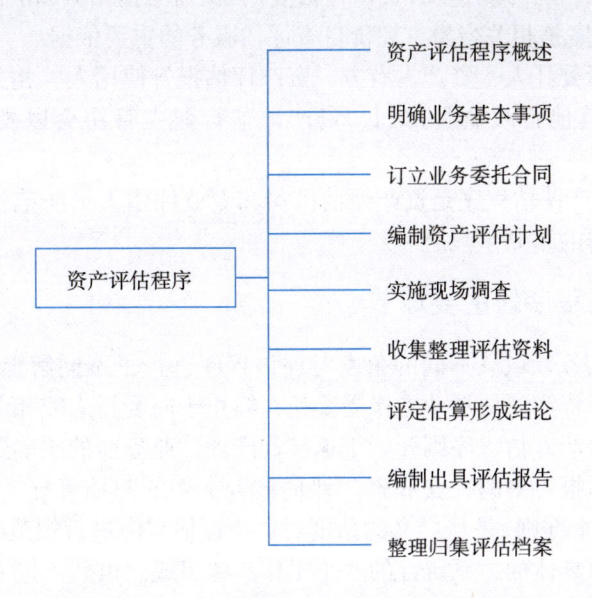

第一节 资产评估程序概述

一、资产评估程序的概念

资产评估程序是指资产评估机构与资产评估专业人员为形成资产评估结论，所履行的系统性工作步骤。资产评估程序对于保证科学、公正地开展评估业务而言有重要意义。资产评估师需要根据具体的委托内容确定资产评估的具体程序或工作步骤，遵循必要的资产评估程序，可以有效地指导资产评估师开展各种类型的资产评估业务，因此，有必要加强对资产评估基本程序的研究和规范。

二、资产评估程序的重要性

基于我国资产评估业务发展的独特性，在我国资产评估行业发展的历史进程中未给予资产评估程序较高的关注度，在学术领域没有对资产评估程序进行深入的探讨与研究。

有别于资产评估领域，监督部门与评估相关当事人在实际操作中往往将《国有资产评估管理办法》中所确定的申请立项、资产清查、评定估算、验证确认等国有资产评估管理程序作为资产评估程序，但这种分类没有反映资产评估程序的本质属性。资产评估程序应以评估相关当事人为主体，反映为执行资产评估业务、形成资产评估结论所应履行的系统性工作步骤。

资产评估程序的重要性表现在：

(1) 资产评估程序是规定资产评估行为的合法性、提高资产评估业务质量和维护资产评估服务公信力的重要保证。

《资产评估法》从评估业务的委托、评估报告的签署出具、评估报告的使用等方面对评估程序的履行提出了要求。如果评估机构和评估专业人员未能按照《资产评估法》的要求去履行必要的评估程序，将可能违反《资产评估法》，从而承担相应的法律责任。

（2）资产评估程序是相关当事方评价自查评估服务的重要依据。

相关当事方包括委托人、资产占有方、资产评估报告使用人、相关利益当事人、司法部门、证券监督及其他行政监督部门、资产评估行业主管协会以及社会公众、新闻媒体等。

（3）恰当执行资产评估程序是资产评估机构和专业评估人员防范执业风险、保护自身合法权益、合理抗辩的重要手段之一。

三、资产评估程序的主要环节

我国资产评估实务领域从不同的角度对评估程序进行了不同解释。从狭义的角度看，资产评估程序开始于资产评估从业者接受委托，终止于向委托人或相关当事人提交资产评估报告书。广义的资产评估程序则开始于承接资产评估业务前的明确资产评估基本事项环节，终止于资产评估报告书的提交和资产评估报告文件的归档管理。我国财政部2017年印发的《资产评估基本准则》是从广义的角度对资产评估程序进行规范的。

资产评估程序由具体的、系统性的八个工作步骤组成。虽然不同资产评估业务的评估对象、评估目的、资产评估资料收集情况等相关条件有所差别，但基于资产评估业务的通用性，开展各种资产类型、各种评估目的的资产评估业务的基本程序是相同或相似的。资产评估程序一般分为三个阶段，每个阶段的基本程序如下。

1. 评估期间的准备环节

（1）明确资产评估业务的基本事项。
（2）签订资产评估业务委托合同。
（3）编制资产评估计划。

2. 评估实施环节

（1）现场调查。
（2）收集资产评估资料。
（3）评定估算。

3. 评估结果的处理环节

（1）编制和提交资产评估报告。
（2）资产评估工作底稿归档。

【例3-1】关于资产评估程序的概念及要求，下列表述正确的是（　　）。

A.《资产评估基本准则》要求，评估机构及评估专业人员应依法保证评估资料的真实性、完整性、合法性

B. 评估机构及评估专业人员应根据具体评估工作内容，调整评估基本程序的繁简程度

C. 若受到客观条件限制，评估专业人员不能完全履行资产评估程序基本程序，则评估机构不得出具资产评估报告

D.《资产评估基本准则》所规定的基本评估程序，可以是交叉进行的，甚至有些程序可能贯穿整个评估过程

【正确答案】D

【答案解析】《资产评估基本准则》要求"委托人和其他相关当事人依法提供并保证资料的真实性、完整性、合法性",故 A 项错误。评估准则规定资产评估机构及其资产评估专业人员可以根据评估业务的具体情况及重要性原则确定履行每一项基本程序的具体工作内容及繁简程度,但不得随意减少资产评估基本程序,故 B 项错误。资产评估专业人员在执行资产评估业务时,因法律法规规定、客观条件限制,无法或者不能完全履行资产评估基本程序的,应当采取措施弥补程序缺失,在确信所采取的替代措施不会对评估结论产生重大影响时,资产评估机构及其资产评估专业人员可以继续开展业务;如果上述措施会对评估结论产生重大影响或者无法判断其影响程度的,资产评估机构及其资产评估专业人员不得出具资产评估报告,故 C 项错误。

第二节　明确业务基本事项

　　明确资产评估业务的基本事项是资产评估人员进行资产评估程序的首要环节,签订资产评估业务委托合同之前所进行的一系列基础性工作也是明确资产评估业务基本事项的一部分,是资产评估项目风险评价、项目承接,以及资产评估项目顺利实施的坚实基础。由于资产评估服务的专业性和独特性,资产评估机构在接受资产评估业务委托之前,应对此次资产评估业务进行必要的初步调查,与委托人等相关当事人共同明确资产评估业务基本事项。

　　资产评估机构及其资产评估专业人员需要明确的业务基本事项的具体内容及要求主要包括以下十个方面。

一、委托人、产权持有人和委托人以外的其他评估报告使用人

(一)明确委托人及产权持有人的基本情况

　　资产评估机构需要明确的委托人及产权所有人的基本情况一般包括但不限于以下内容。

(1)委托人及产权持有人的名称。
(2)委托人及产权持有人类型、注册地址、注册资本和统一社会信用代码。
(3)委托人和产权持有人所属行业、经营范围。
(4)委托人与产权持有人的关系。
(5)委托人的诚信记录,判断委托人是否有支付合理评估费用的能力等。

(二)明确评估报告使用人及其基本情况

　　对应所服务的经济行为,资产评估报告具有特定的使用者。在可能的情况下,资产评估机构洽谈人员应当要求委托人明确资产评估报告的使用人、使用范围以及使用方式。评估机构应当了解除委托人和国家法律、法规规定的评估报告使用人外,是否还存在其他评估报告使用人。如果存在,评估机构应当在适当及切实可行的情况下了解以下内容:①其他评估报告使用人的全称或类型;②其他评估报告使用人与委托人和被评估企业或资产的关系;③其他评估报告使用人使用评估报告的理由及方式;④其他评估报告使用人的诚信记录;⑤评估报告使用人之间是否存在利益冲突,是否存在法律禁止性规定的情形等。了

解这些内容有利于最大限度地控制潜在风险，了解个性要求，规避不必要的报告使用风险。对于已经明确的其他评估报告使用人，应当在后续订立的资产评估委托合同中做出约定。

(三) 了解委托人与相关当事人之间的关系

一般情况下，委托人与产权持有人存在某种关系，如委托人为被评估企业或被评估资产的股东、投资方、债权人、管理层、融资银行等。评估机构洽谈人员应当清晰了解委托人与产权持有人、委托人与其他评估报告使用人、产权持有人与评估报告使用人之间的关系。

评估业务委托人与评估对象的产权持有人不是同一主体时，了解二者之间的关系是非常必要且重要的，这通常关系到执行评估业务过程中资料收集与现场调查等工作的配合程度。如果在委托环节了解到委托人与被评估单位不是投资关系，也不是关联方，评估机构洽谈人员应当考虑是否在委托环节重点提出相关评估工作的配合问题，以引起委托人的重视并明确责任。同时，评估机构洽谈人员还应评价委托人对被评估单位的协调能力和对评估配合要求的响应能力，避免因委托人配合力度很弱，造成评估专业人员不能完成现场调查和资料收集等评估程序的情况，导致评估结论缺乏可靠性和科学性。因此，对于普通经济行为涉及的资产评估，第三者委托评估机构对拟评估资产进行评估时，一般应事先通知产权持有人、资产管理者并征得其同意，这是执行评估业务的先决条件。但对于司法等部门依法对特定资产进行强制性评估的行为，评估业务的开展不需要以产权持有人或资产管理者的同意为先决条件，资产评估专业人员执行此类业务时应当充分考虑相关当事人的不配合行为可能对评估作业产生的影响。

二、评估目的

评估目的是由引起资产评估的特定经济行为所决定的，对价值类型、评估方法、评估结论等有重要影响。了解与评估业务相关的经济行为并明确评估目的和报告用途，是项目洽谈双方需沟通确定的重要内容。

评估机构洽谈人员应详细了解委托人具体的评估目的及与评估目的相关的具体事项或经济行为，如计划实施的经济行为对评估目的的要求、经济行为是否需要有关部门审批、经济行为的进展情况，以及是否存在实现障碍等，评估机构洽谈人员应尽可能从委托人处取得经济行为文件、合同协议、商业计划书等与评估目的相关的资料。在洽谈中，需要特别关注委托人和其他评估报告使用人对评估结论的理解能力，以及他们对评估报告的内容、提交时间、形式、结论和披露是否存在特殊要求。资产评估专业人员应根据委托人所描述的特定的经济行为，正确理解评估目的。评估机构与委托人在委托合同中约定评估目的时，应当尽量细化评估目的和用途，避免使用"融资""重组""拟了解公司价值"等比较笼统的词语描述评估目的。

三、评估对象和评估范围

评估机构洽谈人员应与委托人沟通，了解拟委托评估的评估对象和评估范围，并结合评估目的理解评估对象和评估范围，同时考虑评估对象和评估范围与特定经济行为的匹配性，从而对评估对象和评估范围予以界定。评估范围的界定应服从于评估对象的选择。

在对评估对象和评估范围予以界定后，评估机构洽谈人员还应对评估对象的基本情况进行初步了解。评估对象为整体企业（或单位）的，应了解企业所属行业、经营范围、资产和财务概况、企业长期股权投资的数量和分布等；评估对象为资产组合或单项资产的，应了解资产的具体类型、分布情况、特性、账面价值等。充分了解评估对象，界定评估范围，有助于资产评估机构初步判断资产评估业务的工作量、复杂程度，选择具有胜任能力的评估专业人员承接业务，为评估服务报价和风险评价等提供必要的参考。

评估机构应根据对评估目的的把握和专业经验，建议委托人确定并合理申报评估范围，要求委托人委托评估的评估范围与评估目的相适应。为明确责任，避免日后产生纠纷，应由委托人（或经其授权被评估资产产权持有人或被评估企业）就评估业务涉及的具体评估对象所对应的评估范围的明细清单进行确认。

四、价值类型

评估机构洽谈人员应当根据对评估目的的理解，结合资产评估准则，选择恰当的价值类型，并就价值类型的选择、定义及对应的假设与委托人达成一致。

影响价值类型选择的因素有很多，包括评估目的、被评估资产的基本情况和使用方式、市场条件等，其中，评估目的是关键因素。评估目的不但决定着资产评估结论的具体用途，而且会直接或间接地影响资产评估过程。价值类型确定后，资产评估专业人员才能够确定评估方法，收集相应的评估资料，得出合理的评估结论。

在接受委托环节就价值类型与委托人达成一致理解，目的是让委托人认识到资产评估专业人员拟出具的评估报告是在双方已明确评估目的的情况下，按照何种标准体现被评估资产的价值，以利于委托人合理理解并正确使用评估结论，实现评估目的。因此，评估机构洽谈人员应告知委托人拟选用哪种价值类型，其具体定义是什么，其基于哪些可能存在的各种明显或隐含的假设及前提，为订立资产评估委托合同时界定项目适用的价值类型做好铺垫。

五、评估基准日

开展评估业务需要确定评估基准日。评估机构洽谈人员应当了解委托人选择的评估基准日，并从有效服务评估目的和满足委托人对评估报告使用要求的角度，为评估基准日的确定提供专业建议。

评估基准日确定后，应当作为委托条件之一，反映在资产评估委托合同中。

六、资产评估项目所涉及的需要批准的经济行为的审批情况

如果资产评估项目所涉及的经济行为需要有关部门的审批，评估机构洽谈人员应当了解该经济行为获得批准的相关情况。获得有关部门批准的文件应当在评估委托合同中载明文件名称、批准日期及文号等信息。

七、评估报告的使用范围

评估报告的使用范围包括评估报告使用人、用途、使用时效、报告的摘抄引用或披露等事项。评估机构洽谈人员在前期洽商时，应与委托人就评估报告的使用范围加以明确。

八、评估报告提交期限和方式

评估报告提交时间受多方面因素的限制与约束，如预计的评估工作量、委托人和相关当事人的配合程度、评估所依据和引用的专业或单项资产评估报告（专项审计报告、土地估价报告、矿业权评估报告等）的出具时间等。评估机构洽谈人员应了解委托人对于评估业务所服务的经济行为的时间计划，根据对上述限制与约束因素的预计和把握，与委托人约定提交报告的时间和方式（当面提交或邮寄），并在评估委托合同中加以明确。评估报告的提交时间一般确定为开始现场工作以及委托人提供必要资料（包括评估所依据和引用的相关专业报告送达）后的一定期限内，不宜确定为具体日期。

九、评估服务费及支付方式

评估服务费及支付方式是评估机构需要与委托人洽商沟通的重要内容。评估机构洽谈人员应根据评估业务的具体情况提出评估收费标准及报价，并与委托人就评估费用、支付时间和支付方式进行沟通。委托人需要了解评估机构报价的确定依据和口径，确定除专业服务费以外，差旅及食宿费用、现场办公费用等是否也包含在预计评估服务费之内，以及如何支付评估服务费等。这些细节均应在双方达成一致后，体现在评估委托合同中。

十、委托人、其他相关当事人、评估机构、评估专业人员工作配合和协助等其他需要明确的重要事项

评估机构洽谈人员应当根据评估业务的具体情况与委托人沟通，明确委托人与评估专业人员工作配合和协助等其他需要明确的重要事项，包括落实资产清查申报、提供资料、配合现场及市场调查、协调与相关中介机构的对接和交流等。评估机构洽谈人员需要特别关注委托人能否在评估专业人员履行正当评估程序时给予必要的理解、尊重和配合。当委托人与评估对象的产权持有人不是同一主体时，需在评估委托合同中约定委托人协调、产权持有人协助配合评估工作的责任。对此进行约定的目的是在签订评估委托合同之前沟通明确一切可能需要委托人尽责的事项，为在评估委托合同中形成约束性条款做好准备。

【例3-2】资产评估机构受理资产评估业务前，应当明确的资产评估业务基本事项有（　　）。

A. 评估目的
B. 评估对象和评估范围
C. 评估报告使用范围
D. 评估报告提交期限和方式
E. 评估涉及经济行为的合同

【正确答案】ABCD

【答案解析】根据《资产评估基本准则》和《资产评估执业准则——资产评估程序》的规定，资产评估机构受理资产评估业务前，应当明确下列资产评估业务基本事项：①委托人、产权持有人和委托人以外的其他评估报告使用人；②评估目的；③评估对象和评估范围；④价值类型；⑤评估基准日；⑥资产评估项目所涉及的需要批准的经济行为的审批情

况；⑦评估报告使用范围；⑧评估报告提交期限和方式；⑨评估服务费及支付方式；⑩委托人、其他相关当事人与资产评估机构、资产评估专业人员工作配合和协助等其他需要明确的事项。

第三节　订立业务委托合同

关于资产评估业务委托合同，根据我国《民法典》第四百六十九条的规定，当事人订立合同，可以采用书面形式、口头形式或者其他形式。由于资产评估业务往往涉及重大财产权益，且资产评估是对资本市场、资本运营、资产管理、价值管理等提供市场价值尺度的专业服务行为，相关当事人及其涉及的利益关系通常较为复杂，为保护公共利益，委托人应与资产评估机构订立业务委托合同，明确双方当事人的权利义务，避免评估工作中可能出现的纠纷。

《资产评估执业准则——资产评估委托合同》规定，资产评估委托合同应当以书面形式订立。

资产评估机构与委托人在达成资产评估业务后共同签订资产评估业务委托合同，资产评估业务委托合同是确认资产评估业务的委托与受托关系，明确本次委托目的、被评估资产范围及双方权利义务等相关重要事项的合同。资产评估业务委托合同应由资产评估机构和委托方的法定代表人或其授权代表签订。根据我国《资产评估法》的现行规定，资产评估师不得以个人名义承接资产评估业务，不得以个人名义签订资产评估业务委托合同；资产评估业务应由其所在的资产评估机构统一受理，并由评估机构与委托人签订书面资产评估业务委托合同。

【例3-3】合同的书面形式包括(　　)。
A. 合同书
B. 电传
C. 传真
D. 电话
E. 电子邮件
【正确答案】ABCE
【答案解析】合同的书面形式是指合同书、信件、电报、电传、传真等可以有形地表现所载内容的形式。电子数据交换、电子邮件等形式能够有形地表现所载内容，并可以随时调取查用其中的数据电文，也视为书面形式。

一、资产评估业务委托合同的签订和效力

(1)资产评估人员应在明确评估业务基本事项、决定承接本次评估业务后，由所在评估机构与委托方签订业务委托合同后再执行资产评估业务。

(2)签约双方应具有相应的民事权利能力和民事行为能力。资产评估主体应具有与所承接评估业务相适应的专业能力与专业资格。我国资产评估行业现行规定，资产评估从业者不得在业务委托合同签订过程中做出超越自身专业胜任能力和影响独立性的承诺，不得对预测和未来事项做出承诺，不得承诺承担相关当事人决策的责任。

(3)资产评估业务委托合同应由评估机构法定代表人(首席合伙人)或其授权代表和委托方共同签订,自双方当事人签字盖章之日起生效。

(4)资产评估人员在签订业务委托合同的过程中知悉的商业秘密,无论业务委托合同是否成立,均不得泄露或者不正当使用。透露商业秘密在一定程度上会对委托人造成重大经济损失。

(5)资产评估人员应将业务委托合同归入工作底稿,并持续保存。

二、资产评估业务委托合同的内容

资产评估业务委托合同的内容因评估业务不同而存在差异,但至少应包括以下基本要素。

(1)资产评估机构与委托方的全称。

资产评估业务委托合同中应明确评估机构名称、地址和委托方名称或姓名、住所。

(2)资产评估目的。

资产评估业务委托合同中载明的评估目的应具有唯一性,评估目的的表述需明确、清晰。

(3)资产评估对象与资产评估范围。

由于评估业务的评估对象存在差异,所以,资产评估师应与委托方进行沟通,在业务委托合同中以恰当的方式表述评估对象。资产评估对象通常被表述为企业整体资产、股东全部权益、股东部分权益、单项资产或资产组合。资产评估业务委托合同中应简要说明纳入评估范围的资产的具体类型、分布情况和特性等信息。

(4)评估基准日。

资产评估业务委托合同中载明的评估基准日应是唯一的,并以具体的年月日表示。

(5)评估报告提交时间和方式。

为明确委托和受托双方的权利与义务,双方应在协商后,在委托合同中明确完成评估业务并提交评估报告的期限。评估报告的提交方式包括当面提交或邮寄等,双方协商后应当在委托合同中作出约定。

(6)评估服务总额、支付时间和方式。

资产评估业务委托合同中应明确评估服务总额、支付时间和方式,除约定评估服务费总额或者支付标准、时间、方式外,双方还应约定计价货币种类,并明确资产评估服务费未包括的与资产评估服务相关的其他费用的内容及承担方式。

【例3-4】下列关于资产评估委托服务费用的表述,错误的是( )。

A. 委托合同中应约定计价货币种类
B. 资产评估委托服务费用实行市场调节价
C. 资产评估服务费宜按单位工时收费标准和服务工时结算
D. 在收费条款中,还需要约定评估服务费的支付时间

【正确答案】C

【答案解析】评估服务费可以约定为服务费总额,也可以约定为支付标准。

(7)评估报告使用者和使用范围。

按照规定,委托方是当然的评估报告使用者。如果存在委托方以外的其他评估报告使用者,应在业务委托合同中明确。资产评估业务委托合同中应约定,除法律、法规另有规

定外，评估报告仅供委托方和业务委托合同中明确的其他评估报告使用者使用；未经委托方许可，资产评估人员不得将评估报告及内容向第三方提供或公开；未经资产评估人员许可，委托方不得将评估报告及内容在公开媒体上披露。

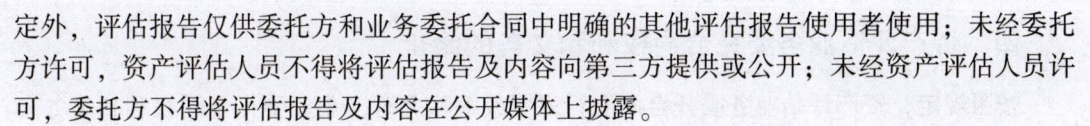

(8) 签约时间和地点。

资产评估委托合同的成立日期是资产评估委托人和资产评估机构双方均完成签名并盖章的日期。

在资产评估实务中，存在资产评估机构在评估委托合同完成签字并盖章之前就已经开始提供资产评估服务的情形，并且该等服务事实上已经取得了委托人的配合及认可。按照《民法典》的规定，该情形应视为评估委托合同在资产评估机构提供服务之时已经成立。在此情况下，资产评估机构应当留存其事实提供资产评估服务的时间证据，避免由于评估委托合同生效时间不确定而产生的纠纷或损失。

当事人采用合同书形式订立合同的，最后签名、盖章或者按指印的地点为合同成立的地点，当事人另有约定的除外。

需要注意的是，委托人与评估机构不应对应纳入评估范围的资产不进行评估、不履行现场调查等必要评估程序、不指定评估方法以及对评估结果等内容进行约定，避免评估委托合同成为资产评估机构不遵循评估法规的依据。

【例3-5】在国内上市的 A 公司，拟收购境外的 B 公司的全部股权，委托 C 资产评估公司为该经济行为进行资产评估。以下是在资产评估委托合同中约定的内容，这些内容是否恰当？

1. 由于被评估企业 B 公司的核心资产是其在当地的矿资产，为保证本次资产评估结论的可靠性，本次资产评估应当以资产基础法的结果作为评估结论。

2. 本次资产评估的专业服务费，在资产评估委托合同订立 7 日内支付合同款总额的 20%，在提交资产评估报告征求意见稿 7 日内支付 50%，在提交正式报告 7 日内支付 15%；如果 A 公司与 B 公司签署了股权收购合同，A 公司将在股权收购合同签署 7 日内支付评估合同款总额的 15%，并同时支付 25 万元专项奖励金；如果 A 公司与 B 公司未能就收购达成协议，A 公司不再支付剩余评估合同款。

【答案解析】1. 约定以资产基础法的结果作为评估结论不恰当。通过合同指定评估方法及评估结论确定方式，违反了评估专业人员在履行程序后依据专业判断选取适用评估方法的权利和责任。

2. 约定费用支付的依据不恰当。将评估服务费支付与经济行为的实现直接挂钩（包括奖励和扣费），违反了评估机构及其评估专业人员保持独立性的要求。

综上，上述内容都不应在资产评估委托合同中进行约定。

(9) 合同双方认为应当约定的其他重要事项。

三、资产评估业务委托合同的履行和变更

签约双方应按照业务委托合同全面履行义务。资产评估业务委托合同生效后，如果发现相关事项没有约定、约定不明确或发生变化的，资产评估人员可以要求与委托方签订补充协议或重新签订业务委托合同。另外，资产评估业务委托合同生效后，如果评估目的、评估对象、评估基准日、价值类型、评估报告类型发生变化或评估范围发生重大变化，资产评估人员也应要求与委托方签订补充协议或重新签订业务委托合同。

四、资产评估业务委托合同权利和义务的终止

按照规定，资产评估业务委托合同履行完毕或解除之时，业务委托合同权利和义务自行终止。同时，签约双方应履行与业务委托合同终止相关的通知、协助和保密等义务。

五、违约责任和争议解决

如果签约双方任何一方不履行业务委托合同义务或不符合履行义务约定的，应按照约定承担继续履行、采取补救措施或者赔偿损失等违约责任。如果签约双方任何一方因不可抗力无法履行业务委托合同的，应根据不可抗力的影响，部分或者全部免除责任，但法律另有规定的除外。签约双方任何一方延迟履行后发生不可抗力的，不能免除责任。

第四节 编制资产评估计划

为高效地完成资产评估业务，资产评估主体应当编制资产评估计划，对资产评估过程中的每个工作步骤以及时间和人力进行规划与安排。资产评估计划是资产评估机构和人员为执行资产评估业务拟订的资产评估工作思路与实施方案，对合理安排工作、了解工作进度、调配专业人员、按时完成资产评估业务具有重要意义。由于资产评估项目存在差异，所以资产评估计划也不尽相同，其详略程度取决于资产评估业务的规模和复杂程度。资产评估机构应当根据所承接的资产评估项目的具体情况，编制合理的资产评估计划，并根据执行资产评估业务过程中的实际情况，及时修改、补充资产评估计划。

资产评估计划理论上应当涵盖现场调查、收集资产评估资料、评定估算、编制和提交评估报告等实施评估业务的全过程。资产评估人员应当根据资产评估业务的性质和复杂程度等因素确定资产评估计划的繁简程度。在编制资产评估计划前，资产评估人员应当与委托方、资产占有方等相关当事方就资产评估计划的要点和重要环节进行沟通，并报经资产评估机构负责人审核批准。

编制资产评估工作计划应重点考虑以下内容。

（1）资产评估目的和资产评估对象状况对资产评估技术路线的影响，以及对评估机构安排对策、措施的影响。

（2）评估对象的性质、行业特点和发展趋势。

（3）资产评估业务风险、资产评估项目的规模和复杂程度对评估人员安排及其构成的要求。

（4）资产评估项目所涉及资产的结构、类别、数量及分布状况对资产清查范围和清查精度的要求。

（5）评估项目对相关资料收集的要求及具体安排。

（6）委托人或资产占有方过去委托资产评估的经历、诚信状况及提供资料的可靠性、完整性和相关性，判断评估项目的风险及控制措施。

（7）资产评估人员的胜任能力、经验、专业性，以及助理人员配备情况。

（8）资产评估途径和方法的选择及基本要求。

（9）评估中可能出现的疑难问题及专家利用。

（10）评估报告撰写要求及委托方制定的特别分类和披露要求。

【例3-6】下列关于编制资产评估计划的表述，正确的有（   ）。

A. 资产评估计划通常包括评估业务实施的主要过程及时间进度、人员安排等内容

B. 在资产评估机构与委托人签订资产评估委托合同后，资产评估专业人员就可以编制资产评估计划

C. 资产评估专业人员应当根据资产评估业务的收费情况，确定资产评估计划的繁简程度

D. 资产评估专业人员应当同委托人及相关当事人就相关问题进行沟通，以保证资产评估计划的可操作性

E. 资产评估计划的编制要考虑资产评估目的以及相关管理部门对资产评估工作开展过程中的管理规定

【正确答案】ADE

【答案解析】在资产评估机构明确资产评估业务基本事项并受理评估业务后，资产评估专业人员就可以编制资产评估计划，故B项错误。资产评估专业人员应当根据资产评估业务具体情况编制资产评估计划，并合理确定资产评估计划的繁简程度，故C项错误。所谓具体情况包括评估目的、评估基准日、评估对象的资产规模和资产分布特点、评估报告提交期限等。

【例3-7】在资产评估计划的调整中，属于由技术情况引起的调整是（   ）。

A. 前期资料收集不齐全

B. 委托人提供的资料不真实

C. 评估技术思路无法满足需要

D. 委托人修改评估基准日

【正确答案】C

【答案解析】A项和B项属于操作层面情况引起的调整；D项属于由于委托人经济行为所涉及的评估对象、评估范围、评估基准日发生变化而导致的评估计划的调整。

第五节　实施现场调查

一、现场调查的目的

现场调查时期，意味着资产评估项目正式进入实施阶段，资产评估专业人员需要了解和掌握已确定的评估对象与评估范围的状况。需要掌握的资产状况包括资产是否真实存在、资产以何种条件和状态存在以及资产的所有权和与所有权有关的其他财产的权利状况。

现场调查是指，针对评估对象，在法律允许的范围内，由评估专业人员通过询问、访谈、核对、监盘、勘查等手段，收集评估业务需要的相关资料，对影响评估对象价值的物理、技术、法律、经济等因素进行客观、全面的了解，其目的是为判断评估对象的整体状况、估算资产价值提供合理依据。现场调查是了解资产状况的重要方法，是其他调查方法无可取代的。

二、现场调查的内容

现场调查主要包括了解评估对象的现状和关注评估对象的法律权属两项内容。

(一) 了解评估对象现状

1. 核实评估对象的存在性和完整性

在评估对象的存在性上，现场调查主要是判断评估对象是否真实存在。实物资产主要是通过实地查看、核查合同、盘点、函证等方式核实其存在性；无形资产主要是通过核查权属文件、申请登记材料、技术文件、第三方证明文件等核实其存在性；应收账款、股权或其他经济权益主要是通过核查会计记录、公司章程、权益证明、股权转让协议及函证等方式核实其存在性。

在对评估对象的完整性要求上，主要是关注评估对象是否符合相关经济行为对资产范围的要求，能否有效实现其预定功能。因此，对完整性进行评估时，既要关注资产物理意义上的完整性，也要关注资产功能上的完整性。

2. 了解评估对象的现实状况

对于评估对象现实情况的了解，既要与资产价值的影响因素相关，支持资产价值的评定和估算，又要能够系统、全面、充分地反映资产价值的影响因素的实际情况。对于不同类型的评估对象，其关注重点也各有不同。针对整体企业，主要关注企业的历史沿革、主要股东及其持股比例、主要的产权和经营管理结构，企业的资产、财务、经营管理状况，企业的经营计划、发展规划，影响企业经营的宏观、区域经济因素，企业所在行业的现状与发展前景等内容。针对房屋建筑物，主要关注取得方式、建筑物结构、建成时间、地址、用途、建筑面积、长度、宽度、层高、层数等。针对机器设备，主要关注设备名称、生产厂家、规格型号、安装地点、规定使用年限、购置日期、启用日期、已经使用年限、设备使用状况、设备维修情况等。针对存货，通常应了解名称及规格型号、计量单位、存放地点、数量、单价等。针对应收账款等债权债务，则需了解债权债务人名称、业务内容、发生日期、履约及回收情况等。

不同的评估对象，影响其价值的因素也有所不同，因此，评估专业人员要根据评估对象的类型和特点，判断影响其价值的因素，进而确定评估对象的现场调查内容。

如果资产由于本身的特征、存放地点、法律限制等导致评估专业人员无法采用常规的调查技术手段对资产的数量、品质等信息进行实地勘查，又或者委托人或者其他相关当事人不提供资产明细资料、产权持有人或者被评估单位不配合进行现场调查工作等导致现场调查受限，如果所受限制并未对评估结果的合理性或未对评估目的所对应的经济行为构成重大影响，或者能够采取必要措施弥补不能实施调查程序的缺失，则可以持续推进资产评估业务，但需要在工作底稿中予以说明，还需分析其对评估结论的影响程度，并在资产评估报告中以恰当的方式说明受限情况，所采取的替代程序的合理性以及其对评估结论合理性的影响。如果无法采用替代措施对评估对象进行勘查核实，或即使履行替代程序，也无法消除其对评估结论产生重大影响的事实，则必须终止执行评估业务。

3. 多维度了解评估对象信息

公开资料方面，首先应从公开市场上独立获取相应资料。市场信息资料应包括交易所公布的股票交易信息、上市公司公开披露的资料、各类资产交易所公布的交易信息、各类资产市场交易信息等。直接获得的市场信息往往存在信息不完备的特征，即可能未充分反映交易内容和条件，所以，在收集市场信息时，应当尽可能做到全面，并对信息进行必要的分析。

当事人资料方面，要从产权持有人及相关当事人处取得以下材料：一是与资产状况相关的资料，如资产权属证明、反映资产现状的资料等，该部分材料主要通过现场调查程序取得。二是用于对资产价值进行评定估算的资料，如评估对象和评估范围涉及的资产评估明细资料、资产最可能的持续使用方式、企业经营模式、收益预测等，这些资料应要求相关当事人对其提供的评估资料以签字、盖章及法律允许的其他方式等进行确认。

监管及权威证明材料方面，应通过实地走访和调研的方式获取以下材料：一是宏观经济信息、产业统计数据（如库存、生产情况、需求情况）等，此类信息可以通过查看各级政府部门的资料获取，如各级工商行政管理部门都保存有注册公司的基本登记信息。二是从证券交易机构查询上市公司资料，利用这些信息了解资产所有者的状况和其竞争对手状况及其所处行业的情况；对于未上市公司，可从上市公司中挑选可比对象作为参照，进行类比分析，了解相关状况。三是从信息服务商或数据提供商处获取上市公司或交易案例的相关信息，以便准确使用收益法和市场法进行分析。四是媒体信息。媒体的信息中不仅包含原始信息，还会有一些分析信息，这有助于评估专业人员加深对所需信息的理解，也能节约分析时间。五是从行业协会或管理机构及其出版物中获取信息，这有利于评估专业人员抓取有关产业结构与发展情况、市场竞争情况等信息，还能咨询到有关专家的意见。六是从学术出版物中获取信息。

（二）关注评估对象的法律权属

评估对象的法律权属，包括所有权、使用权及其他财产权利。资产之所以能为其产权持有人带来价值，是因为资产产权持有人拥有对资产占有、使用、收益、处分的权利。从某种意义上讲，对资产的评估也就是对资产权利的评估。

法律权属资料方面，在现场调查阶段，应取得评估对象的权属证明，并对取得的权属证明进行核查验证，验证方法包括但不限于与原件核对，向有关登记管理机构查阅登记记录等。针对不同的评估对象，要求的权属证明文件各有不同，如针对不动产、专利权、商标权、著作权、矿业权、车辆等实行产权登记制度的资产，权属证明为相应的产权登记文件，即房地产权证、房屋所有权证、土地使用权证、专利权证、著作权登记证书、采矿许可证、勘探许可证、车辆行驶证等；针对机器设备和存货等，权属证明主要包括购置合同、购置发票、付款证明、出库入库记录等；针对企业价值评估涉及的股东全部权益和股东部分权益，权属证明主要包括公司章程、工商登记材料、股东登记名册、出资证明、出资协议等；涉及国有资产的，还包括国有资产产权登记证。

对于超出资产评估专业人员专业能力范畴的核查验证事项以及法律法规规定、客观条件限制无法实施核查和验证的事项，应当采取以下应对措施：一是对于超出资产评估专业人员专业能力范畴的核查验证事项，委托或要求委托人委托其他专业机构出具意见；二是对于因法律法规规定、客观条件限制无法实施核查和验证的事项，应在工作底稿中予以说明，并分析其对评估结果的影响程度。如果无法核查验证的资料是评估结论的重要依据，该资料的不确定性将较大程度影响评估结论的合理性，应在评估结论中予以揭示。

【例 3-8】 关于现场调查的内容，下列表述错误的是( )。

A. 存在性调查，是指调查评估对象是否真实存在
B. 既要关注评估对象物理意义上的完整性，也要关注其功能上的完整性
C. 关注评估对象的法律权属，权属状态不同，资产的价值通常也不相同
D. 在商标权有关调查中，核验有关许可证明，排他许可的价值通常高于独占许可

【正确答案】D

【答案解析】不同许可权的评估范围是不同的，其价值量也有较大差异，一般而言，独占许可权的价值明显高于其他许可权。

三、现场调查的手段

根据《资产评估执业准则——资产评估程序》第十二条的规定，现场调查手段通常包括询问、访谈、核对、监盘、勘查等。

询问通常是指评估专业人员在阅读、分析评估申报资料的基础上，向评估对象的管理、使用、采购、营销等相关人员提问，以了解资产规模、来源、使用现状、未来利用方式等基本情况，或者企业经营状况、历史经营业绩、行业地位、未来发展规划等企业整体相关信息。询问是资产评估程序中最常用的调查手段。

访谈也是现场调查的重要手段之一，是评估专业人员通过对特定人员或者相关人员的访问和交谈，从受访对象的答复中获取与之相关的评估信息的调查方法。访谈的形式有面对面交流、通过电话等工具交流，可以是个别访谈，也可以是团体访谈。访谈通过调查人与受访人直接交谈的方式了解调查事项，收集信息资料，具有较好的灵活性和适应性。访谈计划要提前制订。访谈计划没有必要像评估计划一样详尽，但至少应该反映出访谈时间、地点、被访谈对象和参与人员等。访谈计划应提前交给企业对接人员以便能够按计划实施访谈工作。对于一些大型项目，通常建议评估机构采用集中式访谈的方式进行，这样既可以减少占用被访谈人员时间，又可以更为全面地获取相关信息，有助于访谈信息的理解。有些项目可能涉及外部访谈，譬如对企业主要客户或者供应商的访谈，这种情况通常发生在企业采购和销售比较集中的情况。如果需要外部访谈，那么访谈计划更要提早交给企业。在与受访者的语言互动中，调查人还可以根据调查目的及调查情境，利用适当的解说、引导、追问等方式进一步获取新的、深层次的信息，以便讨论较为复杂的问题。因此，针对涉及多个专业或部门、具有较大不确定性的综合项目或事项，如企业业务、财务状况、企业经营计划和发展战略等，访谈更有助于资产评估专业人员及时获得全面、综合性的信息，并做出合理的判断。

核对是资产评估专业人员对书面资料及其相关记录与相关实物进行查对审核，以查证其是否相符的调查手段。资产评估专业人员通过对委托人申报评估的资产，进行账表核对、账实核实以及将申报内容与相关权证、文件载明的信息核对等，了解资产的存在及法律权属状况。

监盘也是评估中运用较多的核实方法，即资产评估专业人员通过现场监督企业对现金、存货等资产的清查盘点工作，主要是对盘点实施方案、人员安排、盘点方式（逐项盘点或者抽样盘点）、盘点结果等进行了解，判断盘点结果能否反映实际状况，并根据盘点结果对资产数量、质量、金额等做出恰当的判断。如果存在盘盈盘亏等现象，资产评估专业人员还需要调查原因。

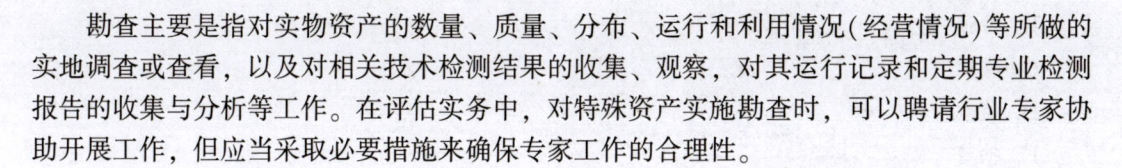

勘查主要是指对实物资产的数量、质量、分布、运行和利用情况(经营情况)等所做的实地调查或查看，以及对相关技术检测结果的收集、观察，对其运行记录和定期专业检测报告的收集与分析等工作。在评估实务中，对特殊资产实施勘查时，可以聘请行业专家协助开展工作，但应当采取必要措施来确保专家工作的合理性。

四、现场调查的方式

根据《资产评估执业准则——资产评估程序》第十二条的规定，资产评估专业人员可以根据重要性原则采用逐项或者抽样的方式进行现场调查。

(一)逐项调查

逐项调查是指对纳入评估范围的全部资产及相关负债进行逐项核实，核实法律权属资料，并进行相应的调查。

当存在下列情形之一时，资产评估专业人员应当考虑进行逐项调查。

(1)当评估范围内资产数量少、单项资产的价值量大时，资产评估专业人员应当考虑进行逐项调查，例如不动产评估项目一般采用逐项调查方式。

(2)资产存在管理不善等风险，产权持有人或被评估单位提供的相关资料无法反映资产的实际状况，并且从其他途径也无法获取充分、恰当的评估证据，如停产多年企业的资产评估项目、企业破产清算项目等。

(二)抽样调查

抽样调查是一种非全面调查，是指按一定程序从研究对象的全体(总体)中抽取一部分单位(样本)进行调查或观察，获取样本数据，并据此对全部调查研究对象做出估计和推断的一种调查方法。抽样调查的目的在于取得能反映总体情况的信息资料，从而起到全面调查的作用。抽样调查的基本方法包括简单随机抽样、分层抽样、系统抽样、整群抽样、不等概率抽样、多阶段抽样、重点项目抽样等。

对于无法或不宜对评估范围内所有资产、负债等有关内容进行逐项调查的，如资产数量庞大、价值较小、同质性强，可以采用抽样调查方式进行现场调查。重点项目抽样是遵循重要性原则，对纳入评估范围内价值量大、关键或重要的资产及负债进行调查。

和其他调查方式一样，抽样调查也存在风险，这些风险主要由调查的误差造成。抽样调查的误差通常有两种，一种是工作误差(也称登记误差或调查误差)，另一种是代表性误差(也称抽样误差)。对于工作误差，由于调查单位少，代表性强，所需调查人员少，所以，工作误差比全面调查产生的误差要小。对于代表性误差，可以通过抽样设计，通过计算和一系列科学方法，把代表性误差控制在允许的范围内。

评估专业人员如果采用抽样调查方式进行现场调查，在制订评估计划时，要考虑到抽样风险，要保证由抽样调查形成的调查结论合理，能够基本反映资产的实际状况，要确保抽样误差在合理范围内。

《资产评估执业准则——机器设备》《资产评估执业准则——不动产》均规定对机器设备不动产进行现场调查时可以采取抽样调查方法，但应当充分考虑抽样风险。选择抽样调查方式的理由要形成评估工作底稿。

【例3-9】现场调查的手段包括( )。

A. 询问

B. 访谈

C. 核对

D. 监盘

E. 抽样

【正确答案】ABCD

【答案解析】根据《资产评估执业准则——资产评估程序》第十二条的规定，现场调查手段通常包括询问、访谈、核对、监盘、勘查等。

【例3-10】关于现场调查的方式，下列表述正确的有(　　)。

A. 所有资产均宜采用逐项调查方式

B. 企业破产清算的资产评估项目应当考虑进行逐项调查

C. 单项资产价值量大的不动产评估项目应当考虑进行逐项调查

D. 根据《资产评估执业准则——不动产》规定，不动产进行现场调查时可以采取抽样调查方法

E. 抽样调查相较于其他调查方式而言，主要优点在于不存在风险

【正确答案】BCD

【答案解析】当存在下列情形之一时，资产评估专业人员应当考虑进行逐项调查：(1)评估范围内资产数量少、单项资产的价值量大，如不动产评估项目；(2)资产存在管理不善等风险，产权持有人或被评估单位提供的相关资料无法反映资产的实际状况，并且从其他途径也无法获取充分、恰当的评估证据，如停产多年企业的资产评估项目、企业破产清算项目等，故A项错误。和其他调查方式一样，抽样调查也存在风险，主要由调查的误差造成，故E项错误。

五、现场调查工作受限及其处理

现场调查应当在评估对象或评估业务涉及的主要资产所在地进行，但是，在评估实务中，经常会遇到由于客观原因导致无法正常进行现场调查的情形，即现场调查程序履行受限。这时，资产评估专业人员应当在不违背资产评估准则基本要求的前提下，采取必要的替代程序，但要保证程序和方法的合理性，并在工作底稿中予以说明。

对于评估实务中存在的应当、能够履行的评估程序，而以"受限"为由不履行的，不属于准则认可的程序履行受限情形。

(一)现场调查工作受限的情形

法律法规、资产特殊性能或其置放地点、调查技术手段和相关当事人等条件的限制，都会造成现场调查受限，导致资产评估专业人员无法正常开展现场调查工作。由于资产本身的特征、存放地点、法律法规限制等导致评估专业人员无法采用常规调查技术手段对资产的数量、品质等进行实地勘查的情形，属于资产自身原因所导致的现场调查受限。

1. 受法律法规限制

军工企业涉密资产等涉及国家秘密的资产的评估业务，企业因执行《中华人民共和国保守国家秘密法》等涉密管理法律法规，可能会对开展评估现场调查工作的资产评估专业人员，以及调查的范围、内容和方式等做出限制，这种情形属于受法律法规限制的情形。

2. 受资产特殊性能或其置放地点限制

地下深埋的管线、养殖的水产、海上航行的船舶、生产过程中的在产品、异地置放的资产、分散分布的资产、置放在危险地带的资产等调查事项，属于此类受限情形。

3. 受调查技术手段限制

空中架设输配电线路的长度和材质、输油管道中的存货、鉴定环境危害性和合规性、建筑结构强度测定、房屋建筑物沉降测试、白蚁虫害检测、危房鉴定等调查事项，属于此类受限情形。

4. 受委托人或者其他相关当事人等方面限制

此类受限情形通常是由于相关当事人不配合，或者不提供进行现场调查所需要的资料等，导致资产评估专业人员不能进入现场工作，或者无法完成现场调查程序。例如，涉及非控股股东，尤其是少数股东的评估项目，控股股东不配合资产评估专业人员履行现场调查程序；评估金融不良资产处置、司法纠纷等经济行为所涉及的资产时，相关债务人（或担保人）以及涉案资产产权持有人等，不配合资产评估专业人员履行现场调查程序等。

（二）现场调查工作受限的处理

当现场调查工作受限时，资产评估专业人员应当从对评估结论的影响程度和替代程序两个角度，判断是否继续执行或终止评估业务。这里的替代程序是指在原定现场调查程序无法履行或者履行受限时，资产评估专业人员为实现现场调查目标而另外执行的其他工作程序。

如果无法采取替代程序对评估对象进行现场调查，或者即使履行替代程序，也无法消除原定程序受限对评估结论产生的重大影响或无法判断其影响程度，评估机构应当终止执行评估业务，不得出具资产评估报告。如果实施替代程序之后，受限事项并不会对评估结论产生重大影响，评估机构可以继续执行评估业务，但是资产评估专业人员应当在工作底稿中予以说明，分析替代程序对评估结论的影响程度，并在资产评估报告中披露所受限制情况、所采取的替代程序及其对评估结论合理性的影响。

例如，对于未停泊在国内港口的船舶的评估，虽然资产评估专业人员无法履行登船核查程序，但可以在企业工作时取得近期国家船级社的检测鉴定报告和船舶的定位及影像资料等，依据这些信息能对其进行合理评估，资产评估专业人员就可以继续执行评估业务。

【例3-11】关于现场调查工作中的受限情形，下列判断正确的是（　　）。

A. 涉密资产的资产评估业务，可能会对资产评估专业人员开展现场调查工作的范围、内容产生影响

B. 资产的存放地点及技术手段对评估业务的限制，以个别资产评估机构操作能力和条件作为判断标准

C. 位于境外或存放较为分散的资产属于典型的存放地点限制，应采取替代程序进行调查

D. 当承接林业资产评估业务的评估机构缺乏统计技术手段时，作受限处理

【正确答案】A

【答案解析】受资产的存放地点及技术手段的限制，评估专业人员无法对相关资产进行现场调查，或现场调查的范围及程度受到影响，该限制应当是资产评估行业通常的执业方

式普遍无法排除的,而不得以个别资产评估机构或者个别资产评估专业人员的操作能力和条件作为判断标准,故 B 项错误。对位于境外或存放较为分散的资产采用逐项或抽样方式进行现场调查属于行业通行的做法,资产所在位置及存放方式一般不属于受限范畴,故 C 项错误。在对林业资产进行评估时,通常需要采取一定的技术手段确定林木的蓄积量,承接该评估业务的资产评估机构不得以本机构缺乏相应的技术手段将该事项作为受限事项处理,故 D 项错误。

【例3-12】关于现场调查工作受限及其处理,下列表述错误的是( )。

A. 如果无法采取替代程序对评估对象进行现场调查,评估机构应当终止执行评估业务

B. 如果实施替代程序之后,受限事项并不会对评估结论产生重大影响,评估机构可以继续执行评估业务

C. 即使履行替代程序,也无法消除原定程序受限对评估结论产生的重大影响的,不得出具资产评估报告

D. 资产评估专业人员采取利用专家工作或专业报告等形式解决特殊事项的,此为工作受限而采取的替代程序

【正确答案】D

【答案解析】替代程序是指在原定现场调查程序无法履行或者履行受限时,资产评估专业人员为实现现场调查目标而另外执行的其他工作程序。

【例3-13】2023年,某国有企业甲拟转让其闲置的工业厂房及用地。甲企业于1995年获得该工业用地,工业厂房于1997年竣工验收移交,在接下来的5年时间里,由于甲企业进行公司制改建以及业务重组,该工业项目于2001年闲置。资产评估单位乙接受委托进行评估。

问题:

(1)资产评估机构实施现场调查,对于工业厂房、机械设备、土地使用权等评估对象,如何调查其权属证明?

(2)该评估项目涉及若干单项资产、资产组,资产评估机构应采取何种调查方式?

(3)资产评估机构在对厂房建筑进行勘查时发现折旧磨损较大,可否将结构强度、建筑物沉降等检测认定为技术限制?

(4)若资产评估机构开展现场核查工作受限,资产评估机构在什么情况下应当终止资产评估业务?

【答案解析】(1)对于不动产,其权属证明应包含相应的产权登记文件,如不动产产权证书(房屋产权证明、土地产权证明);对于机器设备等资产,其权属证明主要包括购置合同、购置发票、付款证明、出库入库记录等。

(2)由于该工业项目闲置多年,属于停产多年企业的资产评估项目,资产评估专业人员应当考虑进行逐项调查。

(3)不可以。资产评估机构及资产评估专业人员应当采取利用专家工作或专业报告等形式解决这一问题。

(4)如果无法采取替代程序对评估对象进行现场调查,或者即使履行替代程序,也无法消除原定程序受限对评估结论产生的重大影响或无法判断其影响程度,评估机构应当终止执行评估业务,不得出具资产评估报告。

第六节　收集整理评估资料

收集评估资料是指资产评估专业人员根据评估项目的具体情况收集评定估算所需要的相关资料的过程。评估专业人员执行现场调查程序完毕，对资产状况有了客观、全面、充分的了解后，需要进一步整理评估资料，对收集的资料进行核查验证，形成评定估算的依据。

一、评估资料及其分类

(一)评估资料的概念

评估资料是指资产评估专业人员在执行资产评估业务时可以通过合法途径获得并使用的有关文件、证明和资料。评估资料是资产评估机构和评估专业人员形成合理的评估结论和出具资产评估报告的依据。

(二)评估资料的分类

1. 根据评估资料的内容划分

根据资料的具体内容，评估资料可划分为权属证明、财务会计信息和其他评估资料。

权属证明、财务会计信息主要通过现场调查程序取得。权属证明资料是指资产的法律权属凭证、权威部门出具的权属证明资料以及能够间接证明资产归属的其他资料。财务会计信息是指财务报表及附注、会计凭证、会计账簿及其他财务会计资料。

其他评估资料主要通过收集评估资料程序取得，包括询价资料、交易案例、检查记录、鉴定报告、行业资讯、政府文件、专业报告等。

2. 根据评估资料的来源划分

根据资料的具体来源，评估资料可划分为直接从市场等渠道独立获取的资料，从委托人、产权持有人等相关当事人处获取的资料，从政府部门、司法机关及各类专业机构和其他组织获取的资料。

从委托人、产权持有人等相关当事人处获取的资料通常包括：资产评估申报资料，评估对象权属证明，反映资产状况的资料，评估对象的历史、预测、财务、审计等资料，相关说明、证明和承诺等。资产评估专业人员应当要求委托人等相关当事人对其提供的资产评估明细表和其他重要资料以签字、盖章及法律允许的其他方式进行确认。

【例3-14】主要通过现场调查程序取得的评估资料为(　　)。
A. 询价资料　　　　　　　　B. 交易案例
C. 鉴定报告　　　　　　　　D. 会计凭证
【正确答案】D
【答案解析】权属证明、财务会计信息主要通过现场调查程序取得，其他评估资料主要通过收集评估资料程序取得。财务会计信息是指财务报表及附注、会计凭证、会计账簿和其他财务会计资料。其他评估资料包括询价资料、交易案例、检查记录、鉴定报告、行业资讯、政府文件和专业报告等。

【例3-15】下列属于根据评估资料的来源进行划分的评估资料有(　　)。
A. 权属证明材料
B. 财务会计信息
C. 从市场渠道获取的资料
D. 从委托人处获取的资料
E. 从政府部门获取的资料

【正确答案】CDE

【答案解析】根据具体来源，评估资料可划分为直接从市场等渠道独立获取的资料，从委托人、产权持有人等相关当事人处获取的资料，从政府部门、司法机关及各类专业机构和其他组织获取的资料。

二、评估资料核查验证的一般要求

(一)核查验证的概念

评估资料的核查验证是指资产评估专业人员依法对资产评估活动中所使用资料的真实性、准确性和完整性，采取适当的方式进行的必要的、审慎的核查验证，资产评估专业人员要从中筛选出作为评估依据的资料，保证评估结果的合理性。

资产评估专业人员对收集的评估资料进行核查验证，既是法律和评估准则的要求，也是得出合理评估结论的需要。

《资产评估法》第二十五条规定，评估专业人员应当"收集权属证明、财务会计信息和其他资料并进行核查验证"；第十三条规定，评估专业人员应当履行的义务中包括"对评估活动中使用的有关文件、证明和资料的真实性、准确性、完整性进行核查和验证"。《证券法》第一百六十三条规定，证券服务机构为证券的发行、上市、交易等证券业务活动制作、出具审计报告及其他鉴证报告、资产评估报告、财务顾问报告、资信评级报告或者法律意见书等文件，应当勤勉尽责，对所依据的文件资料内容的真实性、准确性、完整性进行核查和验证；《资产评估基本准则》第十五条规定，资产评估专业人员应当依法对资产评估活动中使用的资料进行核查和验证。《资产评估执业准则——资产评估程序》在此基础上对核查验证的方式，以及超出资产评估专业人员专业能力范畴的核查验证事项和因法律法规规定、客观条件限制无法实施核查验证事项的处理进行了规范。

资产评估专业人员对评估资料进行核查验证，可以在其力所能及的条件下，剔除不合理和不具有可靠来源的资料，增强评估结论的合理性、科学性和准确性。

(二)核查验证的常用方式

根据《资产评估执业准则——资产评估程序》第十五条，对评估资料进行核查验证的方式通常包括观察、询问、书面审查、实地调查、查询、函证、复核等。资产评估专业人员应当根据各类资料的特点，合理地选择核查验证的方式。对于某些复杂的资料，资产评估专业人员可以采取多种方式相结合的形式进行核查验证。

(1)资产评估专业人员采用观察方式进行核查验证时，应当关注观察方式的有效性和充分性。对重要的观察事项，应当记录观察对象、观察时间、观察地点、观察人员和观察结果，并对观察到的现象与核查验证对象是否一致发表明确意见。

(2)资产评估专业人员采用询问方式进行核查验证时，应当形成询问记录，并要求询问人和被询问人对询问记录采用签字或者盖章等法律允许的其他方式予以确认。被询问人拒绝签字或者拒绝以其他方式进行确认的，资产评估专业人员应当在书面记录中注明。

(3)资产评估专业人员采用书面审查方式进行核查验证时，应当分析相关书面信息来源的可靠性，并通过核对原件等方式对书面信息的准确性和完整性进行核查，同时要求提供方在原件复印件上盖章。

(4)资产评估专业人员采用实地调查方式进行核查验证时，应当将实地调查情况形成书面记录，并由相关当事人签字。如果实地调查涉及的单位为企业法人，则需要根据调查事项的重要性和相关性判断是否需要单位盖章确认。当事人拒绝签字或者盖章的，将信息通过评估专业人员应在书面记录中注明。

(5)资产评估专业人员采用查询方式进行核查验证时，应当查询公告、网页或者其他载体相关信息，并就查询信息的内容、时间、地点、载体等有关事项形成查询记录。

(6)资产评估专业人员采用函证方式进行核查验证时，可以将信息通过邮寄、快递、跟函、电子形式函证(包括传真、电子邮件、直接访问网站等)等方式发出和收回。信件回执、查询信函底稿和对方回函应当由经办的资产评估专业人员签字。被询证者以传真、电子邮件等方式回函的，可以要求被询证者寄回询证函原件。被询证人未签署回执、未予签收或者在函证规定的期限内未回复的，由经办的资产评估专业人员对相关情况做出书面说明。

(7)资产评估专业人员采用复核方式进行核查验证时，应当结合核查验证对象的特点，采取验算、校对等具体措施判断核查验证对象的真实性、准确性和完整性。对于重要的复核事项，应当记录复核过程、采取的措施、复核依据和复核结果，并由复核人员进行签字确认。

【例3-16】核查验证的常用方式包括(　　)。

A. 观察　　　　　　　　　B. 询问
C. 监盘　　　　　　　　　D. 查询
E. 函证

【正确答案】ABDE

【答案解析】对评估资料进行核查验证的方式通常包括观察、询问、书面审查、实地调查、查询、函证、复核等。

(三)核查验证范围的确定和内部审核要求

(1)在符合项目风险以及业务质量控制要求的前提下，资产评估专业人员应根据资料对评估结论的重要性水平确定核查验证的范围。重要性水平由资产评估专业人员根据评估目的、被评估单位内部控制状况、相关资料收集情况、评估对象金额及数量等因素进行综合分析后予以确定。

(2)对核查验证程序执行情况的内部审核，应当关注核查验证所采用的实施方式或者选取的替代措施是否适用、恰当、有效。

(四)核查验证受限及处理方式

(1)如果计划采用的核查验证实施方式无法执行，资产评估专业人员应当对该具体事项进行评判，确定是否需要采取其他替代措施完成核查验证工作。例如，无法采用实地调查方式对有关资料进行核查验证的，可以分析采用在线、电话或书面调查等方式替代核查工作的可行性。

（2）对超出资产评估专业人员胜任能力的核查验证事项，资产评估机构可以委托或者要求委托人委托相关专业机构出具专业意见，具体参照《资产评估执业准则——利用专家工作及相关报告》。例如，对于某项对外投资的在建工程项目进行评估，资产评估专业人员无法对委托人或其他相关当事人提供的成本资料进行验证，也无法确定付款进度和工程进度的一致性时，评估机构可以要求委托人委托建设项目审计机构出具专项报告，说明在建工程成本的确认及实际支出情况。经过核查验证后，资产评估专业人员可以在评估中使用专家意见并披露利用专家意见情况。

（3）对于因法律法规规定、客观条件限制无法实施核查和验证的事项，资产评估专业人员应当在工作底稿中予以说明，分析其对评估结论的影响程度；确信不会对评估结论产生重大影响时，要在资产评估报告中予以披露。如果无法核查验证的事项会对评估结论产生重大影响或者无法判断其影响程度，资产评估机构不得出具资产评估报告。

【例3-17】关于评估资料核查验证的一般要求，下列表述错误的是(   )。
A. 对评估资料进行核查验证的方式通常包括观察、询问、书面审查、实地调查、查询、函证、复核等
B. 无法采用实地调查方式对有关资料进行核查验证的，可以分析采用在线、电话等方式进行替代核查的可行性
C. 评估专业人员采用实地调查方式进行核查验证时，应当将实地调查情况形成书面记录，并由相关当事人签字
D. 对超出资产评估专业人员胜任能力的核查验证事项，资产评估机构应当转让该评估业务

【正确答案】D
【答案解析】对超出资产评估专业人员胜任能力的核查验证事项，资产评估机构可以委托或者要求委托人委托相关专业机构出具专业意见。

三、主要评估资料及其核查验证

（一）法律法规资料

资产评估专业人员收集的与被评估业务相关的法律、行政法规、部门规章和规范性文件等材料分别由立法机关、政府及相关部门颁布，具有权威性，符合规定适用条件的资料可以在评估中直接使用。

（二）权属证明资料

被评估资产的权属证明资料来源于委托人、产权持有人等相关当事人。资产的类别不同，权属证明不同，适用的核查验证方法也不同。

1. 股权

资产评估专业人员可以采用书面审查、实地调查、查询等方式，对企业提供的投资协议、公司章程、公司制度、股权买卖协议或者回购协议等资料进行核查，应当查看相关印章、签字是否清晰、完整。资产评估专业人员可与企业管理层进行访谈，利用"国家企业信用信息公示系统"查询公开信息进行验证，如果需要，还可以到市场监督管理等政府部

门查询相关资料。

2. 不动产

我国已经建立和实施了不动产统一登记制度，不动产权利归属和其他法定事项的登记由县级以上人民政府依法确定的、统一负责不动产登记的不动产登记机构负责。2015年3月1日，《不动产登记暂行条例》正式实施，全国统一启用了新的不动产登记簿证样式，向完成不动产登记的权利人依法核发不动产权证书或者不动产登记证明。但是，实行不动产统一登记制度之前已经依法发放的集体土地所有证、国有土地使用证、集体土地使用证、房屋所有权证、房地产权证、土地承包经营权证、水域滩涂养殖证、草原使用证、林权证、海域使用权证书、无居民海岛使用证，以及土地他项权利证明书、房屋他项权证、房屋预告登记证明等证书、证明继续有效。各地按照"不变不换"（即权利不变动，簿证不更换）的原则，在需要依法办理变更、转移等登记时逐步更换新簿证。

资产评估专业人员采用书面审查的方式核查上述权属证明资料的，应当查阅并核对评估对象的不动产权属原件、复印件是否一致。

对于不动产登记部门已出具"受理通知书"，处于正在办理中的不动产登记事项，资产评估专业人员可以根据需要要求评估对象产权持有人到不动产所在地的市、县人民政府不动产登记机构查询"已受理"事项的办理进度和结果。

如果评估对象没有办理产权证，资产评估专业人员应当查验取得不动产的相关证明文件、发票以及合同等资料，并根据具体情况和重要性原则在资产评估报告中披露评估对象未办理产权证的原因、核查处理方法以及可能对评估结论产生的影响。

3. 矿业权

矿业权的权属证明资料主要包括：划定矿区范围批复、采矿权许可证、矿产资源勘查许可证、矿业权出让（转让）合同以及相关付款凭证、矿业权抵押备案相关资料等。

资产评估专业人员采用书面审查方式核查上述权属证明文件的，应当核对证书（或者资料）原件、复印件是否一致，资产评估专业人员也可以根据需要通过矿业权行政管理部门官方网站查询相关信息，对资产权属相关数据的一致性进行核查。

如果评估对象没有办理产权证，资产评估专业人员应当查验取得矿业权的相关证明文件、合同等资料，并根据具体情况和重要性原则在评估报告中披露评估对象未办理产权证的原因、核查处理方法以及可能对评估结论产生的影响。

4. 知识产权

知识产权权属证明资料主要包括：专利证书，专利登记簿副本，最近一期的专利年费缴费凭证，实用新型、外观设计专利权评价报告或者专利权利要求书，专利说明书以及附图；委托人或者相关权利人提供的专有技术形成说明材料；注册商标证书，商标历史获奖证书，商标授权使用登记备案材料；著作权登记证书，著作权作品原稿，职务创作的相关合同，与著作权有关权利的情况说明，委托人和著作权人的身份证明文件和承诺函；植物新品种权证书；集成电路布图设计登记证书，延长期限请求费付款凭证；有效期内的知识产权年费缴费凭证，涉及的转让合同（购买协议），授权使用协议、变更登记、付款记录等资料。

资产评估专业人员采用书面审查的方式核查上述权属证明资料的，应当查阅并核对权属证明资料的原件、复印件是否一致，查验权属材料的所有权人、取得方式、权利范围、有效期、他项权利(是否质押)等相关信息。资产评估专业人员可以核对被评估资产的知识产权权属信息是否与国家相关政府网站公示的信息一致，以确认其在评估基准日的真实有效的权属状态。

对许可使用的知识产权使用权，资产评估专业人员应当查阅授权协议以及付款记录，必要时可以向权利人函证，确认该类使用权的许可期限、许可范围、使用条件、许可费支付等相关条款的约定。

如果评估对象没有取得知识产权权属文件，资产评估专业人员应当查验取得知识产权的相关证明文件以及合同等资料，并根据具体情况和重要性原则在评估报告中披露评估对象未办理产权证的原因、核查处理方法以及可能对该情况评估结论产生的影响。

5. 机器设备

机器设备权属证明资料主要包括：机动车登记证、船舶所有权证书、船舶国籍证书；外购机器设备的购置合同、购置发票、付款凭据、进口设备报关单；自制机器设备主要材料以及外购件的采购合同和发票、竣工决算资料；融资租赁设备的融资租赁合同、发票；由法院判决形成的设备资产的法院判决书、资产交接单；抵(质)押机器设备的抵(质)押合同、抵(质)押登记证书；国有资产划转材料、调拨单等。

资产评估专业人员采用书面审查的方式核查上述权属证明资料的，应当查阅并核对权属证明资料的原件、复印件是否一致，如果权属证明资料原件留存于他处，资产评估专业人员可以向原件留存方查询或者函证。资产评估专业人员根据需要可以要求产权持有人到相关权属主管部门配合查询评估对象的法律权属登记情况；对于重要设备的购买合同、发票(及报关单、装箱单等)、竣工决算资料等，资产评估专业人员应根据经济行为特点，产权持有人信用情况以及重要性原则，自行判断是否采取其他延伸核查方式。

对权属资料不完备、毁损、丢失等瑕疵事项，以及根据重要性原则应当收集但未能取得的相关权属资料，资产评估专业人员可以要求产权持有人提供产权归属承诺，并在评估报告中予以披露。

【例3-18】关于权属证明资料的核查验证，下列表述正确的有(　　)。

A. 可以利用"国家企业信用信息公示系统"查询公开信息进行股权验证

B. 如果不动产没有办理产权证，资产评估专业人员应当将评估对象认定为公有不动产

C. 划定矿区范围批复不属于矿业权权属证明资料

D. 对许可使用的知识产权使用权，应确认其许可期限、许可范围、使用条件、许可费支付等相关条款的约定

E. 主要材料、外购件的采购合同和发票、竣工决算资料等是外购机器设备的产权证明资料

【正确答案】AD

【答案解析】如果评估对象没有办理产权证，资产评估专业人员应当查验取得不动产的相关证明文件、发票以及合同等资料，并根据具体情况和重要性原则在资产评估报告中披露评估对象未办理产权证的原因、核查处理方法以及可能对评估结论产生的影响，故B项错误。矿业权权属证明资料主要包括划定矿区范围批复、采矿权许可证、矿产资源勘查许可证、矿业权出让(转让)合同以及相关付款凭证、矿业权抵押备案相关资料等，故C项

错误。外购机器设备的购置合同、购置发票、付款凭据、进口设备报关单，自制机器设备主要材料以及外购件的采购合同和发票、竣工决算资料作为产权证明资料，故 E 项错误。

（三）财务会计资料

财务会计资料通常由委托人及其他相关当事人提供。

（1）采用询问、书面审查复核等方式对已经审计的财务报表及其附注进行核查，应当了解出具审计报告的会计师事务所的执业资质和独立性。

（2）采用询问、书面审查以及复核等方式对未经审计的财务资料进行核查，应当对财务报表变动趋势、财务指标构成比例进行分析，将财务报表各项目的数据与有关账簿进行核对。资产评估专业人员应根据重要性原则，采用抽样方法对相关会计凭证进行查阅，结合对评估对象的调查结论或者其他文件、证明和资料的核查验证结论，检查财务数据的一致性。

（3）采用实地调查、书面审查等方式对现金、票据以及实物性资产等涉及的各类资料进行核查，应当将相关调查或者审查情况形成书面记录，由参与的资产评估专业人员、被评估单位的相关人员签字确认。

（4）采用函证方式对银行存款、异地存货、往来账款、交易性金融资产等涉及的各类资料进行核查的，对利用第三方机构查询函证结果的，应当记录取得第三方机构函证结果的过程、分析该函证行为的目的、核实函证基准日、了解第三方机构对函证的控制措施等。无法获取上述信息的，应当实施替代程序并获取相关证据，对该函证结果的可靠性进行分析判断。

（四）专业报告、单项资产评估报告

1. 专业报告

利用专业报告是指因评估涉及特殊专业知识和经验，故利用某一领域中具有专门资质或者相关经验的机构所出具的专业报告，作为资产评估依据。资产评估机构及其资产评估专业人员会利用的专业报告通常包括：

（1）公开发表的相关专业报告。
（2）已经正式出具的相关专业报告。
（3）专门聘请专业机构完成的相应专业报告。

资产评估机构聘请专业机构出具专业报告，必要时应当征得委托人同意资产评估专业人员采用询问、书面审查以及复核等方式对其他专业机构提供的专业报告进行核查，资产评估机构应当了解其他专业机构的业务范围、执业资质、业绩、地位以及独立性，检查专业报告出具的时效性，分析其是否满足资产评估业务的需要。

根据《资产评估执业准则——利用专家工作及相关报告》，评估专业人员利用专业机构出具的专业报告还应当关注其披露的、对专业报告结论存在重大影响的事项；资产评估专业人员要把所利用的专业报告形成工作底稿，必要时应将其作为资产评估报告附件。

2. 单项资产评估报告

引用单项资产评估报告是指资产评估机构根据法律、行政法规等要求，引用其他评估机构出具的单项资产评估报告，将其作为资产评估报告的组成部分。资产评估专业人员引用单项资产评估报告应当与委托人事先约定，再获取正式出具的单项资产评估报告。

资产评估专业人员采用询问、书面审查以及复核等方式对拟引用的由其他专业机构出具的单项资产评估报告进行核查，应当了解专业机构的业务范围、执业资质以及独立性，检查引用的单项资产评估报告出具的时效性，分析其是否满足资产评估业务的需要。

根据《资产评估执业准则——利用专家工作及相关报告》，资产评估专业人员引用单项资产评估报告还应关注以下事项。

(1) 拟引用的单项资产评估报告的性质（评估或咨询）、评估目的、评估基准日、评估对象、评估依据、参数选取、假设前提、使用限制等是否满足资产评估报告的引用要求；不满足资产评估报告引用要求的，不得引用。

(2) 分析拟引用单项资产评估报告载明的评估结论，判断其对应的资产类型与资产评估的资产类型的一致性；分析是否存在相关负债，并予以恰当处理。对于账面无记录的单项资产，应当考虑引用或者确认的资产类型是否符合相关规定；分析是否存在相关负债，并予以恰当处理。

(3) 拟引用单项资产评估报告的相关备案审核文件资料，分析其可能对拟引用单项资产评估报告评估结论产生的影响。

(4) 对所引用单项资产评估报告的评估结论与账面价值的变动情况进行客观分析，不得发表超出自身执业能力和范围的评论意见。

(5) 关注所引用单项资产评估报告披露的特殊事项说明，判断其是否可以引用及其对资产评估结论的影响。

(6) 要将所引用单项资产评估报告作为工作底稿。

(五) 其他资料

1. 宏观经济资料、区域经济资料、行业现状和发展前景资料

宏观、区域经济资料主要包括相关国家、地区的经济形势，未来发展趋势及财政、货币政策等内容；行业现状和发展前景资料主要包括相关行业的政策、竞争情况、行业发展的有利及不利因素、特有的经营模式、上下游及产业链关系，以及周期性、季节性、区域性特征等内容。

这类有关政府部门、行业协会的资料，应当从其权威发布平台取得。该类资料一般可以视为具有权威性，可以直接引用，但应当关注其时效性。

2. 来自市场的有关资料

(1) 对于直接从上市公司年报中获取的数据资料，由于该数据资料已经经过注册会计师审计，资产评估专业人员在进行必要分析调整后可以直接采用。

(2) 对于来自不同资讯网站的数据或者研究成果，评估专业人员可以结合网站的知名度和权威性综合判断所获取的数据或者研究成果的可靠性。对于从浏览量较少的网站获取的数据或者研究成果，必要时可以从两个以上平台获取有效的数据，以相互验证其可靠性。

(3) 对于询价资料、交易案例等资料，资产评估专业人员采用查询、查阅、核对等方式进行核查的，应当通过查询文献以及相关网址等方式获取信息并将得出的结论形成书面记录。

3. 涉及诉讼、仲裁、担保的资料

(1) 资产评估专业人员采用书面审查、查询、复核等方式对被评估单位涉及诉讼、仲

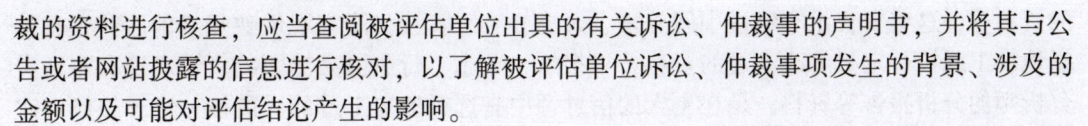

裁的资料进行核查，应当查阅被评估单位出具的有关诉讼、仲裁事的声明书，并将其与公告或者网站披露的信息进行核对，以了解被评估单位诉讼、仲裁事项发生的背景、涉及的金额以及可能对评估结论产生的影响。

(2)资产评估专业人员采用书面审查、查询等方式对被评估单位涉及对外担保的资料进行核查的，应当获取被评估单位出具的有关对外担保事项声明以及担保合同、协议等资料，并利用央行全国联网的企业征信系统进行查询。采用书面审查方式对被评估单位存在抵(质)押的资产进行核查的，应当查阅被评估单位提供的抵(质)押合同以及相关的主债权合同、抵(质)押资产清单以及说明。如果需要，可以向抵(质)押单位进行查询。

【例3-19】下列可以直接引用的评估资料有(　　)。
A. 有关政府部门发布的货币政策
B. 行业协会发布的行业政策
C. 从上市公司年报中获取的数据资料
D. 资讯网站的数据资料
E. 交易案例资料

【正确答案】ABC

【答案解析】有关政府部门、行业协会的资料，应当从其权威发布平台取得。该类资料一般可以视为具有权威性，可以直接引用，但应当关注其时效性。对于直接从上市公司年报获取的数据资料，由于该数据资料已经经过注册会计师审计，资产评估专业人员在进行必要分析调整后可以直接采用。对于来自不同资讯网站的数据或者研究成果，评估专业人员可以结合网站的知名度和权威性综合判断所获取的数据或者研究成果的可靠性。对于询价资料、交易案例等资料，资产评估专业人员采用查询、查阅、核对等方式进行核查的，应当通过查阅文献、查询相关网址等方式获取信息并将得出的结论形成书面记录。

四、评估资料的分析、归纳、整理

在履行了核查验证程序后，资产评估专业人员需要对从各个渠道收集的评估资料进行必要的分析、归纳和整理，形成评定估算和编制资产评估报告的依据。

对评估资料的分析，是根据资产价值评定估算和评估报告编制及信息披露对资料的使用要求，对已收集资料的相关性、逻辑性进行分析和甄别。相关性，就是分析资料与评估所要解决问题的相关性和适用性；逻辑性，就是梳理评估资料之间所存在的相互支持、印证等关系的逻辑关联性。

对评估资料的归纳和整理建立在充分分析的基础上，通过归集、加工和分类使评估资料成为支持评定估算和资产评估报告编制的基础信息与支持依据，供执行后续评估程序时使用。

归纳和整理后的评估资料一般可以根据可用性原则和加工处理程度进行划分。

根据可用性原则，评估资料可以划分为可用性评估资料、有参考价值的评估资料、不可用评估资料。可用性评估资料指在某一具体评估项目中可以作为评估依据的资料。有参考价值的评估资料指与评估项目有一定联系、部分可以参考借鉴的资料。不可用评估资料指与评估项目没有直接联系或根本无用的资料。

根据加工处理程度，评估资料可以划分为未经处理的资料和有选择地加工或按一定目的改动过的资料。未经处理的资料，如公司的年度报告、证券交易所的报告或其他出版物的资料等，这些资料没有经过中间处理、过滤，来源直接，能客观反映资料的原貌。有选择地加工或按一定目的改动过的资料，如报纸、杂志、行业协会出版物、学术论文和证券分析师的分析报告等资料，是在更大的信息源中有选择地加工过的，或按一定思想倾向改动过的资料，具有重点突出、容易理解的特征。

资产评估专业人员在收集整理评估资料的基础上，进入评定估算形成结论的程序。该程序主要包括恰当选择评估方法、形成初步评估结论、综合分析确定资产评估结论等具体工作。

第七节　评定估算形成结论

在选定评估方法之后，资产评估专业人员还需要合理选择技术参数，应用评估模型，形成初步评估结论。例如，采用成本法，应当合理确定重置成本和各种相关贬值，用重置成本扣除各项贬值，得出评估对象的价值；采用市场法，应当合理选择可比案例，分析评估对象和可比参照物的相关资料和价值影响因素，通过可比因素的差异调整，得出评估对象的价值；采用收益法，应当合理预测未来收益，并合理确定收益期和折现率，通过预期收益折现，得出评估对象的评估值。

资产评估专业人员应当对形成的初步评估结论进行分析，判断采用该种评估方法形成的评估结论的合理性。

首先应当对评估结论与评估目的、价值类型、评估方法的适应性进行分析。资产评估方法主要包括收益法、市场法和成本法三种基本方法，每种基本方法下还有具体的评估方法。资产评估专业人员应当根据评估目的和价值类型、评估对象、评估方法的适用条件、数据的质量和数量等因素选择恰当的评估方法。有关资产评估方法选择的具体内容详见本教材第四章第四节。

其次对评估资料的充分性、有效性、客观性以及评估参数的合理性、评估模型推算和应用的正确性进行判断；再次对评估增减值进行分析，确定资产评估增值或者减值的原因，并判断其合理性；最后可以通过对类似资产交易案例的分析，对评估结论的合理性进行判断。

当采用两种以上评估方法时，资产评估专业人员应当对采用各种评估方法形成的初步结论进行比较，对所使用的评估资料、数据、参数的数量和质量等进行分析，并在此基础上，分析不同方法形成的评估结论的合理性以及因不同方法导致评估结论出现差异的原因，综合考虑评估目的、价值类型、评估对象现实状况等因素，最终形成合理的评估结论。

第八节　编制出具评估报告

资产评估专业人员在履行评定估算程序后，应当编制初步资产评估报告，并进行内部审核。资产评估机构出具资产评估报告前，在不影响对评估结论进行独立判断的前提下，可以与委托人或者委托人同意的其他相关当事人就评估报告有关内容进行沟通，并对沟通

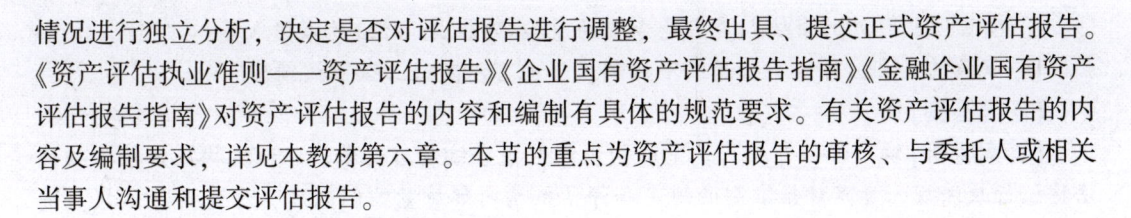

情况进行独立分析，决定是否对评估报告进行调整，最终出具、提交正式资产评估报告。《资产评估执业准则——资产评估报告》《企业国有资产评估报告指南》《金融企业国有资产评估报告指南》对资产评估报告的内容和编制有具体的规范要求。有关资产评估报告的内容及编制要求，详见本教材第六章。本节的重点为资产评估报告的审核、与委托人或相关当事人沟通和提交评估报告。

一、资产评估报告的审核

资产评估专业人员完成初步评估报告编制后，资产评估机构应当根据相关法律、行政法规、资产评估准则的规定和评估机构内部质量控制制度，对资产评估报告进行必要的审核。

（一）评估报告审核的形式与要求

1. 审核的形式

按照审核人员是否到达现场，可将审核分为现场审核和非现场审核。按照审核人员与项目团队的关系，审核可分为项目团队内部的审核和项目团队之外的独立审核。

根据评估机构的审核制度和审核岗位安排，项目团队之外的审核人员可以是专职的质控部门（或岗位）的审核人员，也可以是项目团队之外的具有相应审核能力和经验的其他资产评估专业人员。

2. 审核的级次

目前，相关资产评估准则并未对审核级次做出具体规定，资产评估机构可以根据项目管理要求和质量控制制度确定其内部审核的级次。在目前的实践中，评估机构通常采用多种层次和形式的制度安排，具体项目适用的审核级次会结合项目类型、规模、复杂程度、监管要求和风险水平等因素有所区别，如有的实行两级审核制度，有的实行三级审核制度。总体而言，资产评估机构的质量审核体系应当包括项目团队内部相关层级的审核以及质量控制部门（岗位）等独立于项目团队之外的审核，必要时，也可引入外部审核资源。

3. 对项目审核人员的要求及其职责

项目审核人员应当符合的要求有：
（1）具备履行职责的技术专长。
（2）具备审核业务所需要的经验和权限。
（3）保证审核工作的客观性。

项目审核人员承担的职责为：
（1）审核评估程序执行情况。
（2）审核拟出具的资产评估报告。
（3）审核工作底稿。
（4）综合评价项目风险，提出出具资产评估报告的明确意见。
（5）审核评估结论。

【例3-20】关于资产评估报告的审核，下列表述正确的是（　　）。
A. 资产评估专业人员出具评估报告后，要对资产评估报告进行必要的审核
B. 按照审核人员与项目团队的关系，审核分为现场审核和非现场审核

C. 项目团队之外的审核人员应是专职的质控部门(或岗位)的审核人员

D. 审核的级次,可以实行两级审核制度,也可以实行三级审核制度

【正确答案】D

【答案解析】资产评估专业人员完成初步评估报告编制后,资产评估机构应当根据相关法律、行政法规、资产评估准则的规定和评估机构内部质量控制制度,对资产评估报告进行必要的审核,故 A 项错误。根据审核人员是否到达现场,审核分为现场审核和非现场审核;按照审核人员与项目团队的关系,审核分为项目团队内部的审核和项目团队之外的独立审核,故 B 项错误。根据评估机构的审核制度和审核岗位安排,项目团队之外的审核人员可以是专职的质控部门(或岗位)的审核人员,也可以是项目团队之外的具有相应审核能力和经验的其他评估专业人员,故 C 项错误。

(二)对资产评估报告审核的主要内容

(1)评估程序的履行情况。

(2)评估资料的完整性、客观性和适时性。

(3)评估方法、评估技术思路的合理性。

(4)评估目的、价值类型、评估假设、评估参数以及评估结论在性质和逻辑上的一致性。

(5)计算公式及计算过程的正确性。

(6)技术参数选取的合理性。

(7)计算表格之间链接关系的正确性。

(8)采用多种评估方法进行评估时,对各种评估方法所依据的假设、前提、数据、参数进行审核,并对不同评估方法结论的合理性以及差异合理性进行审核。

(9)最终评估结论的合理性。

(10)评估报告的合规性。

(三)项目团队层级审核的主要内容

(1)对被评估资产自身状况是否进行了必要的了解,对评估风险是否有正确的评价。

(2)评估程序是否按计划要求进行。

(3)原始资料及收集的评估资料是否满足评估要求,是否由资料的提供方以盖章等方式进行了确认。

(4)评估调查过程是否记录在工作底稿中。

(5)评估依据是否充分。

(6)评估方式的选择及运用是否正确。

(7)评估模型应用、数据钩稽关系是否正确。

(8)评估报告的格式、内容是否符合规定要求。

(9)评估结论是否合理,表格与报告的相关数据和信息是否一致。

(10)重大问题是否按规定进行请示汇报和处理,重大问题的处理结果是否合理。

(11)各项内容是否完整,有无遗漏、缺陷事项。

(四)质量控制部门(岗位)等审核的主要内容

(1)评估程序是否完整履行,是否形成了相应的工作底稿。

(2)整体报告的内容及格式是否符合相关法规及评估准则的规定。
(3)评估目的、价值类型、评估假设、评估方法、评估结论是否逻辑一致。
(4)重大问题的处理是否适当。
(5)评估结论是否有合理的依据支持,影响评估结果的特别事项是否完整披露。
(6)对于外部审核的意见答复和报告修改是否合理有据。

二、与委托人或者相关当事人沟通

《资产评估执业准则——资产评估程序》第二十四条规定,资产评估机构出具资产评估报告前,在不影响对评估结论进行独立判断的前提下,可以与委托人或者委托人同意的其他相关当事人就资产评估报告的有关内容进行沟通,对沟通情况进行独立分析,并决定是否对资产评估报告进行调整。

(一)沟通的作用

资产评估机构及资产评估专业人员与委托人或者相关当事人进行必要的沟通,既有助于了解委托人或者相关当事人对评估结论的反馈意见,也有助于委托人或者相关当事人合理理解评估结论,正确使用评估报告。

(二)沟通的时间

通常在评估报告通过资产评估机构内部审核后,项目团队可以安排相关沟通工作。

(三)沟通的主要内容

与委托人或者委托人许可的相关当事人沟通的内容包括但不限于:
(1)是否存在与评估对象实际情况不一致的情况。
(2)是否履行了评估委托合同约定的内容。
(3)评估方法的适用性,参数选取的合理性,模型计算的正确性,评估目的、价值类型和评估方法的匹配性等。
(4)评估报告披露信息的正确性和恰当性。

(四)沟通后的调整

如沟通导致需要修改评估结论或者评估报告,资产评估专业人员需要详细说明理由,并履行必要的内部审核程序。

(五)沟通时应注意及禁止的事项

资产评估机构及其资产评估专业人员与委托人或者委托人许可的相关当事人就评估报告有关内容所进行的沟通,应在不影响其对最终评估结论进行独立判断的前提下进行。

资产评估机构及其资产评估专业人员保证其独立性的措施有以下几种。
(1)在沟通时,评估专业人员需要表明:目前沟通的意见为初步结果,最终资产评估报告完成后,内容与结果可能会发生变化;建议沟通的信息仅为委托人内部使用,任何初稿不能对外公布或者披露。
(2)在沟通过程中,如果发现差错或者疏漏,资产评估专业人员可以同意对相关内容进行查证、核实。
(3)对沟通内容形成必要的记录。

(六) 国有资产评估项目核准(备案)中的审核

对于涉及企业国有资产管理部门、金融企业国有资产管理部门和文化企业国有资产管理部门等管理的国有资产评估项目，在资产评估机构提交评估报告后，相关管理部门按国家有关规定组织专家对资产评估报告进行外部审核。审核主要包括以下内容。

(1) 资产评估所涉及的经济行为批准情况。

(2) 评估基准日的选择是否适当，评估基准日的选择是否符合有关评估准则的规定要求。

(3) 资产评估范围与经济行为批准文件确定的资产范围是否一致。

(4) 评估方法运用的合理性和评估依据的适当性。

(5) 企业是否就所提供的资产权属证明文件、财务会计资料及生产经营管理资料的真实性、合法性和完整性做出承诺。

(6) 评估程序是否符合相关评估准则的规定。

(7) 评估报告是否符合相关准则的规定和要求。

资产评估主体应当对审核意见进行分析，形成意见回复，并根据需要对评估报告的相关内容进行补充或修改。

评估报告如有修改，应按评估机构内部的审核要求履行审核程序，重新出具评估报告，并按规定提交评估业务委托人。

【例3-21】 关于与委托人的沟通，下列表述错误的有(　　)。

A. 有助于委托人合理理解评估结论，正确使用评估报告

B. 通常在初步评估报告完成后，项目团队可以安排相关沟通工作

C. 评估专业人员应表明，沟通的意见将体现到最终的评估报告中

D. 可将相关管理部门按国家有关规定组织专家对资产评估报告进行的外部审核，替代评估机构的内部审核

E. 在国有资产评估项目核准的审核中，核准机构应组织专家对评估方法运用的合理性和评估依据的适当性进行审核

【正确答案】 BCD

【答案解析】 通常在评估报告通过评估机构内部审核后，项目团队可以安排相关沟通工作，故B项错误。在沟通时，评估专业人员需要表明：目前沟通的意见为初步结果，最终资产评估报告完成后，内容与结果可能会发生变化，故C项错误。外部审核不可替代评估机构的内部审核，故D项错误。

三、提交评估报告

按照约定的时间和方式向委托人提交资产评估报告，是资产评估机构履行评估委托合同约定责任的要求。资产评估机构应当以资产评估委托合同约定的方式向委托人提交正式的资产评估报告。

四、保护评估报告的机密性

评估报告包含大量的商业和财务信息，资产评估机构在提交报告时需要保证其机密性。资产评估机构可以采取合适的安全措施，如加密、签署保密协议等，防止评估报告被

未经授权的人员获取和使用。

提交资产评估报告是一个重要的环节，需要评估师或机构具备扎实的专业知识和丰富的经验。只有在做好准备工作、选择合适的评估方法、遵循评估准则、保持客观独立、清晰完整地呈现报告内容、及时提交报告并保护其机密性的基础上，才能确保资产评估报告的质量和有效性。通过以上措施的实施，可以为企业和个人提供准确可靠的资产估值信息，帮助其做出科学决策并合理安排资产。

第九节　整理归集评估档案

资产评估档案整理归集工作，是指资产评估机构建立评估档案并进行收集、整理、保管和提供利用等活动。整理归集评估档案是资产评估专业人员将已执行完毕的评估报告及工作底稿等形成符合准则要求的档案，并移交资产评估机构档案管理部门的工作过程。评估档案归集是《资产评估法》和资产评估准则规定的资产评估必备程序。

本节重点介绍评估档案整理归集的程序，有关资产评估档案的归集和管理的具体内容详见本教材第六章第五节。

一、评估档案整理归集的范围

按照评估程序的阶段划分，整理归集阶段是针对评估业务前两个阶段——准备阶段、实施阶段形成的工作底稿、评估报告和其他相关资料，按照相关规定进行收集、整理的过程。

(一) 资产评估准备阶段应归入评估档案的文件材料

评估业务的准备阶段包括明确业务基本事项、订立业务委托合同、编制资产评估计划三个程序，所形成的文件资料主要是与之对应的管理类工作底稿。

(二) 资产评估实施阶段应归入评估档案的文件材料

评估业务的实施阶段包括进行评估现场调查、收集整理评估资料、评定估算形成结论、编制出具评估报告四个程序，所形成的文件资料主要是与之对应的管理类工作底稿和操作类工作底稿、评估报告和其他相关资料。

二、评估档案整理归集的要求

资产评估机构应当按照《资产评估法》和《资产评估执业准则——资产评估档案》的规定建立健全资产评估档案管理制度。资产评估档案应当由本机构的档案管理部门集中统一管理，不得由原制作人单独分散保存。

(一) 实行评估档案整理归集责任制

根据《资产评估机构业务质量控制指南》，评估项目负责人应当组织整理归集评估档案。资产评估机构可以在制定内部管理制度时具体落实和细化评估档案的归集与移交责任。

(二)评估档案的介质要求

资产评估机构及其资产评估专业人员应当根据资产评估业务的具体情况和工作底稿介质的理化特性,谨慎选择工作底稿的介质形式。资产评估委托合同、资产评估报告应当形成纸质文档。评估明细表、评估说明可以是纸质文档、电子文档或者其他介质形式的文档。以纸质和其他介质形式同时进行保存的文档,其内容应当相互匹配,不一致时以纸质文档为准。

(三)移交评估档案的时间要求

评估专业人员除重大或者特殊项目的归档时限外,通常应当在资产评估报告日后90日内将工作底稿、资产评估报告及其他相关资料归集形成资产评估档案,并在归档目录中注明文档介质形式。重大或者特殊项目的归档时限为评估结论使用有效期届满后30日内,评估机构可以在内部管理制度中规定适用的项目标准。

【例3-22】关于整理归集评估档案,下列表述正确的有(   )。

A. 按照评估程序的阶段划分,整理归集阶段包括对评估业务准备阶段、实施阶段两个阶段的资料的归集过程

B. 准备阶段的归集是指明确业务基本事项、订立业务委托合同两个程序的归集过程

C. 实施阶段的归集是指进行评估现场调查、收集整理评估资料、评定估算形成结论三个程序的归集过程

D. 资产评估档案应当由资产评估机构的档案管理部门和原制作人分别保存

E. 资产评估机构及其资产评估专业人员应当根据资产评估业务的具体情况和工作底稿介质的理化特性,谨慎选择工作底稿的介质形式

【正确答案】AE

【答案解析】准备阶段包括明确业务基本事项、订立业务委托合同、编制资产评估计划三个程序,所形成的文件资料主要是与之对应的管理类工作底稿,故B项错误。实施阶段包括进行评估现场调查、收集整理评估资料、评定估算形成结论、编制出具评估报告四个程序,所形成的文件资料主要是与之对应的管理类工作底稿和操作类工作底稿、评估报告和其他相关资料,故C项错误。资产评估档案应当由本机构的档案管理部门集中统一管理,不得由原制作人单独分散保存,故D项错误。

【例3-23】关于评估档案整理归集的要求,下列表述正确的是(   )。

A. 同时以纸质和其他介质形式保存的文档,其内容应当相互匹配,不一致时以电子文档为准

B. 资产评估专业人员通常应当在资产评估报告日后30日内将工作底稿、资产评估报告及其他相关资料归集形成资产评估档案

C. 重大或者特殊项目的归档时限为资产评估报告日后30日内

D. 资产评估机构可以在制定内部管理制度时具体落实和细化评估档案的归集与移交责任

【正确答案】D

【答案解析】同时以纸质和其他介质形式保存的文档,其内容应当相互匹配,不一致时

以纸质文档为准，故 A 项错误。评估专业人员通常应当在资产评估报告日后 90 日内将工作底稿、资产评估报告及其他相关资料归集形成资产评估档案，并在归档目录中注明文档介质形式，故 B 项错误。重大或者特殊项目的归档时限为评估结论使用有效期届满后 30 日内，评估机构可以在内部管理制度中规定适用的项目标准，故 C 项错误。

第四章 资产评估方法

知识目标

了解市场法、收益法、成本法的概念和资产评估方法的应用前提，熟悉资产评估方法的适用范围和局限、资产评估技术方法，掌握资产评估方法的选择、资产评估方法的实际应用和理论依据。

素质目标

向学生传达具有坚定的政治立场、较高的政治思想素质和职业道德素质的重要性；培养学生独立承担资产评估业务的专业素质。在进行资产评估活动中，学生能正确运用自己的专业知识和职业判断，熟练选择评估方法，保证资产评估项目的高效、有效进行，使资产评估行业能够跟随时代更好地发展。

能力目标

在进行资产评估活动中，学生能熟练掌握和理解三种基本评估方法的概念、特点、理论依据和各自的优缺点。正确运用自己的专业知识和职业判断，熟练选择评估方法。

思维导图

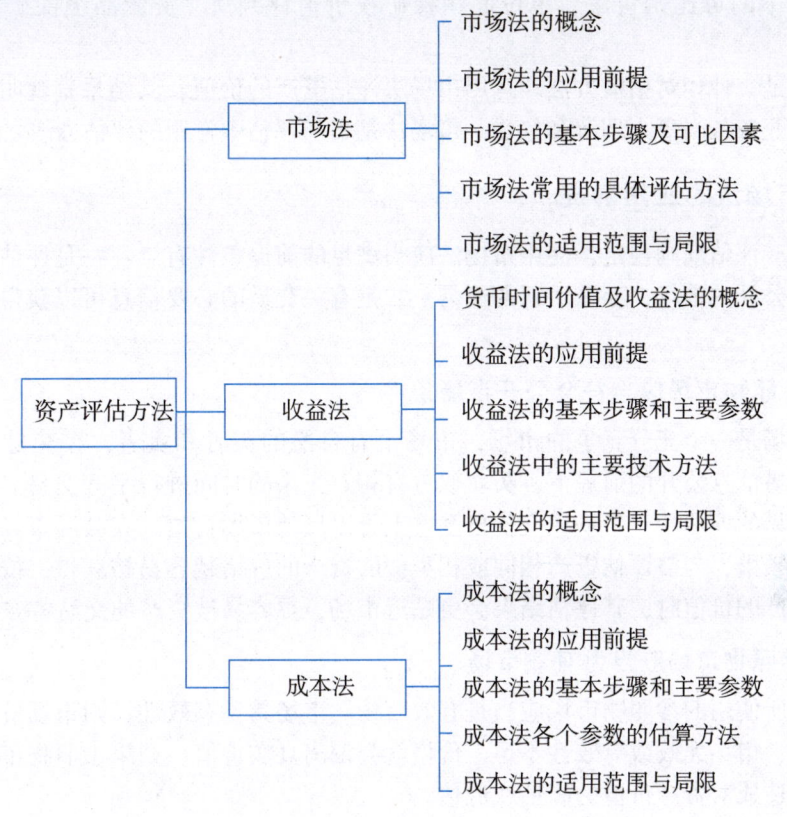

```
资产评估方法
├── 市场法
│   ├── 市场法的概念
│   ├── 市场法的应用前提
│   ├── 市场法的基本步骤及可比因素
│   ├── 市场法常用的具体评估方法
│   └── 市场法的适用范围与局限
├── 收益法
│   ├── 货币时间价值及收益法的概念
│   ├── 收益法的应用前提
│   ├── 收益法的基本步骤和主要参数
│   ├── 收益法中的主要技术方法
│   └── 收益法的适用范围与局限
└── 成本法
    ├── 成本法的概念
    ├── 成本法的应用前提
    ├── 成本法的基本步骤和主要参数
    ├── 成本法各个参数的估算方法
    └── 成本法的适用范围与局限
```

资产评估方法是指评定估算资产价值的途径和手段，它是在多种学科的技术方法基础上，按照资产评估自身的运作规律和行业特点形成的一整套方法体系，主要包括市场法、收益法和成本法三种基本方法及其衍生方法。

第一节 市场法

一、市场法的概念

市场法也称比较法、市场比较法，是通过将评估对象与可比参照物进行比较，以可比参照物的市场价格为基础确定评估对象价值的评估方法的总称。

均衡价格理论指出，商品或资产的价值由供给和需求共同决定，市场上相同或相似商品在一定时期内将形成一致的均衡价格，即相同或相似商品的价格具有可比性。这是使用市场法评估资产价值的理论基础。

替代原则是支持市场法评估理论的经济学原则。替代原则，即价格最低的同质商品对其他同质商品具有替代性。在同一市场上，具有相同使用价值和质量的商品，应有大致相同的交换价格。

市场法在不同的应用领域有不同的表现形式和称谓，例如，企业价值评估中的交易案例比较法和上市公司比较法，机器设备评估中的直接比较法、相似比较法、比率估价法，矿业权评估中的可比销售法、单位面积探矿权价值评判法、资源品级探矿权价值估算法等。

市场法是一种相对估值方法。运用市场法评估资产的价值，其结果直观明了，较容易被资产评估业务各当事人理解和接受。市场法是资产评估中常用的评估方法之一。

二、市场法的应用前提

根据资产评估准则规定，使用市场法应当满足的前提条件有二：一是评估对象的可比参照物具有公开的市场，存在活跃的交易；二是有关交易的必要信息可以获得。其具体含义如下。

(一)参照物市场应当符合公开市场条件

公开市场是一个充分竞争的市场，市场上有自愿的买者和卖者，在交易信息充分交换，或者交易信息公开的前提下，买卖双方有相对充裕的时间进行平等交易。这种前提排除了个别交易的偶然性，市场成交价格基本上可以反映市场行情。在公开市场中，交易行为发生得越频繁，与被评估资产相同或相类似的资产的价格越容易被获得，按市场行情估测被评估资产的价值时，其评估结果会更贴近市场，更容易被资产的交易各方接受。

(二)参照物市场应当为有效市场

市场法所使用的参照物市场应当是有效市场。市场具备有效性，则市场价格是对价值的最优估计；市场无效或有效性不足，价格就会偏离真实价值。如果参照物市场的有效性不足，可能造成对资产价值的高估或低估。

判断市场是否有效应当考虑以下两个方面。

(1)参照物在市场上有活跃的交易。类似的资产交易会在市场上频繁发生，而不是有价无市。

(2)资产可以自由地在市场上进行交易，而不是被部分垄断销售商或购买者控制。市场所提供的信息是真实可靠的，而不是被人为操控行为所扭曲。

(三)可比参照物的交易信息可以获得

首先，所选择的参照物与被评估对象应具有可比性，这是指选择的可比资产及其交易活动在近期公开市场上已经发生过且与被评估资产及资产业务相同或相似。这些已经完成交易的资产就可以作为被评估资产的参照物，其交易数据是进行比较分析的主要依据。资产及其交易的可比性具体体现在三个方面：第一，参照物与被评估对象在功能上具有可比性，包括用途、性能上的相同或相似；第二，参照物与被评估对象面临的市场条件具有可比性，包括市场供求关系、竞争状况和交易条件等；第三，参照物成交时间与评估基准日间隔时间不能过长，其间隔时间应在一个适度时间范围内，同时，时间对资产价值的影响应是可以调整的。

其次，参照物的交易资料可以通过合法的渠道获得，这些资料应当具有充分性，这不仅包括交易价格，还应包括交易背景、交易条件等必要的交易信息。

【例4-1】关于市场法的概念和应用，下列表述正确的有(　　)。

A. 市场法是一种绝对估值方法

B. 均衡价格理论是使用市场法评估资产价值的理论基础
C. 替代原则是支持市场法评估理论的经济学原则
D. 评估对象的可比参照物可以处于有价无市的市场
E. 要求可比参照物的有关必要交易信息可以从市场获得

【正确答案】BCE

【答案解析】市场法是一种相对估值方法。参照物在市场上有活跃的交易，类似的资产交易会在市场上频繁发生，而不是有价无市。

【例 4-2】市场法要求可比参照物的交易信息可以获得，下列相关表述正确的是(　　)。

A. 考虑参照物与评估对象在物理、经济、权属状态等方面的相似性，属于市场因素可比性判断
B. 考虑参照物所在的市场与评估目的对应的经济行为所要求参照市场的相似性，属于交易因素可比性判断
C. 考虑参照物与评估对象的交易动机、交易背景、交易方式、交易批量等方面的相似性，属于个别因素可比性判断
D. 考虑参照物的交易时间与评估基准日的相似性，属于时间因素可比性判断

【正确答案】D

【答案解析】个别因素是指参照物与评估对象在物理、经济、权属状态等方面应当相同或相似；市场因素是指参照物所在的市场与评估目的对应的经济行为所要求参照的市场是相同或相似的；交易因素是指参照物与评估对象的交易动机、交易背景、交易方式、交易批量等应当相同或相似；时间因素是指参照物的交易时间应当与评估基准日相同或接近。

三、市场法的基本步骤及可比因素

(一)市场法的基本步骤

利用参照物的交易价格，以被评估资产的某一或若干特征与参照物的同一及若干特征直接进行比较，得到两者的特征修正系数或特征差额，在参照物交易价格的基础上进行修正从而得到评估对象的价值。其基本计算公式为：

评估对象价值 = 参照物成交价格 × 修正系数$_1$ × 修正系数$_2$ × … × 修正系数$_n$

或：

评估对象价值 = 参照物成交价格 ± 特征差额$_1$ ± 特征差额$_2$ ± … ± 特征差额$_n$

1. 选择参照物

运用市场法进行评估时，首先要选择市场参照物。可比性是选择参照物时需要考虑的主要因素，判断可比性应当从功能、市场条件及成交时间等方面出发。另外，与评估对象相同或相类似的参照物越多，越能够充分全面地反映资产的市场价值。按市场行情估测评估对象价值，评估结果会更贴近市场，因此会对评估中参照物的数量有所要求。评估实践中，评估专业人员通常会在众多与评估对象相似的交易实例中选择具有可比性的交易实例作为比较、测算的参照物。运用市场法评估资产价值时，参照物成交价高低会影响评估对象的评估值。但参照物成交价不仅仅是参照物自身功能的市场表现，它还受买卖双方交易地位、交易动机、交易时限等因素的影响。为了避免某个参照物或个别交易中的特殊因素和偶然因素对成交价及评估值的影响，运用市场法评估资产时应尽可能选择多个参照物。

2. 在评估对象与参照物之间选择比较因素

资产评估中，需要对收集到的信息资料进行筛选，确定具有可比性的交易实例作为与评估对象对比分析和评估量化的参照物。从理论上讲，影响资产价值的基本因素大致相同，如资产性质、功能、规模、市场条件等。但具体到每一种资产时，影响资产价值的因素又各有侧重。例如，影响房地产价值的主要因素是地理位置、环境状况等因素；而技术水平则在机器设备评估中起主导作用；收入状况、盈利水平、企业规模等因素对企业价值评估的影响相对更突出。所以，运用市场法时应根据不同种类资产价值的特点和影响价值的主要因素，选择对资产价值影响较大的因素作为对比指标，形成综合反映参照物与评估对象之间价值对照关系的比较参数体系，从多方面进行对比，使影响价值的主要因素能够得到更全面的反映。

3. 指标对比和量化差异

根据前面所选定的对比指标体系，评估专业人员在参照物及评估对象之间进行参数指标的比较，并将两者的差异进行量化。对比主要体现在交易价格的真实性、正常交易情形、参照物与评估对象可替代性的差异等方面。例如，不动产评估要求参照物与评估对象应在同一供需圈内、处于相同区域或近邻地区等，但其交易情形、交易时间、建筑特征等方面可能存在差异；机器设备评估尽管要求资产功能指标，如规格型号、出厂日期等相同或相似，但其在生产能力、产品质量以及在资产运营过程中的能耗、料耗和工耗等方面可能有不同程度的差异；企业价值评估虽然要求参照物与评估对象在所属行业、生产规模、收益水平、市场定位、增长速度、企业组织形式、资信程度等方面相同或相似，但企业所在地区经济环境、产品结构、资产配置、销售渠道等方面可能存在差异。运用市场法的一个重要环节就是将参照物与评估对象对比指标之间的上述差异数量化和货币化。

4. 分析确定已经量化的对比指标之间的差异

市场法将参照物的成交价格作为评定、估算评估对象价值的基础，对所选定的对比参数体系中的各差异因素进行分析比较，通过多形式的量化途径，形成对价值的调整结果。在实际操作中，评估专业人员根据已经量化的参照物与评估对象之间的对比指标差异对参照物的价格进行调整，得到评估对象的初步评估结果。

5. 综合分析确定评估结果

运用市场法进行评估时，如果选择多个参照物对参照物进行指标对比和差异量化，对应各参照物，会形成多个初步评估结果。但是，对于一项资产，通常应以一个结果来表示，其最终的评估结果应为一个确定数值，这就需要评估专业人员对若干评估初步结果进行综合分析，确定最终的评估值。最终的评估值主要取决于评估专业人员对参照物的把握和对评估对象的认识。如果参照物与评估对象可比性都很好、评估过程中没有明显的遗漏或疏忽，评估专业人员可以采用算术平均法或加权平均法等方法将初步结果转换成最终评估结果。

【例4-3】在市场法中，当选择多个参照物时，评估专业人员确定最终评估结果的方式有(　　)。

A. 根据分析结果采用算术平均法将初步评估结果转换成最终评估结果

B. 根据分析结果采用加权平均法将初步评估结果转换成最终评估结果

C. 选择初步评估结果中更合理的一个结果作为最终的评估结果
D. 选择初步评估结果中更可能的一个结果作为最终的评估结果
E. 选择初步评估结果中被委托人认可的一个结果作为最终的评估结果

【正确答案】ABC

【答案解析】当选择多个参照物时，对参照物进行指标对比和差异量化后会形成多个初步评估结果。这就需要评估专业人员对若干评估初步结果进行综合分析，以确定最终的评估值。评估专业人员可以根据分析结果采用算术平均法或加权平均法等方法将初步结果转换成最终评估结果，也可以选择初步评估结果中更合理的一个结果作为最终的评估结果。

【例4-4】某评估对象采用市场法进行评估。通过三宗可比参照物求出的初步评估结果分别为213万元、219万元和222万元，如果赋予这三个价格的权重分别为0.3,0.4和0.3，则采用加权平均法得到的最终评估结果为(　　)万元。

A. 216.0　　　　　　　　　　　　B. 217.5
C. 218.1　　　　　　　　　　　　D. 220.5

【正确答案】C

【答案解析】213×0.3+219×0.4+222×0.3=218.1(万元)。

(二)市场法的可比因素

1. 运用市场法评估单项资产

运用市场法评估单项资产应考虑的可比因素主要有四点：一是资产的功能。资产的功能是资产使用价值的主体，是影响资产价值的重要因素之一。资产评估强调资产的使用价值或功能，并不是从纯粹抽象意义上去讲，而是从资产的功能出发，并结合社会需求，从资产实际发挥效用的角度来考虑。也就是说，在社会需要的前提下，资产的功能越好，其价值越高，反之亦然。二是资产的实体特征和质量。资产的实体特征主要是指资产的外观、结构、役龄和规格型号等；资产的质量主要是指资产本身的建造或制造工艺水平以及使用状态。三是市场条件。其主要是要考虑参照物成交时与评估时的市场条件及供求关系的变化情形。市场条件包含宏观的经济政策、金融政策、行业经济状况、产品竞争情况等，市场条件方面的差异对资产价值的影响应引起评估专业人员足够的关注。供求关系是市场特征之一，在一般情形下，市场供不应求时，价格偏高；供过于求时，价格偏低。四是交易条件。交易条件主要包括交易批量、交易动机、交易时间等。交易批量不同，交易对象的价格就可能不同；交易动机也对资产交易价格有影响，在不同时间交易，资产的交易价格也会有差别。

以上因素是运用市场法评估资产时经常涉及的一些可比性因素。在实际运用市场法进行评估时，评估专业人员还要视评估对象的具体情形来考虑其具体的可比因素，如房地产评估中的区位因素，机器设备评估中的制造厂家、资产规格型号差异等。

2. 运用市场法评估企业价值

运用市场法评估企业价值时，评估专业人员应当重点考虑所选取的参照企业的可比性。企业可比性可以通过行业(业务)标准与财务标准两个标准来判断。

行业(业务)标准是处于同一行业的企业(业务)具有一定的可比性。在确认被评估企业所属的行业时，评估专业人员可以参考国民经济行业分类、证监会上市公司行业分类、国际通用的标准行业代码等进行判断。但需要注意的是，在依照行业(业务)标准评估企业价值时，评估专业人员应当尽量选取与被评估企业在主营业务收入结构、利润结构、经营模式等方面相似的参照物。

财务标准是评估专业人员需要通过必要的分析从业务类型及资本构成、财务指标等方面进行比较，以此体现被评估企业和可比案例之间的风险与成长差异。

除此之外，评估专业人员还应当考虑股权评估的交易背景、交易日期、交易价格、收购股权的比重、影响交易价格的其他重要交易条款等。

四、市场法常用的具体评估方法

市场法常用的具体评估方法可以根据不同的划分标准进行分类。这些分类并不是严格意义上的方法分类，大多是尊重某种习惯的分类，分类的目的仅仅是便于叙述和学习。按照参照物与评估对象的相近相似程度，可将市场法分为直接比较法和间接比较法两大类，如图4-1所示。

```
                          ┌─ 现行市价法
                          ├─ 市价折扣法
              ┌─ 直接比较法 ┼─ 功能价值类比法
市场法 ──────┤             ├─ 价格指数法
              └─ 间接比较法 ┼─ 成新率价格调整法
                          ├─ 市场售价类比法
                          └─ 价值比率法
```

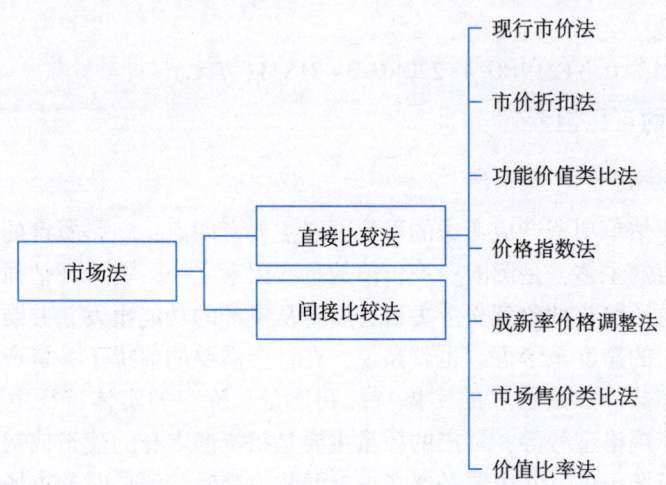

图4-1 市场法的具体方法

直接比较法直观简洁、便于操作，但通常对参照物与评估对象之间的可比性要求较高。直接比较法要求参照物与评估对象达到相同或基本相同的程度，或参照物与评估对象的差异主要体现在某几项明显的因素上，如新旧程度、交易时间、功能、交易条件等。根据差异因素的不同，直接比较法采用的具体技术方法也不相同。

间接比较法是把资产的国家标准、行业标准或市场标准(标准可以是综合标准，也可以是分项标准)作为基准，分别将评估对象和参照物整体或分项对比进行打分得到评估对象和参照物各自的分值，再利用参照物的市场交易价格以及评估对象的分值与参照物的分值的比值(系数)求得评估对象价值的一种评估方法。该方法并不要求参照物与评估对象必须一样或者基本一样，只要参照物与评估对象在大的方面基本相同或相似即可。间接比较法通过对评估对象和参照物在国家、行业或市场标准等方面的对比分析，掌握参照物与评估对象之间的差异，并在参照物成交价格的基础上调整估算评估对象的价值。

由于间接比较法需要利用国家、行业或市场标准，应用起来有较多的局限，所以在资产评估实践中的应用并不广泛。本节重点介绍直接比较法的具体方法。

当参照物与评估对象的差异仅仅体现在某一基本特征上的时候,直接比较法会演变成具体评估方法,如现行市价法、市价折扣法、功能价值类比法、价格指数法、成新率价格调整法、市场售价类比法和价值比率法等。

(一)现行市价法

当评估对象本身具有现行市场价格或与评估对象基本相同的参照物具有现行市场价格的时候,可以直接利用评估对象或参照物在评估基准日的现行市场价格作为评估对象的评估价值。例如,可上市流通的股票和债券可按其在评估基准日的收盘价作为评估价值;企业拥有的原材料、备品备件、批量生产的设备、汽车等可按同品牌、同型号、同规格、同厂家、同批量的设备、汽车等的现行市场价格作为评估价值。现行市价法是以成交价格为标准的,在市场交易过程中,有的资产的报价或目录价与实际成交价之间会受交易对象、交易批量等因素的影响存在差异。此外,在运用现行市价法时要注意,评估对象或参照物在评估基准日的现行市场价格要与评估对象的价值内涵相同。

(二)市价折扣法

市价折扣法是以参照物成交价格为基础,综合考虑评估对象在市场上交易活跃程度、销售条件、销售方式等方面的差异,按照评估专业人员的经验或有关部门的规定,设定一个价格折扣率来估算评估对象价值的方法。其计算公式为:

$$资产评估价值 = 参照物成交价格 \times (1 - 价格折扣率) \qquad (4-1)$$

市价折扣法一般只适用于评估对象与参照物之间仅存在交易条件方面差异的情形。

【例4-5】评估某强制变现资产,在评估基准日,与其完全相同的参照物的正常购买价格为10万元。经资产评估师综合分析,认为强制变现的折扣率应为40%。因此,确定该拟强制变现资产的评估价值为6万元。

【答案解析】资产评估价值=10×(1-40%)=6(万元)。

【例4-5】仅用于说明评估方法本身的应用,并不是严格意义上的实践运用。

(三)功能价值类比法

功能价值类比法(亦称类比估价法)是以参照物的成交价格为基础,综合考虑参照物与评估对象之间的功能差异对价值进行调整来估算评估对象价值的方法。资产的功能与其价值之间的关系一般有线性关系和指数关系两种情形。

1. 资产价值与其功能呈线性关系

这种情形下的功能价值类比法通常被称作生产能力比例法。其计算公式为:

$$资产评估价值 = 参照物成交价格 \times \left(\frac{评估对象生产能力}{参照物生产能力}\right) \qquad (4-2)$$

当然,功能价值类比法不仅仅表现在资产的生产能力这一项指标上,评估专业人员还可以通过对参照物与评估对象的其他功能指标的对比,利用参照物成交价格推算出评估对象的价值。

2. 资产价值与其功能呈指数关系

这种情形下的功能价值类比法通常被称作规模经济效益指数法。其计算公式为:

$$资产评估价值 = 参照物成交价格 \times \left(\frac{评估对象生产能力}{参照物生产能力}\right)^x \qquad (4-3)$$

其中，x 为功能价值指数。

【例 4-6】某评估对象的年生产能力为 90 吨，参照资产的年生产能力为 120 吨，评估基准日参照资产的市场价格为 10 万元，由此确定该评估对象的评估价值为 7.5 万元。

【答案解析】资产评估价值 = 10×(90/120) = 7.5(万元)。

【例 4-7】某评估对象年生产能力为 90 吨，参照资产的年生产能力为 120 吨，评估基准日参照资产的市场价格为 10 万元，该类资产的功能价值指数为 0.7，由此确定该评估对象的评估价值为 8.18 万元。

【答案解析】资产评估价值 = 10×$(90/120)^{0.7}$ = 8.18(万元)。

(四) 价格指数法

价格指数法(亦称物价指数法)是基于参照物的成交时间与评估对象的评估基准日之间的时间间隔引起的价格变动对资产价值的影响，以参照物成交价格为基础，利用价格变动指数(或价格指数)调整参照物成交价，从而得到评估对象价值的方法。

1. 资产评估价值 = 参照物成交价格 × (1 + 价格变动指数)

(1) 运用定基价格变动指数修正。如果能够获得参照物和评估对象的定基价格变动指数，价格指数法的公式为：

$$资产评估价值 = 参照物资产交易价格 \times \frac{1 + 评估基准日资产定基价格变动指数}{1 + 参照物交易日资产定基价格变动指数} \quad (4-4)$$

(2) 运用环比价格变动指数修正。如果能够获得参照物和评估对象的环比价格变动指数，价格指数法的公式为：

$$资产评估价值 = 参照物成交价格 \times 参照物交易日至评估基准日各期 \times (1 + 环比价格变动指数) \quad (4-5)$$

2. 资产评估价值 = 参照物成交价格 × 价格指数

(1) 运用定基指数修正。如果能够获得参照物和评估对象的定基价格指数，价格指数法的数学式可以概括为：

$$资产评估价值 = 参照物资产交易价格 \times \frac{评估基准日资产定基价格指数}{参照物交易日资产定基价格指数} \quad (4-6)$$

(2) 运用环比指数修正。如果能够获得参照物和评估对象的环比价格指数，价格指数法的数学式可以概括为：

$$资产评估价值 = 参照物成交价格 \times 参照物交易日至评估基准日各期环比价格指数乘积 \quad (4-7)$$

价格指数法一般只运用于评估对象与参照物之间仅有时间因素存在差异的情形，且时间差异不能过长。

【例 4-8】与评估对象完全相同的参照资产 6 个月前的正常成交价格为 10 万元，半年间该类资产的价格上升了 5%，则评估对象的评估价值为多少？

【答案解析】资产评估价值 = 10×(1+5%) = 10.5(万元)。

【例 4-9】某被评估房地产于 2023 年 6 月 30 日进行评估，该类房地产 2023 年上半年各月月末的价格同 2022 年年底相比，分别上涨了 2.5%、5.7%、6.8%、7.3%、9.6% 和 10.5%。其中，参照房地产在 2023 年 3 月底的正常成交价格为 3 800 元/平方米，则被评估房地产于 2023 年 6 月 30 日的价值为多少？

【答案解析】资产评估价值=3 800×(1+10.5%)/(1+6.8%)=3 932(元/平方米)。

【例 4-10】被评估房地产于 2023 年 6 月 30 日进行评估，该类房地产自 2022 年年底起，价格逐月环比变化，环比指数为 2.5%、1.7%、1.8%、2.3%、1.6%和 1.5%。其中，参照房地产在 2023 年 3 月底的正常成交价格为 3 800 元/平方米，则被评估房地产于 2023 年 6 月 30 日的价值为多少？

【答案解析】资产评估价值=3 800×(1+2.3%)×(1+1.6%)×(1+1.5%)
=4 008.84(元/平方米)。

(五) 成新率价格调整法

成新率价格调整法是以参照物的成交价格为基础，考虑参照物与评估对象新旧程度上的差异，通过调整成新率估算出评估对象的价值。其计算公式为：

$$资产评估价值 = 参照物成交价格 \times \frac{评估对象成新率}{参照物成新率} \quad (4-8)$$

其中，成新率的计算公式为：

$$资产的成新率 = \frac{资产的尚可使用年限}{资产的已使用年限 + 资产的尚可使用年限} \times 100\% \quad (4-9)$$

此方法一般只运用于评估对象与参照物之间仅有成新程度差异的情形。当然，将此方法略加改造，也可以用于计算评估对象与参照物成新程度差异调整率和差异调整值。

(六) 市场售价类比法

市场售价类比法是以参照物的成交价格为基础，考虑参照物与评估对象在功能、市场条件和销售时间等方面的差异，通过对比分析和量化差异，调整估算评估对象价值的一种方法。其计算公式为：

$$资产评估价值 = 参照物售价 + 功能差异值 + 时间差异值 + \cdots + 交易情形差异值 \quad (4-10)$$

或：

$$资产评估价值 = 参照物售价 \times 功能价值修正系数 \times \\ 交易时间修正系数 \times \cdots \times 交易情形修正系数 \quad (4-11)$$

当参照物与评估对象的差异不仅仅体现在某一特征上的时候，上述评估方法，如现行市价法、市价折扣法、功能价值类比法、价格指数法和成新率价格调整法等的运用就可以演变成参照物与评估对象各个特征修正系数的计算，如交易情形修正系数为 $\left(\frac{评估对象交易情形}{参照物交易情形}\right)$，功能价值修正系数为 $\left(\frac{评估对象生产能力}{参照物生产能力}\right)$，交易时间修正系数为 $\left(\frac{评估对象的定基价格指数}{参照物的定基价格指数}\right)$，成新程度修正系数为 $\left(\frac{评估对象成新率}{参照物成新率}\right)$ 等。

(七) 价值比率法

1. 价值比率法定义

价值比率法是指利用参照物的市场交易价格与某一经济参数或经济指标的比率作为乘

数或倍数，乘以评估对象的同一经济参数或经济指标，得到评估对象价值的评估方法。价值比率法中的价值比率种类非常多，按照价值对应的投资口径可以将其分为全投资价值比率和股权投资价值比率；按照指标参数的性质可以将其分为盈利价值比率、收入价值比率和资产价值比率。

盈利价值比率是采用盈利类参数计算的价值比率，如息税前收益价值比率、税后现金流量价值比率和每股收益价值比率（市盈率）等；收入价值比率是采用收入类参数计算的价值比率，如销售收入价值比率和每股收入价值比率（市销率）；资产价值比率是采用资产类参数计算的价值比率，如净资产价值比率（市净率）、总资产价值比率等。此外，还有其他类指标的价值比率，如技术人员价值比率、矿山可开采储量价值比率及仓储容量价值比率等。

2. 价值比率法的应用范围

价值比率法通常被用来评估企业价值。由于企业存在规模、营利能力等方面的差异，一个企业整体与另外一个企业一般不具有可比性。例如，一栋2万平方米的大楼与一栋3万平方米的大楼无法直接比较，要想对比这两栋大楼，只能引入单位价值的概念，即"每平方米的价值"，用这一指标在两栋楼之间建立可比基础。将这种思维引入企业价值评估中，就是我们使用价值比率将被评估企业与可比企业的价值可比基础建立联系。通过对参照物——可比公司的价值比率进行调整，我们可以得到被评估企业的价值比率。

根据所选取的可比参照物的不同，价值比率法分为上市公司比较法和交易案例比较法。上市公司比较法是指获取并分析可比上市公司的经营和财务数据，计算适当的价值比率，在与被评估企业比较分析的基础上，确定被评估企业价值的具体方法。上市公司比较法中的可比企业应当是公开市场上正常交易的上市公司。交易案例比较法是指获取并分析可比企业的买卖、收购及合并案例资料，计算适当的价值比率，在与被评估企业比较分析的基础上，确定被评估企业价值的具体方法。运用交易案例比较法时，应当考虑被评估企业与交易案例的差异因素对价值的影响。

3. 应用价值比率法的注意事项

无论采用上述哪种方法来计算企业价值，都应当对以下关键点进行把握。

首先，可比参照物相关数据信息来源及可靠性。市场法评估主要依赖可比参照物的数据来确定被评估企业的价值。因此，保证可比参照物的数据真实可靠尤为重要。这不仅需要保证数据的真实性，也要保证获得数据的途径是合法、有效的。

其次，可比参照物与可比标准的确定。关于可比参照物与可比标准的确定，主要应关注四方面内容：①分析可比参照物是否可比时，需要考虑企业生产的产品或提供的服务是否相同或相似，或者企业的产品或服务是否都受相同的经济因素影响。②被评估企业与可比企业的规模和获利能力是否相似。这里并不一定要求两者完全相同，但是，由于企业规模与生产能力之间并非呈现完美的线性关系，大多通常存在"规模效应"，所以如果企业规模差异太大，其获利能力可能会失去可比性。因此，在进行参照物和可比标准的确定时，应当选取规模较为相似的企业进行比较。③未来成长性相同或相似。从本质上来说，企业当前的价值来源于其未来的获利能力。成长性差异较大的公司，通常所处的生命周期不同，当前时点的可比性就存在较大差异。所以，评估专业人员在选取可比公司时应将未来成长性纳入考虑范围之内，这有助于提升可比性。④资本结构相同或相似。当采用股权口径指标进行对比分析时，通常会要求参照物的资本结构要相同或相似，否则，被评估企业与参照物之间的股权口径指标可能不具有可比性。

上述四条标准是一般选择参照物的常用可比标准，其中①②③是针对主营业务的可比标准，④是针对股权在全部投资中占比的可比标准。当采用前三条作为可比标准选择参照物时，一般认为是选择参照物与标的企业主营业务可比；增加最后一条可比标准，则被认为是选择股权占比可比。

再次，可比参照物数量选择的把握。从理论上分析，我们所选取的可比参照物应当与被评估企业情形相似。因此，所选取的可比参照物数量并不一定要求多，而是要求具有较高的可比性。选用上市公司作为可比参照物时，得益于数据公开且易得，所以选取更具灵活性，可选择的范围也比较大。在评估实务中，资产评估专业人员要斟酌可比性，设置较为严格的可比标准，选择最为可比的企业或企业组合。但是，如果选用交易案例，则其数据的完整性和可靠性可能会受到限制。因此，如果一个企业极具特殊性，且这种特殊性无法从公开市场中获得，那么，为了避免个别企业数据的特殊性，可以选用更多的交易案例来中和这种特殊性。所以，在运用交易案例比较法时，可以尽量选择多个可比实例。

最后，价值比率的选取。价值比率在可比企业与被评估企业的价值之间建立了一座桥梁，这座桥梁能够更好地反映价值就成为选取价值比率的关键点。通常情形下，评估专业人员需要考虑以下因素：①亏损企业一般不会采用与净利润相关的价值比率；②可比参照物与被评估企业的资本结构存在较大差异时，不宜选择部分投资口径的价值比率，如股权投资口径价值比率；③轻资产企业不宜选择与资产规模相关的价值比率，应当尽量考虑采用与收益类相关的价值比率；④对于成本和利润较为稳定并且资本结构近似的企业，可以采用收益口径的价值比率；⑤可比参照物与被评估企业的税收政策不一致时，偏向于采用与税后收益相关的价值比率，以有效减少由于税收不一致而导致的价值差异性。

4. 价值比率法中具体评估方法

尽管价值比率有很多种类(见表4-1)，但在评估实务中，最常用的有市销率(P/Sales)、市净率(P/BV)和市盈率(P/E)。

表4-1 价值比率类型

分母 \ 分子	权益价值(P)	企业整体价值(EV)
销售收入(Sales)	P/Sales	EV/Sales
息税折旧摊价前利润(EBITDA)		EV/EBITDA
息税前利润(EBIT)	—	EV/EBIT
净利润(E)	P/E	—
净现金流	P/FCFE(对股东的现金流)	EV/FCFF(对公司的现金流)
账面价值	P/BV(账面资产价值)	EV/TBVIC(总投入资本价值)

下面介绍两种简单的价值比率及相应的具体评估方法。

(1)成本市价法。

成本市价法是以评估对象的现行合理成本为基础，利用参照物的成本市价比率来估算评估对象价值的方法。其计算公式为：

$$资产评估价值 = 参照物成交价 \times \frac{评估对象现行合理成本}{参照物现行合理成本} \quad (4-12)$$

(2) 市盈率倍数法。

市盈率倍数法主要适用于企业价值的评估。市盈率倍数法是以参照物(企业)的市盈率作为乘数(倍数),以此乘数与被评估企业相同口径的收益额相乘估算被评估企业价值的方法。其计算公式为:

$$企业评估价值 = 被评估企业相同口径收益额 \times 参照物(企业)市盈率 \quad (4-13)$$

直接比较法具有适用性强、应用广泛的特点。直接比较法比较直观,简单明了,强调参照对象与评估对象之间的可比性。采用直接比较法时,影响评估对象价值的因素较多,如可能同时有时间因素、价格因素、功能因素、交易条件等因素存在。另外,该法对信息资料的数量和质量要求较高,而且要求评估专业人员具备较丰富的评估经验、市场阅历和评估技巧。因为,采用直接比较法时可能要对参照物与评估对象的若干可比因素进行对比分析和差异调整。如果没有足够的数据资料以及对资产功能、市场行情的充分了解和把握,很难准确地评定估算出评估对象的价值。

在上述各种具体评估方法中,许多具体评估方法既适用于直接评估单项资产的价值,也适用于在市场法中估测评估标的与参照物之间某一种差异的调整系数或调整值。在市场经济条件下,单项资产和整体资产都可以作为交易对象进入市场流通,不论是单项资产还是整体资产的交易实例都可以为运用市场法进行资产评估提供可参照的评估依据。当然,上述具体方法只是市场法中一些经常使用的方法,市场法中的具体方法还有许多,在此不赘述。

五、市场法的适用范围与局限

(一)市场法的适用范围

市场法通常被用于评估具有活跃公开市场且具有可比成交案例的资产,比如二手机器设备、房地产以及部分软件著作权等。二手设备市场通常可以成为机器设备评估的重要参照物选取市场;房地产评估则更多地选取其所在区域范围内的类似资产。

市场法被用于评估整体资产价值时,通常是用来评估企业价值,其中最常用的评估方法是价值比率法,即以参照企业的价值比率作为调整手段,将此比率与被评估企业的相关的财务指标(如利润、息税前利润、销售收入)相乘估算被评估企业价值。

(二)市场法的局限

市场法作为目前资产评估的重要方法之一,有其重要的意义和优势。它是相对来说具有客观性的方法,比较容易被交易双方所理解和接受。因而,如果不存在资产的成本和效用以及市场对其价值的认知严重偏离的情形,市场法通常是资产评估三种方法中较为有效、可理解、客观的方法。

在经济较为发达、市场认知较为稳定的国家,市场法的运用较为广泛,它不仅应用于包括设备和房地产在内的单项资产的评估,还被用于企业整体资产评估中。

然而,目前我国市场对诸如企业整体资产价值等的认知和反应仍会受到非理性因素的

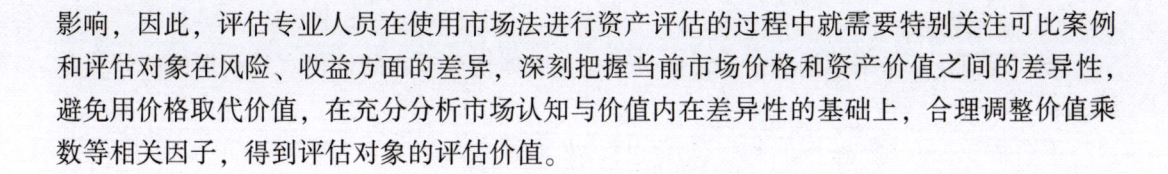

影响，因此，评估专业人员在使用市场法进行资产评估的过程中就需要特别关注可比案例和评估对象在风险、收益方面的差异，深刻把握当前市场价格和资产价值之间的差异性，避免用价格取代价值，在充分分析市场认知与价值内在差异性的基础上，合理调整价值乘数等相关因子，得到评估对象的评估价值。

第二节 收益法

一、货币时间价值及收益法的概念

(一)货币时间价值

收益法是货币时间价值理论的重要应用之一。货币时间价值，是指一定量的货币资本在不同时点上的价值量差额。货币的时间价值来源于货币进入社会再生产过程后的价值增值，通常情况下，它是指没有风险也没有通货膨胀情况下的社会平均资金利润率，是利润平均化规律发生作用的结果。根据货币时间价值理论，可以将某一时点的货币价值金额折算为其他时点的价值金额。

货币时间价值通常分为终值与现值。终值和现值是一定量货币在前后两个不同时点上对应的价值。终值是现在一定量的货币折算到未来某一时点的本利和，通常记作 F。现值是指未来某一时点上一定量的货币折算到现在所对应的金额，通常记作 P。现实生活中计算利息时所称的本金和本利和相当于货币时间价值理论中的现值和终值，利率(用 r 表示)可视为货币时间价值的一种具体表现，终值和现值对应的时点之间可以划分为 n 期($n \geq 1$)，相当于计息期。

单利和复利是计算利息的两种不同方式。单利是指按照固定的本金计算利息，按照单利计算的方式，只有本金在贷款期限中获得利息，不管时间多长，所生利息均不加入本金重复计算利息。复利则是除了对本金计算利息，还对前期所产生的利息也计算利息的一种计息方式。

根据理性经济人假设，人们通常会用赚取的收益进行再投资，企业的资金使用也是如此。因此，财务估值中一般按照复利方式计算货币的时间价值。

一般情况下，根据收付金额、收付时点、收付期限的不同，可以分为复利终值和现值、普通年金终值和现值、预付年金终值和现值、递延年金终值和现值、永续年金现值等几种类型。后边几种类型实则为复利终值和现值的衍生类型。

1. 复利终值和现值

复利计息方法是指每经过一个计息期，就要将该期所派生的利息加入本金再计算利息，逐期滚动计算利息，俗称"利滚利"。这里所说的计息期，是指相邻两次计息的间隔，如年、月、日等。除非特别说明，计息期一般为一年。

(1)复利终值。

复利终值指一定量的货币按复利计算若干期后的本利总和。复利终值的计算公式为：

$$F = P(1+r)^n \tag{4-14}$$

其中，$(1+r)^n$ 为复利终值系数，一般记作 $(F/P, r, n)$。

(2)复利现值。

复利现值是指未来某期的一定量的货币按复利体现至现在的价值。复利现值的计算公式为：

$$p = \frac{F}{(1+r)^n} \tag{4-15}$$

其中，$\frac{1}{(1+r)^n}$ 为复利现值系数，一般记作 $(P/F, r, n)$。

2. 年金终值和年金现值

年金是指间隔期相等的系列等额收付款，包括普通年金（后付年金）、预付年金（先付年金）、递延年金、永续年金。普通年金是年金最基本的形式，它是指从第一期起，在一定时期内每期期末等额收付的系列款项，又称为后付年金。预付年金是指从第一期起，在一定时期内每期期初等额收付的系列款项，又称先付年金。预付年金与普通年金的区别仅在于收付款时间的不同，普通年金发生在期末，而预付年金发生在期初。递延年金是指隔若干期后才开始发生的系列等额收付款项。永续年金是指无限期收付的年金，即一系列没有到期日的现金流。在年金中，系列等额收付的间隔期间只需要满足"相等"的条件即可，间隔期间可以不是一年，例如每季末等额支付的债务利息也是年金。

(1)年金终值。

①普通年金终值。

普通年金终值是指普通年金最后一次收付时点的本利和，它是每次收付款项的复利终值之和。普通年金终值的计算实际上就是已知年金 A，求终值 F_A。

根据复利终值的计算方法，年金终值的计算公式为：

$$F_A = A \sum_{i=1}^{n}(1+r)^{i-1} = A \frac{(1+r)^n - 1}{r} \tag{4-16}$$

其中，$\frac{(1+r)^n - 1}{r}$ 称为年金终值系数，记作 $(F/A, r, n)$。

②预付年金终值。

预付年金终值是指一定时期内每期期初等额收付的系列款项的终值。预付年金终值的计算公式为：

$$F_A = A(1+r)\sum_{i=1}^{n}(1+r)^{i-1} = A\frac{(1+r)^n - 1}{r}(1+r) \tag{4-17}$$

(2)年金现值。

①普通年金现值。

普通年金现值是指普通年金折算到第一期期初的现值之和。根据复利现值的计算方法，年金现值的计算公式为：

$$P_A = A \sum_{i=1}^{n} \frac{1}{(1+r)^i} = A\frac{1-(1+r)^{-n}}{r} \tag{4-18}$$

其中，$\frac{1-(1+r)^{-n}}{r}$ 称为年金现值系数，记作 $(P/A, r, n)$。

②预付年金现值。

预付年金现值是指将预付年金折算到第一期期初的现值之和。预付年金现值的计算公式为：

$$P_A = A\frac{1-(1+r)^{-n}}{r}(1+r) \tag{4-19}$$

③递延年金现值。

递延年金现值是指对递延年金按照复利计息方式折算的现时价值。递延年金现值的计算方法有三种。

计算方法一：先将递延年金视为 n 期普通年金，求出递延期期末的普通年金现值，然后再折算到现在，即第 0 期价值，计算公式为：

$$P_A = A(P/A, r, n)(P/F, r, m) \tag{4-20}$$

其中，m 为递延期，n 为连续收支期数，即年金期。

计算方法二：先计算 $m+n$ 期年金现值，再减去 m 期年金现值，计算公式为：

$$P_A = A[(P/A, r, m+n) - (P/A, r, m)] \tag{4-21}$$

计算方法三：先求递延年金终值，再折现为现值，计算公式为：

$$P_A = A(F/A, r, n)(P/F, r, m+n) \tag{4-22}$$

④永续年金现值。

永续年金现值可以看成是一个 n 为无穷大时的普通年金的现值，永续年金现值计算公式为：

$$P_A(n \to \infty) = A\frac{1-(1+r)^{-n}}{r} = \frac{A}{r} \tag{4-23}$$

(3) 年偿债基金的计算。

年偿债基金是指为了在约定的未来某一时点清偿某笔债务或积累一定数额的资金而必须分次等额形成的存款准备金，也就是使年金终值达到既定金额的年金数额（即已知终值 F，求年金 A）。在普通年金终值公式中解出 A，这个 A 就是年偿债基金，其计算公式为：

$$A = F_A\frac{r}{(1+r)^n - 1} \tag{4-24}$$

其中，$\dfrac{r}{(1+r)^n - 1}$ 称为偿债基金系数，记作 $(A/F, r, n)$。

(4) 年资本回收额的计算。

年资本回收额是指在约定年限内每期等额回收初始投入资本的金额。年资本回收额的计算实际上是已知普通年金现值 P，求年金 A，其计算公式为：

$$A = P_A\frac{r}{1-(1+r)^{-n}} \tag{4-25}$$

其中，$\dfrac{r}{1-(1+r)^{-n}}$ 称为资本回收系数，记作 $(A/P, r, n)$。

3. 利率的计算

(1) 插值法。

在已知现值和终值的情况下，如何计算利率？我们知道，在复利计息方式下，利率与现值（或者终值）系数之间存在一定的数量关系，如果已知现值（或者终值）系数，则可以通过插值法计算对应的利率，其计算公式为：

$$r = r_1 + \frac{B - B_1}{B_2 - B_1}(r_2 - r_1) \tag{4-26}$$

其中,所求利率为 r,r 对应的现值/终值系数为 B,B_1、B_2 为现值/终值系数表中与 B 相邻的系数,r_1、r_2 为 B_1、B_2 对应的利率。

①若已知复利现值(或者终值)系数 B 以及期数 n,可以查"复利现值(或者终值)系数表",找出与已知复利现值(或者终值)系数最接近的两个系数及其对应的利率,按插值法公式计算利率。

②若已知年金现值(或者终值系数)以及期数 n,可以查"年金现值(或者终值)系数表",找出与已知年金现值(或者终值)系数最接近的两个系数及其对应的利率,按插值法公式计算利率。

③永续年金的利率可以通过公式 $r = \dfrac{A}{P}$ 计算。

(2)名义利率与实际利率。

名义利率是指票面利率,实际利率是指投资者得到利息回报的真实利率。

①一年多次计息时的名义利率和实际利率。

如果以"年"作为基本计息期,每年计算一次复利,这种情况下的实际利率等于名义利率。如果按照短于一年的计息期计算复利,这种情况下的实际利率高于名义利率。名义利率与实际利率的换算关系为:

$$i = \left(1 + \frac{r}{m}\right)^m - 1 \tag{4-27}$$

其中,i 为实际利率,r 为名义利率,m 为每年复利计息次数。

②通货膨胀情况下的名义利率与实际利率。

名义利率是央行或其他提供资金借贷的机构所公布的未调整通货膨胀因素的利率,即利息(报酬)的货币额与本金的货币额的比率,是包括补偿通货膨胀(或通货紧缩)风险的利率。实际利率是指剔除通货膨胀率后储户或投资者得到利息回报的真实利率。

名义利率与实际利率之间的关系为:

1 + 名义利率 = (1 + 实际利率) × (1 + 通货膨胀率)

因此,实际利率的计算公式为:

$$实际利率 = \frac{1 + 名义利率}{1 + 通货膨胀率} - 1 \tag{4-28}$$

(二)收益法的概念及基本理论公式

收益法是指通过将评估对象收益资本化或者折现,来确定其价值的各种评估方法的总称,用数学式可表示为:

$$P = \sum_{i=1}^{n} \frac{R_i}{\prod_{i=1}^{n}(1 + r_i)} \tag{4-29}$$

其中,P——评估价值;

R_i——未来第 i 年的预期收益;

r_i——第 i 年的折现率;

n——收益年限;

i ——年序号。

当各年的折现率相等，均为 r 时，上述公式可表示为：

$$P = \sum_{i=1}^{n} \frac{R_i}{(1+r)^i} \tag{4-30}$$

该评估技术思路认为，任何一个理智的投资者在购置或投资某一资产时，所愿意支付或投资的货币数额不会高于所购置或投资的资产在未来能给其带来的回报，即收益额。收益法是利用投资回报和收益折现等技术手段，把评估对象的预期获利能力和获利风险作为两个相辅相成的关键指标来估测评估对象的价值。

企业价值收益法评估的基本理论公式来源于研究股票市场的投资。假定投资者要进行一项股票投资，年初投资额为 P_0，年末时该股票价格变为 P_1，投资者年末变现该投资，同时在本年内，该股票投资获得分红收益 DIV_1，则年末盘点该投资时，投资者得到的投资回报率为：

$$r_1 = \frac{P_1 - P_0 + \mathrm{DIV}_1}{P_0} \tag{4-31}$$

其中，r_1 就是投资者在本年投资 P_0 的投资回报率。也就是说，如果知道年初、年末股票价格以及年内分红，可以计算得到投资回报率 r_1。

通过数学推导，我们可以将 r_1 等式变换为：

$$P_0 = \frac{\mathrm{DIV}_1}{1+r_1} + \frac{P_1}{1+r_1} \tag{4-32}$$

如果我们事先知道投资者期望的投资回报率为 r，以及年末股票的价格和年内的分红收益，则可以估算出投资者年初可以接受的股票投资的价值。上述价值实际就等于该投资年末价值除以 $(1+r_1)$ 与本年分红收益除以 $(1+r_1)$ 两个部分之和。我们通常把本年分红和年末价值除以 $(1+r_1)$ 的过程称为折现，因此，r_1 也就是所谓的折现率。

如果该投资者第一年年末没有将该投资变现，而是继续持有该投资，则第二年年末股票价格变为 P_2，第二年获得分红收益 DIV_2，则第二年的投资回报率 r_2 为：

$$r_2 = \frac{P_2 - P_1 + \mathrm{DIV}_2}{P_1} \tag{4-33}$$

我们同样可以将 r_2 等式变换为：

$$P_1 = \frac{\mathrm{DIV}_2}{1+r_2} + \frac{P_2}{1+r_2} \tag{4-34}$$

将式 4-34 代入式 4-32 中，则可以得到：

$$P_0 = \frac{\mathrm{DIV}_1}{1+r_1} + \frac{\mathrm{DIV}_2}{(1+r_1)(1+r_2)} + \frac{P_2}{(1+r_1)(1+r_2)} \tag{4-35}$$

如果该投资者是一个"长线"投资者，长期持有该投资，则第 n 年后，我们可以得到：

$$P_0 = \frac{\mathrm{DIV}_1}{1+r_1} + \frac{\mathrm{DIV}_2}{(1+r_1)(1+r_2)} + \frac{\mathrm{DIV}_3}{(1+r_1)(1+r_2)(1+r_3)} + \cdots + \\ \frac{\mathrm{DIV}_n}{(1+r_1)(1+r_2)\cdots(1+r_n)} + \frac{P_n}{(1+r_1)(1+r_2)\cdots(1+r_n)} \tag{4-36}$$

如果被投资公司每年的投资回报率 $r_i(i=1, 2, \cdots, n)$ 全部相等为 r，即 $r_1 = r_2 = $

$r_3 = \cdots r_n = r$

我们可以得到：

$$P_0 = \frac{\text{DIV}_1}{1+r} + \frac{\text{DIV}_2}{(1+r)^2} + \frac{\text{DIV}_3}{(1+r)^3} + \cdots + \frac{\text{DIV}_n}{(1+r)^n} + \frac{P_n}{(1+r)^n} \quad (4-37)$$

式 4-37 是以一家上市公司股票投资为例，推导得到的期初投资价值的计算公式，该公式也适用于一个企业少数股东权益投资的收益计算。

如果投资者的投资是对整个公司进行收购，也就是体现全投资的权益，则期初的投资 P_0 将变为 V_0，每年的分红就应该变为被投资企业每年可以获得的全投资自由现金流 FCFF_i（Free Cash Flow for the Firm），第 n 年年末股票投资价值 P_n 将变为企业整体价值 V_n。即：

$$V_0 = \frac{\text{FCFF}_1}{1+R} + \frac{\text{FCFF}_2}{(1+R)^2} + \frac{\text{FCFF}_3}{(1+R)^3} + \cdots + \frac{\text{FCFF}_n}{(1+R)^n} + \frac{V_n}{(1+R)^n} \quad (4-38)$$

式 4-38 的含义是企业的期初投资的价值，等于该投资持续期间每年可以获得的经营现金流的现值之和再加上期末该投资价值的现值。

从上述含义中我们可以得知，P_0 等式和 V_0 等式实际上就是采用收益法评估企业价值的基本理论公式。

V_0 等式中，被投资企业的经营现金流 FCFF_i 的计算公式为：

FCFF_i =营业收入-营业成本-期间费用-所得税+债权利息（1-所得税率 T）+
　　　折旧/摊销-营运资金的增加-资本性支出

　　　=利润总额（1-所得税率 T）+债权利息（1-所得税率 T）+折旧/摊销-
　　　营运资金的增加-资本性支出 　　　　　　　　　　　　　　　　　　　(4-39)

折现率替换为 R_i，可得到计算公式：

$$R_i = \frac{\text{FCFF}_i + V_i - V_{i-1}}{V_{i-1}} \quad (i = 1, 2, \cdots, n) \quad (4-40)$$

根据评估对象的预期收益来评估其价值容易被资产评估业务各方所接受，所以收益法是资产评估中常用的评估方法之一。

二、收益法的应用前提

收益法涉及三个基本要素：①评估对象的预期收益；②折现率或资本化率；③评估对象取得预期收益的持续时间。因此，能否清晰地把握上述三要素就成为能否运用收益法的应用前提。从这个意义上来讲，应用收益法必须具备的前提条件是：①评估对象的未来收益可以合理预期并用货币计量；②预期收益所对应的风险能够度量；③收益期限能够确定或者合理预期。

上述前提条件表明，首先，评估对象的预期收益必须能被较为合理地估测。这就要求评估对象与其经营收益之间存在着可预测的关系。同时，影响资产预期收益的主要因素、主观因素和客观因素应比较明确，评估专业人员可以据此分析和测算出评估对象的预期收益。其次，评估对象所具有的行业风险、地区风险及企业风险是可以比较和测算的，这是测算折现率或资本化率的基本参数之一。评估对象所处的行业、地区和企业本身的差别都会不同程度地体现在资产拥有者的获利风险上。对于投资者来说，风险大的投资，要求的回报率高；投资风险小，其回报率也可能会相应降低。最后，评估对象获利期限的长短，即评估对象的寿命,也是影响其价值和评估值的重要因素之一。

【例 4-11】关于收益法的应用前提,下列表述错误的是(　　)。
A. 要求归属评估对象的预期收益能够较为合理地估测
B. 要求以年股票分红作为整体企业评估中的预期收益
C. 要求评估对象所具有的行业风险、地区风险及企业风险是可以比较和测算的
D. 要求收益期限能够确定或者合理预期

【正确答案】B

【答案解析】如果投资者的投资是对整个公司进行收购,也就是体现全投资的权益,则期初的投资 P_0 将变为 V_0,每年的分红就应该变为被投资企业每年可以获得的全投资自由现金流 $FCFF_i$,则第 n 年年末股票投资价值 P_n 将变为企业整体价值 V_n。

三、收益法的基本步骤和主要参数

(一)收益法的基本步骤

从收益法的概念可以看出,资产未来的预期收益和风险的量化是应用收益法时要完成的主要工作。采用收益法进行评估时,其基本步骤如下。

(1)收集或验证与评估对象未来预期收益有关的数据资料。

这些资料包括资产配置、生产能力、资金条件、经营前景、产品结构、销售状况、历史和未来的财务状况、市场形势与产品竞争、行业水平、所在地区收益状况以及经营风险等。

(2)分析测算评估对象的未来预期收益。

(3)分析测算评估对象预期收益持续的时间。

(4)分析测算折现率或资本化率。

(5)用折现率或资本化率将评估对象的未来预期收益折算成现值。

(6)分析确定评估结果。

(二)收益法的主要参数

运用收益法进行评估时会涉及许多经济技术参数,其中最主要的参数有三个:收益额、折现率和收益期限。

1. 收益额

(1)收益额定义。

收益额是运用收益法评估资产价值的主要参数之一。在资产评估中,资产的收益额是指根据投资回报的原理,资产在正常情形下所能得到的归其产权主体所有的所得额。资产评估中的收益额有两个比较明确的特点:一是收益额是资产的未来预期收益额,而不是资产的历史收益额或现实收益额;二是用于资产评估的收益额通常是资产的客观收益,而不一定是个别拥有者使用资产实际获得的收益。前述的"客观收益"是资产在正常条件下能够获得的收益,可以通过对资产实际获得的收益进行调整,剔除特殊、偶然等因素影响的数额得到。

收益额的两个特点是非常重要的,评估专业人员应在执业过程中切实注意收益额的特点,以便合理运用收益法来评估资产的价值。资产种类较多,不同种类资产的收益额表现

形式亦不完全相同，如企业的收益额通常表现为净利润或净现金流量，而房地产则通常表现为出租性房地产的净运营收益或者自营房地产归属于房地产所有者的净收益等。

(2) 收益额计量口径。

一般来说，资产预期收益有三种可以选择的计量口径指标：销售收入口径、现金流口径、利润口径。根据投资口径，现金流可以再区分为全投资口径和股权投资口径。按照是否扣除所得税，现金流和利润还可以进一步划分为税前口径和税后口径。

①销售收入口径。

销售收入口径指标只有一个，就是销售收入。

②现金流口径。

a) 全投资口径的现金流指标包括税前企业现金流和税后企业现金流。

税前企业现金流：息税前利润(EBIT)+折旧/摊销-资本性支出-营运资金增加。

税后企业现金流：息税前利润(EBIT)(1-所得税率(T))+折旧/摊销-资本性支出-营运资金增加。

b) 股权口径的现金流指标包括税前股权现金流和税后股权现金流。

税前股权现金流：利润总额+折旧/摊销-资本性支出-营运资金增加-付息负债本金减少。

税后股权现金流：净利润+折旧/摊销-资本性支出-营运资金增加-付息负债本金减少。

股权现金流，也可称为权益现金流。

③利润口径。

净利润与净现金流量都属于税后收益，两者之间的关系可以简单表述为：

净现金流量=净利润+折旧/摊销-追加投资(包含资本性支出和营运资金追加投资)

从资产评估的角度看，净现金流量更适宜作为预期收益指标，其与净利润相比有两点优势。

第一，净现金流量能够更准确地反映资产的预期收益。净现金流量包含了计算净利润时扣除的折旧或摊销等非现金性支出，反映了企业当期可自由支配的实际现金净流量。折旧和摊销是会计方面对企业已发生资本性支出的回收安排，被作为非付现项且归集在企业的成本费用之中，但被其抵减的收入实际已归属企业，并成为企业可自主动用的资金，所以将其作为企业预期收益的一部分具有其合理性。

第二，净现金流量依据现金流入、流出的实际时间进行归集计算，所以更能体现资金时间价值的影响。净现金流量是动态指标，它不仅是对资金流入和流出数量的描述，而且与其发生的时间有密切关系。而净利润由于通常按照权责发生制归集计算，没有考虑现金流入、流出的时间差异，所以它并不一定能体现未来某个时点可被资产持有者支配的现金流量。由于收益法是通过将资产未来某个时点的收益折算为现值来估算资产的价值，所以用净现金流量来表示收益进行折现得到的结果更为准确，更能体现资金时间价值的影响。

预测资产未来收益的方法很多，但主要有两种，即时间序列法和因素分析法。

时间序列法是建立资产以往收益的时间序列方程，然后假定该时间序列将会持续。时间序列方程是根据历史数据，用回归分析的统计方法获得的。如果在评估基准日之前，资产的收益随着时间的推移呈现平稳增长趋势，同时预计在评估基准日之后这一增长趋势仍将保持，则适合采用时间序列方法来预测资产的未来收益。

因素分析法是一种间接预测收益的方法。它首先确定影响一项资产收入和支出的具体因素；然后建立收益与这些因素之间的数量关系，如销售收入增长1%对收益水平的影响等；同时对这些因素未来可能的变动趋势进行预测；最后估算出基于这些因素的未来收益水平。这种间接预测收益的方法要求对收入和支出背后的原因作深入分析，会较难操作，但它的适用面比较广，预测结果也具有一定的客观性，所以在收益预测中被广泛采用。

【例4-12】 关于运用收益法所涉及的收益额参数，下列表述正确的是(　　)。

A. 收益额是资产的历史收益额

B. 收益额可以资产在正常条件下能够获得的收益，并剔除特殊、偶然等因素影响的数额得到

C. 收益额难以通过对资产实际获得的收益进行调整得到

D. 收益额的三种计量口径为销售收入口径、现金流口径、利润口径

【正确答案】 D

【答案解析】 资产评估中的收益额有两个比较明确的特点：①收益额是资产未来的预期收益额，而不是资产的历史收益额或现实收益额；②用于资产评估的收益额通常是资产的客观收益，而不一定是个别拥有者使用资产实际获得的收益。前述的"客观收益"是资产在正常条件下能够获得的收益，也可以通过对资产实际获得的收益进行调整，剔除特殊、偶然等因素影响的数额得到。

2. 折现率

从收益法基本理论公式的推导过程中，我们可以得到折现率的定义公式：

$$r_i = \frac{P_i - P_{i-1} + \text{DIV}_i}{P_{i-1}} \tag{4-41}$$

$$或\ R_i = \frac{V_i - V_{i-1} + \text{FCFF}_i}{V_{i-1}} \tag{4-42}$$

折现率定义的回报是每年经营获得的股息回报(DIV)或企业自由现金流(FCFF)和当期股权资本的变动额($P_i - P_{i-1}$)或当期企业权益资本与债务资本合计的变动额($V_i - V_{i-1}$)综合作用的结果，$P_i - P_{i-1}$ 或 $V_i - V_{i-1}$，可以认为是投资本金的变动，因此，折现率的计算方法是每年经营和投资资本变动的收益除以年初投资金额。

因此，从本质上讲，折现率是一种投资回报率，是投资者在投资风险一定的情形下，对投资所期望的回报率。就其构成而言，折现率是由无风险报酬率和风险报酬率组成的。无风险报酬率，亦称安全利率，是指没有投资限制和障碍，任何投资者都可以投资并能够获得的投资报酬率。在具体实践中，通常将政府债券收益率当作没有风险的报酬率，所以，无风险报酬率可以参照同期政府债券收益率。风险报酬率是对风险投资的一种补偿，在数量上指超过无风险报酬率之上的那部分投资回报率。在资产评估中，因资产的行业分布、种类、市场条件等的不同，其获取回报的风险不同，折现率亦不相同。

在收益法中，折现率的确定十分关键，从折现率原始定义公式出发估算折现率比较困难，因此，研究人员经过研究，总结出一些折现率的计算公式或计算方法。目前，评估界常用的估算折现率的方法有加和法、资本资产定价模型、加权平均资本成本法等。

(1) 加和法。

加和法，也称累加法，加和法是以折现率包含无风险报酬率与风险报酬率两部分为计

算基础，通过分别求取每一部分的数值，然后相加得到折现率。

无风险报酬率通常采用政府债券收益率。实务中一般采用与评估对象的预期收益期间相匹配的政府债券的到期收益率。对于长期经营的企业，无风险报酬率一般采用中长期国债的到期收益率；对于经营期限比较短的项目公司，无风险报酬率则采用与其经营期限相匹配的国债的到期收益率。

折现率的风险报酬率溢价部分反映两种风险：一是资产投资市场风险，二是与特定的评估对象或企业相联系的风险。

风险报酬率溢价的量化是相当困难的，且对于每一个潜在的投资者而言都有所不同。在评估实践中，确定风险报酬率的方法有多种，需根据评估对象的具体状况选择。

(2)资本资产定价模型。

资本资产定价模型(Capital Asset Pricing Model，CAPM)是通过系数来量化折现率中的风险报酬率部分的常用方法。其计算公式为：

$$R = R_f + \beta(R_m - R_f) + R_s \tag{4-43}$$

其中，R——股权投资的投资报酬率；

R_m——市场平均收益率；

R_f——无风险报酬率；

β——风险系数；

R_s——企业特有风险调整系数。

式4-43中，无风险报酬率是投资无风险资产所获得的投资回报率。无风险是指没有违约风险，这一条件通常在一个国力雄厚的主权国家，只有中央政府信用才能保证，如国债资产，但是，国债资产也会承受市场利率波动风险。市场利率波动风险是指在国债投资的持续期内，国家宏观进行的银行借贷利率调控的风险，因此，这个风险的大小根据国债剩余年限计量，剩余年限长，市场利率风险高；反之则风险小。为了使市场利率波动风险可比，一般应该选择剩余年限与标的资产投资期相匹配的国债。在我国企业价值评估实务中，无风险收益率数值通常取我国中长期国债的到期收益率的平均值。

$(R_m - R_f)$表示市场平均风险报酬率，又称系统性市场风险报酬率，它的本质是进行股权投资预期获得的超过无风险报酬率的收益率溢价。

β系数的计算过程则较为复杂。目前，国外有专门的机构根据上市公司的经营状况和市场表现编制行业和公司的β系数，国内也出现了专门的财经咨询服务机构，针对国内证券市场及上市公司，提供公司的β系数。由此可见，β系数法适用于股权被频繁交易的上市公司的评估。对于非上市公司来说，可以参照上市公司中情形相似的公司的系数来确定自己的β系数，或者先确定公司所在的行业的β系数，再计算行业风险报酬率。

β系数是通过对单只股票价格变动和大盘变动的历史数据统计分析得出的，是股票与大盘之间的联动性的体现。它所反映的是某一只股票的股价变动相对于大盘的表现情形，体现其收益变化幅度相对于大盘的变化幅度。绝对值越小，表示其变化幅度相对于大盘越小；如果是负值，则表示其变化的方向与大盘的变化方向相反，表明该只股票的投资风险与大盘变动呈负相关性。

具体来说，如果β系数为1，则说明当大盘整体上涨10%时，该只股票的报酬率上涨10%；如果β系数为1.1，则说明市场整体上涨10%时，该只股票上涨11%；如果β系数为0.8，则市场整体变动10%时，则该只股票同向变动8%。

实际操作中，一般用单只股票资产的历史收益率对同期大盘指数收益率进行回归，回归系数就是 β 系数。

需要指出的是，尽管当前实务中多采用单只股票历史数据得出 β 系数，但作为未来预期收益的折现率计算指标之一，它所反映的应当是未来的变动情形。因此，不应当简单地直接使用历史 β 系数，而应该在充分分析被评估企业当前及未来发展状况的情形下，将其历史的 β 系数调整为能够反映未来情形的值，从而更为贴切地反映未来收益风险的变化。

企业特定风险调整系数 R_s，一般在计算非上市的被评估企业折现率时采用，是衡量被评估企业与可比上市公司风险差异的一个指标。可比上市公司的 β 系数一般都可以计算，但作为非上市公司的被评估企业只能参照可比上市公司的 β 系数进行推算。与可比上市公司相比，被评估企业的特定风险因素主要包括企业的规模、所处的经营阶段、主要产品所处的发展阶段、经营的业务或产品的种类及区域、历史经营状况、内部管理状况、主要客户及供应商等。如果被评估企业与可比上市公司的这些差异没有在计算被评估企业 β 系数时得到适当考虑，实务中一般会通过单独估计 R_s 参数进行调整。

（3）加权平均资本成本法。

加权平均资本成本法是以企业的各种资本在企业全部资本中所占的比重为权数，对投入企业的权益资本和付息债务资金的资本成本加权平均计算出来的资本总成本。

当我们从付息负债和所有者权益两个方面来认识资产，付息负债和所有者权益所表现出的利息率和投资收益率必然影响折现率的计算。对于这一问题，我们可以采用加权平均法来处理，其计算公式为：

折现率=付息负债占企业整体权益的比重×付息负债利息率×(1-所得税率)+所有者权益占企业整体权益的比重×所有者权益投资报酬率

其中，投资报酬率=无风险报酬率+风险报酬率，在企业价值评估中一般使用股权资本报酬率，可以采用资本资产定价模型（CAPM）等进行计算。

【例4-13】下列关于资本资产定价模型中 β 系数的说法，正确的是（   ）。

A. 如果 $\beta=1$，则说明大盘整体下降10%时，该只股票的报酬率保持不变

B. 如果 $\beta=1.1$，则说明大盘整体上涨11%时，该只股票的报酬率上涨11%

C. 如果 $\beta=0.9$，则说明大盘整体上涨10%时，该只股票的报酬率下降9%

D. 如果 $\beta=-1.2$，则说明大盘整体上涨10%时，该只股票的报酬率下降12%

【正确答案】D

【答案解析】如果 β 系数为1，则说明当大盘整体上涨10%时，该只股票的报酬率上涨10%，故A项错误；如果 β 系数为1.1，则说明市场整体上涨10%时，该只股票上涨11%，故B项错误；如果 β 系数为0.9，则市场整体变动10%时，该只股票同向变动9%，故C项错误。

3. 收益期限

收益期限是指资产具有获利能力并产生资产净收益的持续时间。收益期限通常以年为时间单位。它由评估专业人员根据评估对象自身效能、资产未来的获利能力、资产损耗情形及相关条件，以及有关法律、法规、契约、合同等加以确定。收益期分为有限期和无限期（永续）。

如无特殊情形，资产使用比较正常且没有对资产的使用年限进行限定，或者这种限定是可以解除的，并可以通过延续方式永续使用，则可假定收益期为无限期。如果资产的收益期限受到法律、合同等规定的限制，则应以法律或合同规定的年限作为收益期。例如，在对中外合资经营企业进行评估确定其收益期时，应以中外合资双方共同签订的合同中规定的期限作为企业整体资产收益期。资产没有规定收益期限的，也可按其正常的经济寿命确定收益期，即资产能够给其拥有者带来最大收益的年限。当继续持有资产对拥有者不再有利时，从经济上讲，该资产的寿命也就结束了。

四、收益法中的主要技术方法

收益法中的具体方法可以分为若干类：①针对评估对象未来预期收益有无限期的情形划分，可分为有限期和无限期的评估方法；②针对评估对象预期收益额的情形划分，又可分为等额收益评估方法、非等额收益评估方法等。下面我们先对这些具体方法中所用的字符含义作统一定义。

P ——评估值；

i ——年序号；

P_n ——未来第 n 年的预计变现值；

R_i ——未来第 i 年的预期收益；

r ——折现率或资本化率；

n ——收益年期；

t ——收益年期；

A ——年金。

（一）净收益不变

1. 收益永续、各因素不变

在收益永续、各因素不变的条件下，其计算公式为：

$$P = \frac{A}{r} \tag{4-44}$$

其成立条件是：①净收益每年不变；②资本化率固定且大于0；③收益年期无限。

2. 收益年期有限，折现率大于0

在收益年期有限，折现率大于0的条件下，其计算公式为：

$$P = \frac{A}{r}\left[1 - \frac{1}{(1+r)^n}\right] \tag{4-45}$$

这是一个在评估实务中经常运用的计算公式。其成立条件是：①净收益每年不变；②折现率固定且大于0；③收益年期有限为 n。

3. 收益年期有限，折现率等于0

在收益年期有限，折现率等于0的条件下，其计算公式为：

$$P = A \times n \tag{4-46}$$

其成立条件是：①净收益每年不变；②收益年期有限为 n；③折现率为0。

(二)净收益在若干年后保持不变

1. 无限年期收益

在无限年期收益的条件下,其基本公式为:

$$P = \sum_{i=1}^{t} \frac{R_i}{(1+r)^i} + \frac{A}{r(1+r)^t} \quad (4-47)$$

其成立条件是:①净收益在 t 年(含第 t 年)以前有变化;②净收益在 t 年(不含第 t 年)以后保持不变;③收益年期无限;④r 大于 0。

2. 有限年期收益

在有限年期收益的条件下,其计算公式为:

$$P = \sum_{i=1}^{t} \frac{R_i}{(1+r)^i} + \frac{A}{r(1+r)^t}\left[1 - \frac{1}{(1+r)^{n-t}}\right] \quad (4-48)$$

其成立条件是:①净收益在 t 年(含第 t 年)以前有变化;②净收益在 t 年(不含第 t 年)以后保持不变;③收益年期有限为 n;④r 大于 0。

这里需要注意的是,净收益 A 的收益年期是 $(n-t)$ 而不是 n。

(三)净收益按等差级数变化

1. 净收益按等差级数递增,收益年期无限

在净收益按等差级数递增,收益年期无限的条件下,其计算公式为:

$$P = \frac{A}{r} + \frac{B}{r^2} \quad (4-49)$$

其成立条件是:①净收益按等差级数递增;②净收益逐年递增额为 B;③收益年期无限;④r 大于 0。

2. 净收益按等差级数递增,收益年期有限

在净收益按等差级数递增,收益年期有限的条件下,其计算公式为:

$$P = \left(\frac{A}{r} + \frac{B}{r^2}\right)\left[1 - \frac{1}{(1+r)^n}\right] - \frac{B}{r} \times \frac{n}{(1+r)^n} \quad (4-50)$$

其成立条件是:①净收益按等差级数递增;②净收益逐年递增额为 B;③收益年期有限为 n;④r 大于 0。

3. 净收益按等差级数递减,收益年期无限

在净收益按等差级数递减,收益年期无限的条件下,其计算公式为:

$$P = \frac{A}{r} - \frac{B}{r^2} \quad (4-51)$$

其成立条件是:①净收益按等差级数递减;②净收益逐年递减额为 B;③收益年期无限;④r 大于 0;⑤收益递减到 0 为止(注:该数学计算公式是成立的,但完全套用于资产评估是不合适的。因为资产产权主体会根据替代原则,在资产收益递减为 0 之前停止使用该资产或变现资产,不会无限制地永续使用下去)。

4. 净收益按等差级数递减,收益年期有限

在净收益按等差级数递减,收益年期有限的条件下,其计算公式为:

$$P = \left(\frac{A}{r} - \frac{B}{r^2}\right)\left[1 - \frac{1}{(1+r)^n}\right] + \frac{B}{r} \times \frac{n}{(1+r)^n} \tag{4-52}$$

其成立条件是：①净收益按等差级数递减；②净收益逐年递减额为 B；③收益年期有限为 n；④r 大于 0。

（四）净收益按等比级数变化

1. 净收益按等比级数递增，收益年期无限

在净收益按等比级数递增，收益年期无限的条件下，其计算公式为：

$$P = \frac{A}{r-s} \tag{4-53}$$

其成立条件是：①净收益按等比级数递增；②净收益逐年递增比率为 s；③收益年期无限；④r 大于 0；⑤$r > s > 0$。

2. 净收益按等比级数递增，收益年期有限

在净收益按等比级数递增，收益年期有限的条件下，其计算公式为：

$$P = \frac{A}{r-s}\left[1 - \left(\frac{1+s}{1+r}\right)^n\right] \tag{4-54}$$

其成立条件是：①净收益按等比级数递增；②净收益逐年递增比率为 s；③收益年期有限；④r 大于 0；⑤$r > s > 0$。

3. 净收益按等比级数递减，收益年期无限

在净收益按等比级数递减，收益年期无限的条件下，其计算公式为：

$$P = \frac{A}{r+s} \tag{4-55}$$

其成立条件是：①净收益按等比级数递减；②净收益逐年递减比率为 s；③收益年期无限；④r 大于 0；⑤$r > s > 0$。

4. 净收益按等比级数递减，收益年期有限

在净收益按等比级数递减，收益年期有限的条件下，其计算公式为：

$$P = \frac{A}{r+s}\left[1 - \left(\frac{1-s}{1+r}\right)^n\right] \tag{4-56}$$

其成立条件是：①净收益按等比级数递减；②净收益逐年递减比率为 s；③收益年期有限为 n；④r 大于 0；⑤$0 < s \leq 1$。

（五）已知未来若干年后资产价格

在已知未来若干年后资产价格的条件下，其计算公式为：

$$P = \frac{A}{r}\left[1 - \left(\frac{1}{1+r}\right)^n\right] + \frac{P_n}{(1+r)^n} \tag{4-57}$$

其成立条件是：①净收益在第 n 年（含 n 年）前保持不变；②预知资产在第 n 年的价格为 P_n；③r 大于 0。

（六）资产未来收益有期限，且不等值

在资产未来收益有期限，且不等值的条件下，其计算公式为：

$$P = \sum_{i=1}^{n} \frac{R_i}{(1+r)^i} \qquad (4-58)$$

其成立条件是：①每年预期收益不等额；②期限 n；③r 大于 0，且固定。

五、收益法的适用范围与局限

（一）收益法的适用范围

在单项资产评估中，收益法通常被用于以下类型资产的评估：①无形资产，包括专利及专有技术、商标、著作权、客户关系、特许经营权等。②房地产。通常是具有收益性的房产类别，如商铺、酒店、写字楼等。③机器设备。一般情形下，单台机器设备很难独立产生收益，因此该类型资产不宜采用收益法进行评估；对于可出租的机器设备或可独立产生现金流的生产线、成套设备，可以采用收益法进行评估。④其他资产，如非上市交易的股票、债券、长期应收款、长期股权投资等。

在整体资产评估中收益法常用于对企业价值进行评估。企业经营的本质是获得收益，因此，收益法与其他评估方法相比更能体现企业存在和运营的本质特征，也是其价值更为直观的体现。用收益法对企业价值进行评估，能较为真实和准确地体现企业的资本化价值，也能够为所有者或者潜在投资者提供较为合理的预期，有助于投资决策的正确性，因此，容易被买卖双方接受。

通常情形下，评估专业人员依据收益口径的不同，会选择不同的收益法的具体方法进行评估。常见的方法有股利折现模型、现金流折现模型、经济利润模型，它们对应的收益口径分别为股利、自由现金流量以及经济利润。

用于企业评估的收益额可以有不同的口径，如净利润、净现金流量（股权自由现金流量）、息前净利润、息前净现金流量（企业自由现金流量）等。而折现率作为一种价值比率，要注意其计算口径。有些折现率是从股权投资回报率的角度考虑，有些折现率则既考虑股权投资的回报率又考虑债权投资的回报率。净利润、净现金流量（股权自由现金流量）是股权收益形式，因此只能用股权投资回报率作为折现率。而息前净利润、息前净现金流量或企业自由现金流量等是股权与债权收益的综合形式，因此，只能运用股权与债权综合投资回报率，即只能运用通过加权平均资本成本模型获得的折现率。评估专业人员在运用收益法评估资产价值时，必须注意收益额与计算折现率所使用的收益额之间口径上的匹配和协调，以保证评估结果合理且有意义。

对于企业价值评估，尤其是轻资产类型的企业价值评估，收益法通常具有很强的适用性。与传统生产性企业相比，轻资产企业所拥有的固定资产、有形资产较少，其获利的主要来源是无法体现在企业财务报表中的大量无形资产，如果采用资产基础法对其进行评估，则其作为盈利主体而具有的价值可能无法全面体现出来，企业价值或被严重低估。在此状况下，收益法就成为更合理的方法。

（二）收益法的局限

收益法是从资产的获利能力角度来确定资产的价值，较适宜于那些形成资产的成本费用与其获利能力不对称，成本费用无法计算或难以准确计算，存在无形资产以及具有收益能力的资产，如企业价值、无形资产、资源性资产等的价值评估。

但是收益法也具有一定的局限性。首先，应用收益法需具备一定的前提条件，对于没有收益或收益无法用货币计量以及风险报酬率无法计算的资产，该方法将无法使用。其次，收益法的操作含有一定程度的主观性，如对未来收益的预测，对风险报酬率的确定等，这会使评估结果较难把握。

虽然从理论上讲收益法的计算公式较完美，但是如果所使用的假设条件和基于假设条件选取的数据存在问题，那么由此进行的预测也不可能准确，评估结果也就没有意义。它要求评估专业人员既要有科学的态度，又要掌握预测收益和确定风险报酬率的正确方法。此外，收益法的运用需要一定的市场条件，否则一些数据的选取就会存在困难。例如，在证券市场不完善的情形下，β系数的准确性、适用性就会存在一定问题。同样，在市场机制不健全的市场上，对未来收益的预测会由于不确定因素较多，造成收益法的运用困难。

第三节 成本法

一、成本法的概念

成本法也是资产评估的基本方法之一。成本法是指按照重建或者重置被评估对象的思路，将重建或者重置成本作为确定评估对象价值的基础，扣除相关贬值，以此确定评估对象价值的评估方法的总称。从被评估资产重建或重置的角度考虑是成本法的基本思路，因为在条件允许的情形下，任何潜在的投资者在决定投资某项资产时，所愿意支付的价格不会超过该项资产的现行购建成本。如果该投资对象并非全新，投资者所愿支付的价格会在投资对象全新的现行购建成本的基础上再扣除各种贬值。上述评估思路可用公式表述为：

$$评估价值 = 重置成本 - 实体性贬值 - 功能性贬值 - 经济性贬值$$

成本法是以评估对象的重置成本为基础的评估方法。由于与评估对象的再取得成本的有关数据和信息来源较广泛，并且资产的重置成本与资产的现行市价及收益现值也存在着内在联系和替代关系，因而，成本法也是一种被广泛应用的评估方法。成本法包括多种具体方法，如复原重置成本法、更新重置成本法、成本加和法(也称资产基础法)等。

资产的价值是一个变量，影响资产价值量变化的因素，除了市场价格以外，还有因使用磨损和自然力作用而产生的实体性损耗，因技术进步而产生的功能性损耗，因资产外部环境因素变化而产生的经济性损耗等。因此，成本法除计算按照全新状态重新购建的全部支出及必要合理的利润外，对于损耗造成的价值损失也是一并计算的。这里需要特别提示的是，资产的损耗不同于会计规定的折旧。资产评估中的损耗，是根据重置成本对资产的实际价值损耗的计量，反映资产价值的现实损失额。会计上的折旧是依照会计核算要求和会计准则来反映的原始成本分摊，是根据历史成本对资产的原始价值损耗的计量，不一定能够准确反映资产价值变化的现实状况。

【例4-14】关于成本法的概念，下列表述错误的是(　　)。
A. 从被评估资产重建或重置的角度考虑是成本法的基本思路
B. 成本法要计算按照全新状态重新购建的全部支出及损耗造成的价值损失，不包括利润
C. 因使用磨损和自然力作用而产生的损耗为实体性损耗
D. 因技术进步而产生的损耗为功能性损耗

【正确答案】B

【答案解析】成本法除计算按照全新状态重新购建的全部支出及必要合理的利润外,对于损耗造成的价值损失也是一并计算的。

二、成本法的应用前提

成本法从再取得资产的角度反映资产价值,即通过资产的重置成本扣减各种贬值来反映资产价值。只有当评估对象处于继续使用状态下,再取得评估对象的全部费用才能构成其价值的内容。资产的继续使用不仅仅是一个物理上的概念,还包含有效使用资产的经济意义。只有当资产能够继续使用并且在持续使用中为潜在所有者或控制者带来经济利益时,资产的重置成本才能为潜在投资者和市场所承认和接受。从这个意义上讲,成本法主要适用于继续使用前提下的资产评估。对于非继续使用前提下的资产,如果运用成本法进行评估,需对成本法的基本要素做必要的调整。从相对准确合理、减少风险和提高评估效率的角度,把继续使用作为运用成本法的前提是有积极意义的。

采用成本法评估资产的前提条件有:①评估对象能正常使用或者在用,即评估对象处于持续使用状态或被假定处于继续使用状态。持续使用假设又分为现状续用、转用续用和移地续用假设。②评估对象能够通过重置途径获得,否则,从重置或者重建的角度计算其成本就不具有理论上和现实上的意义。③评估对象的重置成本以及相关贬值能够合理估算。

运用成本法进行评估时还应注意以下事项。

一是形成资产价值的耗费是必需的。耗费是形成资产价值的基础,但耗费包括有效耗费和无效耗费。采用成本法评估资产,首先要确定这些耗费是必需的,而且耗费应体现社会或行业平均水平,而不应是某项资产的个别成本耗费。

二是最佳使用和强制变现情形。最佳使用是指市场参与者实现一项资产的价值最大化时该资产的用途。如果一项资产在法律允许、经济可行、技术可实现的条件下,有多种使用方式的选择,通常要求采用能使其价值最大化的用途。强制变现假设通常被用于由法院或者债权人等强制要求的情形。在这种情形下,资产变现的时间有限,因此,与正常的市场状况相比,强制变现前提下的资产价值通常较低。在实务中,对该前提下的资产进行评估通常会将正常市场条件下的资产价值乘以强制变现折扣,得到评估对象的价值。

【例4-15】关于成本法的应用前提,下列表述正确的有(   )。

A. 评估对象能正常使用或者在用
B. 评估对象能够通过重置途径获得
C. 评估对象的重置成本以及相关贬值能够合理估算
D. 评估对象的预期收益能够度量
E. 评估对象的参照物所在市场的信息可以获得

【正确答案】ABC

【答案解析】采用成本法评估资产的前提条件是:

(1)评估对象能正常使用或者在用,即评估对象处于持续使用状态或被假定处于继续使用状态。持续使用假设又分为现状续用、转用续用和移地续用假设。

(2)评估对象能够通过重置途径获得,否则,从重置或者重建的角度计算其成本就不具有理论上和现实上的意义。

(3)评估对象的重置成本以及相关贬值能够合理估算。

三、成本法的基本步骤和主要参数

(一)成本法的基本步骤

资产评估专业人员运用成本法对评估对象进行评估时,应当遵循以下步骤。
(1)确定评估对象,并估算重置成本。
(2)确定评估对象的使用年限。
(3)测算评估对象的各项损耗或贬值额。
(4)测算评估对象的价值。

(二)成本法的主要参数

就一般意义上讲,成本法的运用涉及四个基本要素,即资产的重置成本、资产的实体性贬值、资产的功能性贬值和资产的经济性贬值。在评估实践中,或者说在具体运用成本法评估资产的项目中,不是所有的评估项目一定都存在三种贬值,这需要根据评估项目的具体情形来定。就成本法理论而言,上述四个基本要素的参数都可能存在。

1. 资产的重置成本

简单地说,资产的重置成本就是资产的现行再取得成本。重置成本的构成要素一般包括建造或者购置评估对象的直接成本、间接成本、资金成本、税费及合理的利润。重置成本应当是社会一般生产力水平的客观必要成本,而不是个别成本。具体来说,重置成本可区分为复原重置成本和更新重置成本。

(1)复原重置成本。

复原重置成本是指采用与评估对象相同的材料、建筑或制造标准、设计、规格及技术等,以现时价格水平重新购建与评估对象相同的全新资产所发生的费用。复原重置成本适用于评估对象的效用只能通过按原条件重新复制评估对象的方式提供。

(2)更新重置成本。

更新重置成本是指采用与评估对象并不完全相同的材料、建筑或制造标准、设计、规格和技术等,以现时价格水平购建与评估对象具有同等功能的全新资产所需的费用。更新重置成本通常适用于使用当前条件所重置的资产可以提供与评估对象相似或者相同的功能,并且更新重置成本通常低于其复原重置成本的情形。

【例4-16】关于采用更新重置成本进行重置成本计算,下列表述正确的有(   )。
A. 考虑必要合理的利润
B. 采用与评估对象相同的材料
C. 采用与评估对象相同的设计
D. 采用与评估对象相同的技术
E. 以现时价格水平购建与评估对象具有同等功能的全新资产
【正确答案】AE
【答案解析】更新重置成本是指采用与评估对象并不完全相同的材料、建筑或制造标准、设计、规格和技术等,以现时价格水平购建与评估对象具有同等功能的全新资产所需的费用。

2. 资产的实体性贬值

资产的实体性贬值,也称有形损耗,是指资产由于使用和自然力的作用导致资产的物理性能损耗或下降引起的资产价值损失。资产的实体性贬值通常采用相对数计量，即资产实体性贬值率。

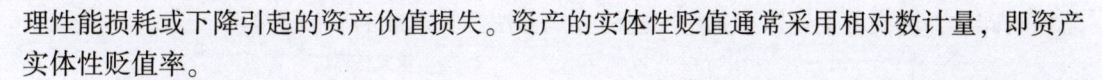

3. 资产的功能性贬值

功能性贬值是指由于技术进步引起的资产功能相对落后而造成的资产价值损失。功能性贬值主要体现为新工艺、新材料和新技术的采用使被评估资产在原有方式下的建造成本超过了现行建造成本，也称超额投资成本；或者被评估资产继续运营会出现超过现有技术进步的同类资产的运营成本，也称超额运营成本。

从功能性贬值的定义可以看出，功能性贬值主要体现在资产的市场价值中，因此，在采用重置成本法评估资产市场价值时是否需要考虑功能性贬值，应该主要看重置成本的确定中是否已经包含功能性贬值的因素。如果重置成本中已经包含了功能性贬值因素，则在评估中就不需要另行扣除功能性贬值；如果在重置成本中没有考虑或者没有充分考虑功能性贬值因素，则需要另行扣除功能性贬值。

估算功能性贬值时，主要根据资产的效用、生产加工能力、工耗、物耗、能耗水平等功能方面的差异造成的成本增加或效益降低，相应确定功能性贬值额。同时，还要重视技术进步因素，注意替代设备、替代技术、替代产品的影响以及行业技术装备水平现状和资产更新换代速度。

4. 资产的经济性贬值

经济性贬值是指由于外部条件的变化引起资产收益、资产利用率发生持续减少、下降或者闲置等造成的资产价值损失。经济性贬值主要有市场竞争性因素引起的经济性贬值和政策因素引起的经济性贬值。

经济性贬值实质就是由于某一种产品供过于求，造成该产品价格降低；或者由于政策因素的影响，如税收政策、环保政策的改变，造成该产品生产经营成本上涨，但是该成本上涨因素又无法转嫁给消费者，所以生产经营该产品的企业投资收益降低，社会上该领域的投资减少，最终造成生产该产品的企业资产价格降低。

就表现形式而言，资产的经济性贬值有两种：一是资产利用率下降，甚至闲置等；二是资产的运营收益减少。

【例4-17】（　　）是指由于外部条件的变化引起资产收益、资产利用率发生持续减少、下降或者闲置而造成的资产价值损失。

A. 实体性贬值
B. 功能性贬值
C. 经济性贬值
D. 客观性贬值

【正确答案】C

【答案解析】经济性贬值是指由于外部条件的变化引起资产收益、资产利用率发生持续减少、下降或者闲置而造成的资产价值损失。

四、成本法各个参数的估算方法

通过成本法评估资产的价值不可避免地要涉及评估对象的重置成本、实体性贬值、功能性贬值和经济性贬值四大因素。成本法中的各种具体方法实际上都是在成本法总的评估思路基础上，围绕着上述因素采用不同的方式方法测算形成的，如图4-2所示。

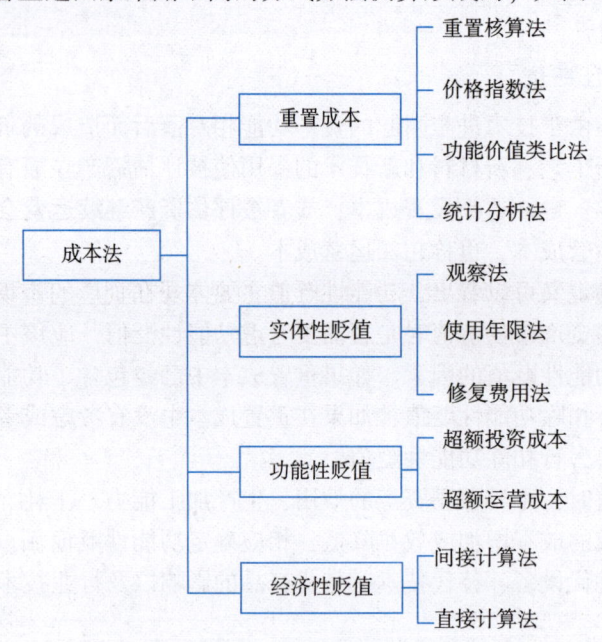

```
                              ┌── 重置核算法
                              │
                    ┌─ 重置成本 ─┼── 价格指数法
                    │         │
                    │         ├── 功能价值类比法
                    │         │
                    │         └── 统计分析法
                    │
                    │         ┌── 观察法
                    │         │
            成本法 ──┼─ 实体性贬值 ─┼── 使用年限法
                    │         │
                    │         └── 修复费用法
                    │
                    │         ┌── 超额投资成本
                    ├─ 功能性贬值 ┤
                    │         └── 超额运营成本
                    │
                    │         ┌── 间接计算法
                    └─ 经济性贬值 ┤
                              └── 直接计算法
```

图4-2 成本法中各参数测算的具体方法

在评估实务中，人们可能会采用不同的具体方式估算成本法中的各个参数，并根据采用不同具体方式估算的各个参数的性质、特点来考虑与成本法中其他参数的相互关系。

（一）资产的重置成本的估算

资产的重置成本可以通过若干种方法进行估算，下面介绍几种应用较为广泛的方法。

1. 重置核算法

重置核算法也称细节分析法、核算法等，是利用成本核算的原理，根据重新取得资产所需的费用项目，逐项计算然后累加得到资产的重置成本。其实际测算过程又具体划分为两种类型，即购买型和自建型。购买型是以购买资产的方式作为资产的重置过程，购买型的结果一般是资产的购置价，如果评估对象属于不需要运输、安装的资产，购置价就是资产的重置成本；如果评估对象属于需要运输、安装的资产，资产的重置成本则由资产的现行购买价格、运杂费、安装调试费以及其他必要费用构成，将上述取得资产的必需费用累加起来，便可计算出资产的重置成本。自建型是把自建资产作为资产重置方式，根据重新建造资产所需的料、工、费及必要的资金成本和开发者的合理收益等分析与计算出资产的重置成本。

资产的重置成本应包括开发者的合理收益。一是重置成本是按在现行市场条件下重新购建一项全新资产所支付的全部货币总额，应该包括资产开发和制造商的合理收益。二是资产评估旨在了解评估对象在模拟条件下的交易价格，一般情形下，价格都应该含有开发者或制造者的合理收益部分。资产重置成本中的收益部分的确定，应以开发者或制造者所在行业平均资产收益水平为依据。

【例4-18】 重置购建设备一台，该设备的现行市场价格为每台50 000元，运杂费1 000元，直接安装成本800元，其中原材料300元，人工成本500元。根据分析，安装成本中的间接成本为人工成本的80%。该机器设备的重置成本为多少?

【答案解析】直接成本＝50 000+1 000+800＝51 800(元)

间接成本＝500×0.8＝400(元)

重置成本合计＝51 800+400＝52 200(元)。

2. 价格指数法

价格指数法也称物价指数法,是利用与资产有关的价格变动指数,将评估对象的历史成本(账面价值)调整为重置成本的一种方法。在既无法获得处于全新状态的评估对象的现行市价,也无法获得与评估对象相类似的参照物的现行市价时,可以利用与资产有关的价格变动指数计算评估对象的重置价值。其计算公式为:

$$重置成本 = 资产的历史成本 \times 价格指数 \qquad (4-59)$$

或:

$$重置成本 = 资产的历史成本 \times (1 + 价格变动指数) \qquad (4-60)$$

式4-59中,价格指数可以是定基价格指数或环比价格指数。

定基价格指数是指在一定时期内对比基期固定不变的价格指数,即:

(评估基准日的定基价格指数÷资产购建时点的定基价格指数)×100%

环比价格指数可考虑按下式求得:

$$X = (1 + a_1) \times (1 + a_2) \times (1 + a_3) \times \cdots \times (1 + a_n) \times 100\% \qquad (4-61)$$

其中,X——环比价格指数;

a_n——第n年环比价格变动指数,$n = 1, 2, 3, \cdots, n$。

价格指数法的相关内容还可以参见市场法中的价格指数法部分所介绍的内容。

需要强调的是,该方法所依据的历史成本应当是原始购置所发生的支出,经评估调整后价格以及二手交易价格均不能作为该方法使用的依据。

价格指数法与重置核算法是重置成本估算较常用的方法,但二者有明显的区别。首先价格指数法估算的重置成本仅考虑了价格变动因素,因而确定的是复原重置成本;而重置核算法既考虑了价格因素,也考虑了生产技术进步和劳动生产率的变化因素,因而可以用来估算更新重置成本。其次价格指数法建立在不同时期的某一种或某类甚至全部资产的物价变动水平上,而重置核算法则建立在现行价格水平与购建成本费用核算的基础上。

价格指数法和重置核算法也有相同点,即都是建立在利用历史资料的基础上。

明确价格指数法和重置核算法的区别,有助于重置成本估算中的方法的判断和选择。例如,一项科学技术进步较快的资产,采用价格指数法估算的重置成本往往会偏高。因此,注意分析、判断资产评估时重置成本口径与委托方提供的历史资料(如财务资料)的口径差异,是应用上述两种方法时需注意的共同问题。

3. 功能价值类比法

功能价值类比法,是指利用某些资产的功能(生产能力)的变化与其全新状态下的价格或重置成本的变化呈某种指数关系或线性关系,通过参照物的价格或重置成本以及功能价值关系估测被评估对象价格或重置成本的技术方法(该方法亦称为类比估价法——指数估价法)。当资产的功能变化与其价格或重置成本的变化呈线性关系时,人们习惯把线性关系条件下的功能价值类比法称为生产能力比例法,把非线性关系条件下的功能价值类比法称为规模经济效益指数法。

(1)生产能力比例法。

生产能力比例法是寻找一个与评估对象相同或相似的资产为参照物，根据参照资产的重置成本及参照物与评估对象生产能力的比例，估算评估对象的重置成本。其计算公式为：

$$评估对象重置成本 = \frac{评估对象年产量}{参照物年产量} \times 参照物重置成本 \tag{4-62}$$

运用这种方法的前提条件和假设是资产的成本与其生产能力呈线性关系，生产能力越大，成本越高，而且成正比例变化。应用这种方法估算重置成本时，首先应分析资产成本与生产能力之间是否存在这种线性关系，如果不存在这种关系，该方法就不可以被采用。

(2)规模经济效益指数法。

通过不同资产的生产能力与其成本之间关系的分析我们可以发现，许多资产的成本与其生产能力之间不存在线性关系。当资产 A 的生产能力比资产 B 的生产能力大 1 倍时，其成本却不一定大 1 倍。也就是说，资产生产能力和成本之间只呈同方向变化，而不是等比例变化，这种变化规律是规模经济效益作用的结果。两项资产的重置成本和生产能力相比较，其关系可用下列公式来表示：

$$\frac{评估对象重置成本}{参照物资产重置成本} = \left(\frac{评估对象的产量}{参照物资产的产量}\right)^x \tag{4-63}$$

推导可得：

$$评估对象重置成本 = 参照物资产重置成本 \times \left(\frac{评估对象的产量}{参照物资产的产量}\right)^x \tag{4-64}$$

式 4-63 和式 4-64 中的 x 被称为规模经济效益指数，它的取得事实上是靠统计分析得到的。在我国，这样的统计分析目前并不多见，实践中通常采用的是一个经验数据。在美国，这个经验数据一般为 0.4~1.2，但是这些数据也会随着社会经济的发展和行业发展等而发生变化。我国目前尚未有统一的经验数据，故评估过程要谨慎使用这种方法。公式中参照物一般可选择同类资产中的标准资产。

重置核算法、价格指数法和功能价值类比法均可用于确定成本法中的重置成本的测算，但估测资产重置成本的具体方法并不局限于上述几种方法。至于选用哪种方法，应根据具体的评估对象和可以收集到的资料来确定。这些方法，对某项资产可能同时都可用，有时则不然，应用时必须注意分析方法运用的前提条件，否则将得出错误的结论。

4. 统计分析法

在用成本法对企业整体资产及某一相同类型资产进行评估时，为了简化评估业务，节省评估时间，还可以采用统计分析法确定某类资产的重置成本。这种方法的运用步骤是：

①在核实资产数量的基础上，把全部资产按照适当标准划分为若干类别，如房屋建筑物按结构划分为钢结构、钢筋混凝土结构等；机器设备按有关规定划分为专用设备、通用设备、运输设备、仪器、仪表等。

②在各类资产中抽样选择适量具有代表性的资产，应用功能价值类比法、价格指数法或重置核算法等方法估算其重置成本。

③依据分类抽样估算资产的重置成本与账面历史成本，计算出分类资产的调整系数。其计算公式为：

$$K = \frac{R'}{R} \tag{4-65}$$

其中，K——资产重置成本与历史成本的调整系数；

R'——某类抽样资产的重置成本；

R——某类抽样资产的历史成本。

我们可以根据调整系数 K 估算评估对象的重置成本，其计算公式为：

$$评估对象重置成本 = \sum 某类资产账面历史成本 \times K \tag{4-66}$$

其中，某类资产账面历史成本可从会计记录中取得。

(二)资产实体性贬值的估算

资产的实体性贬值亦称有形损耗，是指资产由于使用及自然力的作用导致的资产的物理性能的损耗或下降而引起的资产的价值损失。资产的实体性贬值通常采用相对数计量，即资产实体性贬值率，用公式表示为：

$$资产实体性贬值率 = \frac{资产实体性贬值}{资产重置价值} \times 100\% \tag{4-67}$$

计算资产重置价值资产的实体性贬值一般可以选择以下几种方法。

1. 观察法

观察法是指由具有专业知识和丰富经验的工程技术人员，对评估对象的实体各主要部位进行现场勘查，并综合分析资产的设计、制造、使用、磨损、维护、修理、大修理、改造情形和物理寿命等因素，将评估对象与其全新状态相比较，考察由于使用磨损和自然损耗对资产的功能、使用效率带来的影响，判断评估对象的成新率，从而估算资产的实体性贬值。计算公式为：

$$资产实体性贬值 = 重置成本 \times 资产实体性贬值率 \tag{4-68}$$

或：

$$资产实体性贬值 = 重置成本 \times (1 - 资产实体性成新率) \tag{4-69}$$

2. 使用年限法(或称年限法)

使用年限法是利用评估对象的实际已使用年限与其总使用年限的比值来判断其实体贬值率(程度)，进而估测资产的实体性贬值。

使用年限法进行资产实体贬值率计算的数学表达式为：

$$资产实体性贬值率 = \frac{实际已使用年限}{总使用年限} \times 100\% \tag{4-70}$$

$$资产实体性贬值 = 重置成本 \times 资产实体性贬值率 \tag{4-71}$$

$$资产实体性贬值 = 重置成本 \times \left(\frac{实际已使用年限}{总使用年限} \times 100\%\right) \tag{4-72}$$

式 4-70 和式 4-72 中，总使用年限指的是实际已使用年限与尚可使用年限之和，其计算公式为：

$$总使用年限 = 实际已使用年限 + 尚可使用年限 \quad (4-73)$$
$$实际已使用年限 = 名义已使用年限 \times 资产利用率 \quad (4-74)$$

由于资产在使用中负荷程度的影响，必须将资产的名义已使用年限调整为实际已使用年限。

尚可使用年限是根据资产的有形损耗因素来预计资产的继续使用年限。名义已使用年限是指资产从购进使用到评估时的年限，可以通过会计记录、资产登记簿、登记卡片查询确定。实际已使用年限是指资产在使用中实际损耗的年限。实际已使用年限与名义已使用年限的差异，可以通过资产利用率来调整。资产利用率的计算公式为：

$$资产利用率 = \frac{截至评估基准日资产累计实际使用时间}{截至评估基准日资产累计法定使用时间} \times 100\% \quad (4-75)$$

当资产利用率>1时，表示资产超负荷运转，资产实际已使用年限比名义已使用年限要长。

当资产利用率=1时，表示资产满负荷运转，资产实际已使用年限等于名义已使用年限。

当资产利用率<1时，表示开工不足，资产实际已使用年限小于名义已使用年限。

评估实践中，资产利用率需要根据资产开工情形、修理间隔时间、工作班次等方面进行确定。

在实际评估过程中，一些企业基础管理工作较差，再加上资产运转中的复杂性，资产利用率的指标往往很难确定。评估专业人员应综合分析资产的运转状态，从诸如资产开工情形、大修间隔期、原材料供应情形、电力供应情形、是否为季节性生产等各方面因素综合分析后确定。

使用年限法所显示的评估技术思路是一种应用较为广泛的评估技术。在资产评估实际工作中，评估专业人员还可以利用使用年限法的原理，根据评估对象设计的总的工作量和评估对象已经完成的工作量、评估对象设计行驶里程和已经行驶的里程等指标，利用使用年限法的技术思路测算资产的实体性贬值。

此外，评估中经常遇到评估对象是经过更新改造过的情形。对于更新改造过的资产而言，其实体性贬值的计量还应充分考虑更新改造投入的资金对资产寿命的影响，否则可能会过高地估计实体性贬值。对于更新改造问题，一般采取加权法来确定资产的实体性贬值。也就是说，先计算加权更新成本，再计算加权平均已使用年限。其计算公式为：

$$加权更新成本 = 已使用年限 \times 更新成本（或购建成本） \quad (4-76)$$

$$加权平均已使用年限 = \frac{\sum 加权更新成本（或购建成本）}{\sum 更新成本（或购建成本）} \quad (4-77)$$

需要注意的是，这里所涉及的成本可以是原始成本，也可以是复原重置成本。尽管各时期的投资或更新金额并不具有可比性，但从方便以及可以获得数据角度而言，采用原始成本比重新确定成本更具可行性，也反映了各特定时期的购建或更新所经历的时间顺序。

【例 4-19】 某资产于 2009 年 2 月购进，2019 年 2 月进行评估时，名义已使用年限是 10 年。根据该资产技术指标，在正常使用情形下，每天应工作 8 小时，该资产实际每天工作 7.5 小时。假设全年按 360 天计算,该资产利用率为多少?

【答案解析】资产利用率=10×360×7.5/(10×360×8)×100%=93.75%。

3. 修复费用法

修复费用法是利用恢复资产功能所需支出的费用金额来直接估算资产实体性贬值的一种方法。修复费用包括资产主要零部件的更换或者修复、改造、停工损失等费用支出。如果资产可以通过修复恢复到其全新状态,可以认为资产的实体性损耗等于其修复费用。

(三)资产功能性贬值的估算

资产的功能性贬值是由于技术相对落后造成的贬值。估算功能性贬值时,主要根据资产的效用、生产加工能力、工耗、物耗、能耗水平等功能方面的差异造成的成本增加或效益降低,相应确定功能性贬值额。同时,还要重视技术进步因素,注意替代设备、替代技术、替代产品的影响以及行业技术装备水平现状和资产更新换代速度。

通常情形下,功能性贬值的估算可以按以下步骤进行。

(1)将评估对象的年运营成本与功能相同但性能更好的新资产的年运营成本进行比较。

(2)计算二者的差异,确定净超额运营成本。由于企业支付的运营成本是在税前扣除的,所以,企业支付的超额运营成本会引致税前利润额下降,所得税额降低,使得企业负担的运营成本低于其实际支付额;因此,净超额运营成本是超额运营成本扣除其抵减的所得税以后的余额。

(3)估计评估对象的剩余寿命。

(4)以适当的折现率将评估对象在剩余寿命内每年的净超额运营成本折现,这些折现值之和就是评估对象的功能性贬值。其计算公式为:

$$评估对象功能性贬值额 = \sum(评估对象年净超额运营成本 \times 折现系数) \quad (4-78)$$

应当指出,新老技术设备的对比,除生产效率影响工资成本超额支出以外,原材料消耗、能源消耗以及产品质量等指标都需全面关注,单因素的情形存在、多因素影响的情形也很多。

此外,功能性贬值的估算还可以通过对超额投资成本的估算进行,即超额投资成本可视同为功能性贬值。其计算公式为:

$$功能性贬值 = 复原重置成本 - 更新重置成本 \quad (4-79)$$

在实际评估工作中也会出现功能性溢价的情形,即当评估对象功能明显优于参照资产功能时,评估对象就可能存在功能性溢价。

【例 4-20】评估某种机器设备,技术先进的设备比被评估设备生产效率高,可节约工资费用,评估基准日为 2019 年 1 月 1 日。请根据表 4-2 所示资料计算其功能性贬值额。

表 4-2 技术先进设备与被评估设备情况

项目	技术先进设备	被评估设备
月产量	10 000 件	10 000 件
单件工资	0.80 元	1.20 元
月工资成本	8 000 元	12 000 元
所得税税率		25%

续表

项目	技术先进设备	被评估设备
资产剩余使用年限		5年
假定折现率		10%

【答案解析】首先，根据以上资料，计算该设备年税后工资成本的超额支出：

年工资成本净超额支出=(被评估设备月产量×被评估设备单件工资−技术先进设备月产量×技术先进设备单件工资)×12×(1−所得税税率)

= (10 000×1.2−10 000×0.8)×12×(1−25%) = 36 000(元)。

然后，计算资产剩余使用年限工资成本超额支出的折现值，即被评估设备的功能性贬值额：

功能性贬值 = 年工资成本净超额支出×(P/A, r, n)
= 年工资成本净超额支出×(P/A, 10%, 5)
= 36 000×[(1+10%)^5−1]/[10%×(1+10%)^5]
= 136 468(元)。

(四)资产经济性贬值的估算

就表现形式而言，资产的经济性贬值主要表现为运营中的资产利用率下降，甚至闲置，并由此引起资产的运营收益减少。资产的经济性贬值有两种：一是资产利用率下降，甚至闲置等；二是资产的运营收益减少。因此，经济性贬值的计算也有两个途径。当有确切证据表明资产已经存在经济性贬值时，可参考下面两种方法估测其经济性贬值率或经济性贬值额。

1. 间接计算法

该方法主要测算的是因资产利用率下降所导致的经济性贬值，其计算公式为：

$$经济性贬值率 = \left[1 - \left(\frac{资产预计可被利用的生产能力}{资产原设计生产能力}\right)^x\right] \times 100\% \qquad (4-80)$$

其中，x为规模经济效益指数，实践中多采用经验数据，数值一般为0.6~0.7。

经济性贬值额的计算应以评估对象的重置成本或重置成本减去实体性贬值和功能性贬值后的结果为基数，按确定的经济性贬值率进行估测。

2. 直接计算法

该方法主要测算的是因收益额减少所导致的经济性贬值，其计算公式为：

$$经济性贬值额 = 资产年收益损失额 \times (1 - 所得税税率) \times (P/A, r, n) \qquad (4-81)$$

其中，(P/A, r, n)为年金现值系数。

【例4-21】假定某企业的生产线每年减少6 000台产品，每台产品损失利润100元，该生产线尚可继续使用3年，企业所在行业的投资回报率为10%，所得税税率为25%。根据直接计算法，该生产线的经济性贬值额大约为多少？

【答案解析】经济性贬值额=(6 000×100)×(1−25%)×(P/A, 10%, 3)
= 450 000×2.486 9 = 1 119 105(元)。

【例4-22】被评估对象为某工业生产线，其设计产量为10 000件/天，由于其所处地点交通不便利，其所属企业转移生产重心，至评估基准日，预计被评估对象的产量为

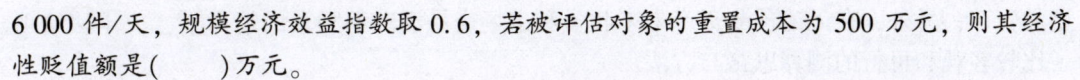

6 000 件/天，规模经济效益指数取 0.6，若被评估对象的重置成本为 500 万元，则其经济性贬值额是(　　)万元。

A. 131.99　　　　　　　　　　B. 200.00
C. 300.00　　　　　　　　　　D. 368.01

【正确答案】A

【答案解析】资产经济性贬值 = $500 \times [1 - (6\,000/10\,000)^{0.6}] = 131.99$（万元）。

（五）综合成新率的估算

在资产评估实践中，综合成新率可以通过将年限成新率和勘查成新率加权平均得到。

年限成新率的确定考虑了资产的经济寿命。在使用过程中，资产的价值随着使用年限的消耗降低。

勘查成新率是评估专业人员通过现场勘查、查阅资产的历史资料，向操作人员询问资产的使用情形、维修保养情形等，对所获得信息进行分析后综合确定的成新率。

五、成本法的适用范围与局限

（一）成本法的适用范围

成本法之所以能够从一定层面上反映资产的价值，是因为资产的成本反映了资产在购建过程中的必要花费，也体现了取得该项资产所需要付出的代价。成本法适用于资产的功能作用具有可替代性、资产重置没有法律和技术障碍、重置资产所需要的物化劳动易于计量的评估对象。

单项资产的价值不仅由成本部分反映，在使用过程中的消耗、磨损以及由于市场情形的变化而产生的价值减损都会影响单项资产的价值。所以，评估专业人员在使用成本法评估单项资产时，既要考虑重置成本，也要将由使用和其他因素所造成的实体性贬值、由技术落后带来的功能性贬值以及由市场状况、政治因素等外部因素造成的经济性贬值考虑在内。

成本法运用于企业价值评估中，是将各项可以确认的资产、负债的现实价值逐项评估出来，最终确定企业价值。单项资产作为企业的一部分而存在，其发挥作用的价值与它作为一项单独的资产发挥作用，这两者的价值可能有所不同。例如，在一条生产线中，某单项设备对整个生产线产能的贡献程度很高，那么若将其放在该生产线中进行评估，则其价值有可能会高于单独对其进行评估时的价值。因此，要特别明晰这两种假设条件下的价值差异。

在对企业价值进行评估时，可以根据不同资产的实际状态、使用方式等特殊性选用合适的评估方法进行评估。比如，对于某些二手办公设备，可采用市场法评估；对于自主研发的专利，则可以采用收益法评估等。因此，成本法作为企业价值评估的一种方法，更多地体现为一种加和的理念和方式，并不一定要求对其中各单项资产和负债均采用成本法进行评估。

（二）成本法的局限

成本法是资产评估中最为基础的评估方法，它充分考虑了资产的损耗，使评估结果更能反映市场对于获得某单项资产愿意付出的平均价格，有利于评估单项资产和具有特定用途的资产；另外，在无法预测资产未来收益和市场交易活动不频繁的情形下，成本法给出了比较客观和可行的测算思路与方法。

但是，由于成本法的理论基础是成本价值论，使用该方法所测算出的企业价值无法从未来收益的角度反映企业真实能为其投资者或所有者带来的收益。尤其是对于轻资产的企业而言，如果使用成本法进行评估，通常很难将账面没有记载的各类无形资产算入评估资产的价值之中，因此，使用成本法得到的评估值与使用收益法或市场法得出的结果可能差异极大。

尽管如此，成本法在以企业并购为目的的评估中并非完全没有意义。这是因为，重视被收购方未来的获利能力，但同时也关注收购行为真正所获得的实物资产价值。此外，采用成本法评估企业价值也为可能的破产清算、资产分割提供了一定的价值参考。

第四节 资产评估方法的选择

《资产评估法》第二十六条规定，评估专业人员应当恰当选择评估方法，除依据评估执业准则只能选择一种评估方法的外，应当选择两种以上评估方法，经综合分析，形成评估结论，编制评估报告。这一规定说明，评估专业人员恰当选择资产评估方法已上升为法律层面的要求。

恰当选择评估方法是资产评估程序中必不可少的一个关键步骤，资产评估程序准则对资产评估方法的选择和运用作出了原则性规定，资产评估执业准则又进一步细化和落实《资产评估法》相关规定的要求。

资产评估方法是确定资产价值的途径和手段及各种技术方法，主要包括市场法、收益法和成本法三种基本方法及其衍生方法。资产评估方法的选择和运用是从事资产评估业务的重要环节，也是影响资产评估结论和资产评估报告质量的重要因素。规范资产评估方法的选择、运用和披露，有利于促进资产评估机构和资产评估专业人员在资产评估执业实践中合理使用资产评估方法，提高资产评估执业质量。

一、评估方法选择的要求

资产评估专业人员在选择资产评估方法时，应当充分考虑影响评估方法选择的因素。所考虑的因素主要包括：①评估目的和价值类型；②评估对象；③评估方法的适用条件；④评估方法应用所依据数据的质量和数量；⑤影响评估方法选择的其他因素。

当具体评估业务满足采用不同评估方法的条件时，资产评估专业人员应当选择两种以上评估方法，通过综合分析形成评估结论。

对评估方法选择的要求主要包括三方面内容。

（一）评估方法应当与评估目的和评估价值类型相适应

评估价值类型的确定首先取决于评估目的，评估目的是根本，资产评估方法作为获得特定资产价值的技术方法，需要与价值类型相适应。例如，对一项以成本模式进行后续计量的投资性房地产进行评估，为减值测试提供价值参考，评估目的为财务报告目的，价值类型应当为会计准则所要求的特定价值（可收回金额），在确定预计未来现金流量的现值时应当选择收益法；在确定公允价值减处置费用时，估算公允价值时可以选择市场法。

（二）评估方法的选取应当与评估对象的类型和现实状态相适应

不同的评估方法有不同的条件要求和程序要求。比如，收益法主要适用于持续使用前提下的资产评估，并且评估对象具有预期获利能力；而市场法要求在公开市场上有可比的交易案例，并且评估对象与案例的价值影响因素差异可以合理比较和量化。这就要求资产评估专业人员充分分析评估对象的类型和现实状态，考虑各种评估方法的适用性和局限性，恰当选择评估方法，避免在评估对象不具备合理条件的情况下滥用评估方法。

（三）评估方法的选取应当与资料收集情况相适应

评估方法的应用会涉及特定的数据、参数，只有评估过程中所收集的资料和确定的依据可靠、合理、有效、充分，才能保证评估结果的合理性。在评估实践中，由于一些条件的制约，往往会导致某种评估方法所需资料的数量和质量达不到要求，此时，评估专业人员应当考虑采用其他替代的评估方法进行评估。

二、可以采用一种评估方法的情形

根据《资产评估执业准则——资产评估方法》规定，资产评估专业人员在评估实践中，当存在下列情形时，可以采用一种评估方法。

（1）基于相关法律、行政法规和财政部部门规章的规定可以采用一种评估方法。

（2）由于评估对象仅满足一种评估方法的适用条件而采用一种评估方法。

（3）因操作条件限制而采用一种评估方法。操作条件限制应当是资产评估行业通常的执业方式普遍无法排除的，而不得以个别资产评估机构或者个别资产评估专业人员的操作能力和条件作为判断标准。

三、评估方法选择的披露

资产评估专业人员应该在资产评估报告中对资产评估方法的选择及选择理由进行披露。因适用性受限而选择一种评估方法的，应当在资产评估报告中披露其他基本评估方法不适用的原因；因操作条件受限而选择一种评估方法的，应当对所受的操作条件限制进行分析、说明和披露。

第五章 资产评估法律制度与准则

知识目标

深入理解《中华人民共和国资产评估法》的核心内容和精神，了解该法律对资产评估行为的规范作用；熟悉资产评估准则的主要内容；了解资产评估行业的监管体系，包括政府部门、行业协会等对资产评估行业的监管职责和监管方式，以及资产评估行业的自律机制。

素质目标

通过学习和分析实际案例，加深对资产评估法律制度和准则的理解和应用，能够根据评估对象的特点和评估目的，选择合适的方法进行评估。

能力目标

使学生明确违反《中华人民共和国资产评估法》的风险，培养学生高度的职业道德素养，确保在资产评估工作中始终保持诚信、独立、客观、公正的态度。

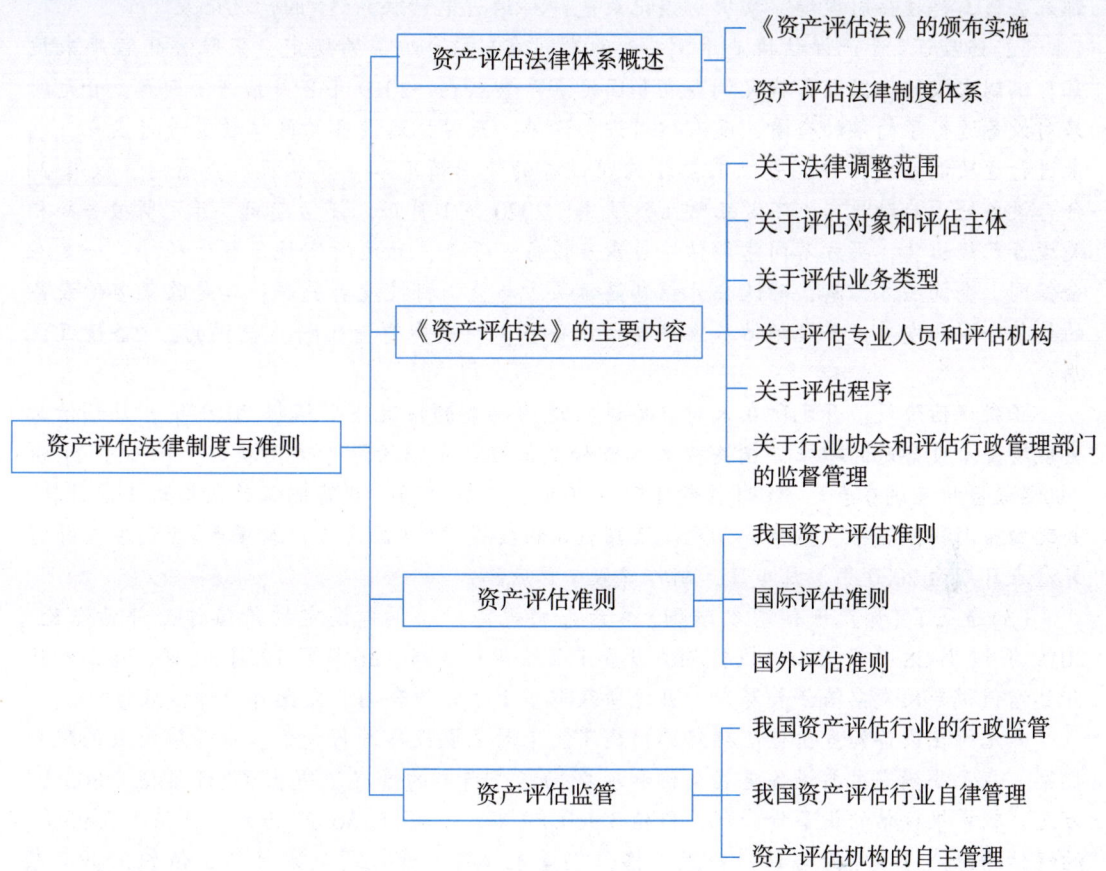

第五章 资产评估法律制度与准则

思维导图

- 资产评估法律制度与准则
  - 资产评估法律体系概述
    - 《资产评估法》的颁布实施
    - 资产评估法律制度体系
  - 《资产评估法》的主要内容
    - 关于法律调整范围
    - 关于评估对象和评估主体
    - 关于评估业务类型
    - 关于评估专业人员和评估机构
    - 关于评估程序
    - 关于行业协会和评估行政管理部门的监督管理
  - 资产评估准则
    - 我国资产评估准则
    - 国际评估准则
    - 国外评估准则
  - 资产评估监管
    - 我国资产评估行业的行政监管
    - 我国资产评估行业自律管理
    - 资产评估机构的自主管理

知识引例

2019年5月(或6月)，蓝山科技拟出售一批设备，委托开元资产评估有限公司(以下简称"开元所")为资产处置提供评估服务。在评估业务开展中，开元所只对设备进行了简单查看，没有核对设备清单，也未对机器设备的具体数量进行盘点；未进行逐项调查或抽样调查，也未具体询问设备的使用情况和生产状况。

2019年11月28日，蓝山科技将相关设备出售给伊普赛斯，不含税价格为3 878.92万元(含税价格4 383.18万元，账面净值为3 960.89万元)。

2020年1月2日，蓝山科技与开元所签订《资产评估委托合同》，1月正式启动评估流程。开元所于3月19日向中国资产评估协会进行报备后，向蓝山科技出具了《资产评估报告》。

2020年4月29日，蓝山科技在其公告的《公开发行股票说明书》中披露："2020年1月8日，开元资产评估有限公司就本次资产处置出具了《资产评估报告》，本次评估基准日为2019年11月30日，评估采用成本法，处置的机器设备评估值总额为3 803.93万元。"

开元所评估执业过程中的未勤勉尽责情况如下。

(1)违反了《资产评估执业准则——资产评估档案》第七条的规定，访谈记录存在虚假记载。评估底稿中的《评估项目基本情况表(初次访谈记录)》显示，2020年1月2日，李×

×、钟××在蓝山科技的会议室对蓝山科技财务经理迟×进行了访谈。但实际上李××和钟××都未去蓝山科技公司现场，初次访谈记录是钟××通过电话联系迟×的情况记录。

（2）违反了《资产评估执业准则——机器设备》第十四条的规定，采取替代程序未披露，编制虚假的机器设备状况调查表和固定资产盘点表。2019年8月预评估期间，开元所只对设备进行了简单的查看，没有核对设备清单，未对机器设备的具体数量进行盘点，也未进行逐项调查或抽样调查，未具体询问设备的使用情况和生产状况。查看时，仅有20余台设备处于启动状态，不是正常生产状态。2020年1月正式评估期间，开元所被告知相关设备已经出售，买方不同意评估人员盘点设备，于是，开元所实施了替代程序：一是在企信网上查询买方信息，确认公开信息显示买方与蓝山科技没有关联；二是收集委估设备的销售合同和发票，并就评估基准日委估设备基本情况取得蓝山科技提供的《设备情况说明》。

正式评估阶段，开元所在未对设备进行现场勘查的情况下，根据2019年8月预估时去现场查看设备时的印象、相关技术参数和蓝山科技介绍的设备使用状况，填写了21份《机器设备状况调查表》，注明调查日期为2020年1月4日，设备的工作状态为正常运转，并交由蓝山科技签字、盖章；开元所还在蓝山科技提供的《固定资产盘点表》上签字，并签署盘点日期为2020年1月4日，制作虚假工作底稿。

（3）违反了《资产评估基本准则》第六条的规定，以预先设定的价值作为评估结论。2019年11月28日，蓝山科技将相关设备出售给伊普赛斯。2019年12月30日，蓝山科技开具增值税专用发票给伊普赛斯。开元所获取了上述销货合同和发票作为评估底稿。

开元所在设备处置价格已确定的前提下，未对主要设备进行询价，未开展有效的现场勘察，在无法确定主要设备重置全价和现场勘察成新率的情况下得出了"评估值3 803.93万元，较申报评估的设备资产账面价值3 960.89万元，减值156.97万元，减值率3.96%"的评估结论，评估结论与资产处置价格仅偏差1.94%。开元所确定评估价值的依据不充分，直接以资产处置价格这一预先设定的价值作为评估结论，不符合准则规定。

第一节 资产评估法律体系概述

一、《资产评估法》的颁布实施

2016年7月2日，第十二届全国人民代表大会常务委员会第二十一次会议审议通过了《中华人民共和国资产评估法》（以下简称《资产评估法》），并从2016年12月1日起施行。

《资产评估法》颁布实施的意义在于如下几方面。

（一）维护社会主义市场经济秩序

《资产评估法》的颁布，为资产评估生产要素实现有效配置提供了重要的支撑，有利于更好地发挥资产评估的专业作用，同时为规范交易行为、提高交易效率、维护市场秩序提供了根基。

（二）有利于保护国有资产和公共利益

国有经济的评估涉及国有资产和公共利益，属于法定评估。《资产评估法》规定只有评估师才能从事法定评估业务，并对法定评估的程序进行了规范。这一规定有利于保障法定评估业务可以依法规范进行，从而保障国有资产的安全，保障公共利益不受非法侵害。

（三）有利于保障评估当事人的合法权益

评估活动的当事人包括委托人、评估机构及其评估专业人员。《资产评估法》统一规范了评估当事人的权利、义务和责任。这在保障了委托人能获得专业的评估专业服务的同时，也明确了评估机构及评估专业人员依法执业的法律地位，极大程度地保障了评估当事人的合法权益。

（四）有利于促进评估行业健康发展

资产评估是现代高端专业服务行业，也是新兴行业。所以，资产评估行业在为我国社会经济发展做出重要贡献的同时，也存在着执业行为不规范、机构和人员良莠不齐、法律责任不清晰等突出问题。《资产评估法》通过规范中华人民共和国评估从业人员和从业机构的行为，有利于提高行业专业水准，增强社会公信力，促进评估行业健康持续发展。

二、资产评估法律制度体系

《资产评估法》颁布施行后，相关部门和评估行业协会积极推进相关配套制度建设，形成了以《资产评估法》为统领，由相关法律、行政法规、部门规章、规范性文件以及自律管理制度共同组成的全面、系统、完备的资产评估法律制度体系。

（一）相关法律

目前，除《资产评估法》外，我国涉及资产评估相关内容的法律还包括《中华人民共和国企业国有资产法》《中华人民共和国公司法》《中华人民共和国证券法》《中华人民共和国城市房地产管理法》《中华人民共和国拍卖法》《中华人民共和国政府采购法》《中华人民共和国合伙企业法》《中华人民共和国保险法》和《中华人民共和国刑法》等，这些法律法规规定了涉及国有资产产权转让、抵押、股东出资、股票和债券发行、房地产交易等业务的，必须要进行评估，并明确了相关的法律责任。

（二）行政法规

我国涉及资产评估的行政法规包括《国有资产评估管理办法》《国务院关于股份有限公司境内上市外资股的规定》《股权发行与交易管理暂行条例》《国有土地上房屋征收与补偿条例》《矿产资源勘查区块登记管理办法》《矿产资源开采登记管理办法》《探矿权采矿权转让管理办法》《金融机构撤销条例》《证券公司监督管理条例》《中华人民共和国民办教育促进法实施条例》《社会救助暂行办法》《中华人民共和国土地增值税暂行条例》和《森林防火条例》。这些行政法规主要针对国有资产产权变动、房屋征收补偿、矿产资源开采、金融机构抵押贷款、金融机构撤销等多种业务。

（三）财政部门规章、规范性文件

2017年4月21日，财政部按照《资产评估法》的要求，出台了《资产评估行业财政监督管理办法》（财政部令第86号），该办法明确了行业监管的对象和内容，规定了行业监管的措施和法律责任。

2017年5月，人力资源和社会保障部、财政部修订发布了《资产评估师职业资格制度暂行规定》和《资产评估师职业资格考试实施办法》（人社部规〔2017〕7号），该文件规定中国资产评估协会负责资产评估师职业资格考试组织和实施工作，同时调整了报考条件，优化了考试科目，建立了适应行业发展和行业特点的资产评估师考试制度。

2017年7月，财政部发布了《关于做好资产评估机构备案管理工作的通知》，细化了资产评估机构的备案管理。

2017年8月，财政部印发了《资产评估基本准则》，对资产评估的基本要求、基本遵循以及资产评估程序、资产评估报告、资产评估档案等做出了明确规定。

（四）资产评估行业自律管理制度

根据党中央、国务院一系列关于规范发展市场中介组织和行业协会的精神，经过不断努力，资产评估行业初步建立了较为完备的行业自律管理体系。2016年12月，经资产评估行业第五次会员代表大会审议通过，并报财政部审查同意、民政部核准，新的《中国资产评估协会章程》正式生效，进一步完善了协会的职责定位，优化了协会的组织体系，规范了会员管理和理事会的运作机制。随后，中国资产评估协会修订发布了会员管理办法，组织修订发布了25项执业准则和职业道德准则等一系列自律管理制度。

第二节 《资产评估法》的主要内容

一、关于法律调整范围

《资产评估法》第二条规定了法律的调整范围：本法所称资产评估，是指评估机构及其评估专业人员根据委托对不动产、动产、无形资产、企业价值、资产损失或者其他经济权益进行评定、估算，并出具评估报告的专业服务行为。

二、关于评估对象和评估主体

（一）评估对象

资产评估的对象包括不动产、动产、无形资产、企业价值、资产损失或者其他经济权益。这里重点介绍无形资产、企业价值、资产损失等评估对象所涉及的评估业务内容。

1. 无形资产评估

无形资产评估如品牌、商标等评估，是根据特定目的，遵循公允、法定标准和规程，运用适当方法，对商标进行确认、计价和报告，为资产业务提供价值尺度的行为。无形资产是指特定主体所拥有或者控制的、没有实物形态的可辨认非货币性资产，包括专利权、商标权、著作权、商誉等。

2. 企业价值评估

企业价值评估是指资产评估师依据相关法律、法规和资产评估准则，对评估基准日特定目的下企业整体价值、股东全部权益价值或者股东部分权益价值等进行分析、估算并发表专业意见的行为和过程。

企业价值评估是将一个企业作为一个有机整体，依据其拥有或占有的全部资产状况和整体获利能力，充分考虑影响企业获利能力的各种因素，结合企业所处的宏观经济环境及行业背景，对企业的整体或股东权益公允价值进行的综合性评估。企业价值评估适用于设立公司、企业改制、股票发行上市、股权转让、企业兼并、收购或者分立、联营、组建集团、中外合作、合资、企业租赁、承包、融资、抵押贷款、法律诉讼、破产清算等评估目的。

3. 资产损失评估

资产损失评估是对资产所受损失进行定量或定性评估，以确定损失程度和价值，包括自然灾害损失评估、侵权损失评估及保险公估等。评估资产损失的方法包括市场价值法、成本法、未来收益法、替代成本法和专业评估法。进行资产损失评估时需考虑资产类型、市场价值、成本、未来收益、替代成本、损失原因和范围等因素，以确保评估的准确性和可靠性。

(二) 评估主体

评估主体是指在特定评估活动中承担评估任务的评估机构及其评估专业人员。其中，评估机构是依法设立的从事评估业务的专业机构。《资产评估法》规定，设立评估机构，从事评估业务，应当具有足够数量的评估师，并符合有关对合伙人和股东的要求。

【例5-1】资产评估的主体包括( )。

A. 资产评估机构

B. 评估专业人员

C. 不动产

D. 动产

E. 企业价值

【正确答案】AB

【答案解析】《资产评估法》规定资产评估机构及其资产评估专业人员是资产评估的主体。选项CDE是资产评估的客体。

三、关于评估业务类型

关于评估业务类型，《资产评估法》第三条规定，自然人、法人或者其他组织需要确定评估对象价值的，可以自愿委托评估机构评估。涉及国有资产或者公共利益等事项，法律、行政法规规定需要评估的(以下简称法定评估)，应当依法委托评估机构评估。由此看出，资产评估业务可以分为两类：一类是自愿进行的评估，另一类是必须进行的法定评估。

(一) 自愿进行的评估

自然人、法人或者其他组织需要确定评估对象价值的，除法律法规另有规定，可以自愿委托评估机构进行评估。其中，"自然人"是指中国公民和外国人；"法人或者其他组织"则是指除了"自然人"以外的各类组织，包括国家机关、企业、事业单位、社会团体等。

《资产评估法》规定，评估专业人员必须加入评估机构才能开展业务，评估专业人员不能脱离所在评估机构去承揽业务。因此，自然人、法人或者其他组织只能委托评估机构评估，不能直接委托评估专业人员进行评估业务。

自愿评估具有以下特点。
(1)委托人自愿委托。
(2)评估业务由评估机构承接。
(3)评估报告可以由评估师或者其他评估专业人员签署。

(二)法定评估

涉及国有资产或者公共利益等事项，法律、行政法规规定需要评估的，应当依法委托评估机构评估，这类评估称为法定评估业务。

法定评估具有以下特点。
(1)涉及国有资产或者公共利益等事项。
(2)法律、行政法规规定需要评估。
(3)应当依法选择评估机构评估。
(4)至少两名相应专业类别的评估师承办业务，且评估报告必须由至少两名评估师签署。
(5)法定评估档案保存期限为不少于30年，其他为不少于15年。

四、关于评估专业人员和评估机构

(一)评估专业人员

1. 评估专业人员的概念

评估专业人员包括评估师和其他具有评估专业知识及实践经验的评估从业人员。评估师是指通过评估师资格考试的评估专业人员。评估师专业类别由国家根据经济社会发展需要确定。我国最新的评估类职业资格有3种，分别是资产评估师、房地产估价师和矿业权评估师。

2. 评估专业人员的权利、义务和责任

评估专业人员从事的评估活动是一种专业服务活动，法律规定赋予其从业所享有的各种权利，同时明确其应当履行的法定义务和从业禁止行为，这对于保障评估专业人员的合法权益，保护委托人利益和社会公共利益，促进评估行业健康发展，具有重要意义。

(1)从业权利。

根据《资产评估法》的规定，评估专业人员享有下列从业权利。

①要求委托人提供相关的权属证明、财务会计信息和其他资料，以及为执行公允的评估程序所需的必要协助。

评估执业需要相关的权属证明、财务会计信息和其他资料作为基础性资料，委托人拒绝提供或者不如实提供的，评估机构有权依法拒绝其履行合同的要求。

②依法向有关国家机关或其他组织查阅从事业务所需的文件、证明和资料。

③拒绝委托人或者其他组织、个人对评估行为和评估结果的非法干预。

④依法签署评估报告。

评估报告一经签署，就可以提交委托人或评估报告使用人使用，评估专业人员必须对其签署的评估报告负责。法定评估业务的评估报告只能由评估师签署。

⑤法律、行政法规规定的其他权利。

【例5-2】《资产评估法》规定资产评估专业人员的从业权利包括(   )。

A. 要求委托人提供相关的权属证明、财务会计信息和其他资料，以及为执行公允的评估程序所需的必要协助

B. 依法向有关国家机关或者其他组织查阅从事业务所需的文件、证明和资料

C. 拒绝委托人或者其他组织、个人对评估行为和评估结果的非法干预

D. 依法签署评估报告

E. 诚实守信，依法独立、客观、公正从事业务

【正确答案】ABCD

【答案解析】诚实守信，依法独立、客观、公正从事业务属于评估专业人员的从业义务。

(2) 从业义务。

根据《资产评估法》的规定，评估专业人员应当履行下列从业义务。

①诚实守信，依法独立、客观、公正从事业务。

这既是评估职业道德规范，也是评估专业人员应当遵守的基本原则。

②遵守评估准则，履行调查职责，独立分析估算，勤勉谨慎从事业务。

③完成规定的继续教育，保持并提高专业能力。

④对评估活动中使用的有关文件、证明和资料的真实性、准确性、完整性进行核查和验证。

⑤对评估活动中知悉的国家秘密、商业秘密和个人隐私予以保密。

⑥与委托人或者其他相关当事人及评估对象有利害关系的评估专业人员，应当回避。

实行回避制度有利于保证评估活动的公正性。

⑦接受行业协会的自律管理，履行行业协会章程规定的义务。

⑧法律、行政法规规定的其他义务。

(3) 从业禁止行为。

根据《资产评估法》的规定，评估专业人员不得从事下列从业禁止行为。

①私自接受委托从事业务、收取费用。

只有评估机构才能正式接受委托从事评估业务，评估专业人员只能接受评估机构委派从事指定评估业务，不能私自接受委托从事业务，更不能私自收取费用。

②同时在两个以上评估机构从事业务。

③采用欺骗、利诱、胁迫或者贬损、诋毁其他评估专业人员等不正当手段承揽业务。

④允许他人以本人名义从事业务，或者冒用他人名义从事业务。

⑤签署本人未承办业务的评估报告。

⑥索要、收受或者变相索要、收受合同约定以外的酬金、财物或者谋取其他不正当利益。

⑦签署虚假评估报告或者有重大遗漏的评估报告。

虚假评估报告，是指评估专业人员或者评估机构故意签署、出具的不实评估报告。

有重大遗漏的评估报告，是指因评估专业人员或者评估机构的过失而对应当考虑的重要事项有遗漏的评估报告。

⑧违反法律、行政法规的其他行为。

评估专业人员违反上述规定的，由有关评估行政管理部门给予责令停止从业、没收违法所得的处罚；构成犯罪的，依法追究刑事责任。评估专业人员因签署虚假评估报告被追究刑事责任的，终身不得从事评估业务。

【例5-3】下列关于资产评估人员从业禁止行为的说法，正确的有(　　)。

A. 禁止同时在两个以上评估机构从事业务，是为了保证评估人员的独立性

B. 禁止评估专业人员采用不正当手段承揽业务，是为了保证评估的独立、客观、公正

C. 禁止允许他人以本人名义从事业务，是为了保证诚实信用原则

D. 禁止索要、收受合同约定以外的酬金，是为了保证评估的独立、客观、公正

E. 禁止签署虚假评估报告是为了保证评估人员诚实守信和勤勉尽责义务

【答案】BCDE

【解析】禁止同时在两个以上评估机构从事业务，是为了保证评估人员的专业性。

(二)关于评估机构

评估机构是依法设立的从事评估业务的专业机构。《资产评估法》对评估机构的组织形式、设立条件、设立程序和相关管理制度作出了规定。

1. 组织形式、设立条件和设立程序

(1)组织形式。

根据《资产评估法》的规定，评估机构分为两种组织形式，即合伙形式和公司形式。

①合伙形式。

合伙形式包括普通合伙和特殊普通合伙。

普通合伙企业由普通合伙人组成，合伙人对合伙企业债务承担无限连带责任。国有独资公司、国有企业、上市公司以及公益性的事业单位、社会团体不得成为普通合伙人。普通合伙企业名称中应标明"普通合伙"字样。

对于特殊普通合伙企业，如果一个合伙人或者数个合伙人在执业活动中因故意或者重大过失造成合伙企业债务的，合伙企业应当承担无限责任或者无限连带责任，其他合伙人以其在合伙企业中的财产份额为限承担责任。合伙人在执业活动中非故意或者重大过失造成的合伙企业债务以及合伙企业的其他债务，由全体合伙人承担无限连带责任。特殊的普通合伙企业必须在其企业名称中标明"特殊普通合伙"字样，以区别于普通合伙企业。

②公司形式。

公司形式包括有限责任公司和股份有限公司。

有限责任公司股东为 50 名以下，董事会成员为 3 人以上 13 人以下。股东人数较少或者规模较小的有限责任公司可以设 1 名执行董事，不设董事会。有限责任公司必须在公司名称中标明"有限责任公司"字样。

股份有限公司的股东为 2 人以上 200 人以下，董事会成员为 5 人以上 19 人以下。股东表决权为每一股份有一表决权，但是公司持有的本公司股份没有表决权。股份有限公司必须在公司名称中标明"股份有限公司"或者"股份公司"字样。

【例 5-4】我国资产评估机构设立时，采取的组织形式可以是( )。

A. 有限责任公司

B. 无限责任公司

C. 独资制

D. 合伙制

【正确答案】AD

【答案解析】资产评估机构组织形式为合伙制或者有限责任公司制。

(2) 设立条件。

采用合伙形式设立评估机构应具备的条件如下：

①应有 2 名以上评估师。

②合伙人三分之二以上应当是具有 3 年以上从业经历，且最近 3 年内未受停止从业处罚的评估师。

采用公司形式设立评估机构应具备的条件如下：

①应有 8 名以上评估师和 2 名以上股东。

②三分之二以上股东应当是具有 3 年以上从业经历，且最近 3 年内未受停止从业处罚的评估师。

需注意，评估机构的合伙人或者股东为 2 名的，2 名合伙人或者股东都应当是具有 3 年以上从业经历且最近 3 年内未受停止从业处罚的评估师。

(3) 设立程序。

①设立评估机构，应当向工商行政管理部门申请办理登记。

②评估机构应当自领取营业执照之日起 30 日内向有关资产评估行政管理部门备案。

③有关资产评估行政管理部门应当及时将评估机构的备案情况向社会公告。

评估机构不依法备案或者不符合《资产评估法》规定的设立条件的，由有关评估行政管理部门责令改正；拒不改正的，责令停业，可以并处罚款。

2. 评估机构的权利和责任

(1) 评估机构的权利。

根据《资产评估法》的规定，评估机构享有以下权利：

①委托人拒绝提供或者不如实提供执行评估业务所需的权属证明、财务会计信息和其他资料的，评估机构有权依法拒绝其履行合同的要求。

②委托人要求出具虚假评估报告或者有其他非法干预评估结果情形的，评估机构有权解除合同。

（2）评估机构的责任。

首先，评估机构不得有下列行为：

①不得利用开展业务之便，谋取不正当利益。

②不得允许其他机构以本机构名义开展业务，或者冒用其他机构名义开展业务。

③不得以恶性压价、支付回扣、虚假宣传，或者贬损、诋毁其他评估机构等不正当手段招揽业务。

④不得受理与自身有利害关系的业务。

⑤不得分别接受利益冲突双方的委托，对同一评估对象进行评估。

⑥不得出具虚假评估报告或者有重大遗漏的评估报告。

⑦不得聘用或者指定不符合《资产评估法》规定的人员从事评估业务。

⑧不得有违反法律、行政法规的其他行为。

评估机构违反上述规定的，由有关评估行政管理部门依法给予责令停业、没收违法所得、罚款的处罚；情节严重的，由工商行政管理部门吊销营业执照；构成犯罪的，依法追究刑事责任。

其次，评估机构应加强内部管理。

①评估机构应当依法独立、客观、公正地开展业务，建立健全质量控制制度，保证评估报告的客观、真实、合理。

②评估机构应当依法接受监督检查，如实提供评估档案以及相关情况信息。

③评估机构应当建立健全内部管理制度，对本机构的评估专业人员遵守法律、行政法规和评估准则的情况进行监督，并对其从业行为负责。

评估机构违反这一规定的，依法予以处罚。在民事赔偿责任方面，明确评估专业人员违反《资产评估法》的规定，给委托人或者其他相关当事人造成损失的，由其所在的评估机构依法承担赔偿责任。评估机构履行赔偿责任后，可以向有故意或者重大过失的评估专业人员追偿。

最后，评估机构应完善风险防范机制。

评估行业是一个专业性很强的中介服务行业，需要承担较高的职业风险。为了有效应对职业风险，评估机构可根据业务需要建立职业风险基金或者自愿办理职业责任保险，完善风险防范机制。

五、关于评估程序

《资产评估法》对评估程序的具体规定包括以下内容。

（一）依法选择评估机构

委托人有权按照自愿原则自主选择符合《资产评估法》规定的评估机构，任何单位和个人不得非法限制或者干预。评估事项涉及两个以上当事人的，由全体当事人协商委托评估机构。委托开展法定评估业务时，委托人应当依法选择评估机构，这里的"依法"是指依据有关法律、法规和规章等对选择评估机构的程序性规定。

(二)与评估机构订立委托合同

委托人应当与评估机构订立委托合同,约定双方的权利和义务。评估委托合同一般应采取书面的形式。

评估委托合同主要包括委托人和评估机构的基本情况,即评估对象的名称、范围、目的、基准时点等评估基本事项,委托人应提供的评估所需资料,评估过程中双方的权利和义务,评估费用及收费方式,评估报告交付时间、交付方式,违约责任、争议解决等内容。

(三)对评估专业人员的要求

对受理的评估业务,评估机构应当指定至少两名评估专业人员承办。属于法定评估业务的,评估机构应当指定至少两名评估师承办。委托人有权要求与相关当事人及评估对象有利害关系的评估专业人员回避。

(四)现场调查,收集、核查验证、分析整理评估资料

评估专业人员应根据具体情况,对评估对象进行现场调查,收集权属证明、财务会计信息和其他资料并进行核查验证、分析整理,作为评估的依据。

(五)选择评估方法,形成评估结论,编制评估报告

评估的基本方法主要有市场法、收益法和成本法。评估专业人员应当全面分析市场法、收益法和成本法等评估方法的适用性,恰当选择评估方法。为了保证评估结论的合理性,除依据评估准则要求只能选择一种评估方法的外,应选择两种或两种以上评估方法。

评估专业人员应当根据所采用的评估方法,先形成初步评估结论,再对形成的初步评估结论进行综合分析,形成最终评估结论并编制评估报告。

(六)评估报告内部审核

评估机构应当对评估报告进行内部审核。评估报告由至少两名承办该项业务的评估专业人员签名并加盖评估机构印章;属于法定评估业务的,由至少两名承办该项业务的评估师签名并加盖评估机构印章。

(七)评估档案保管期限的要求

评估档案的保存期限不少于15年,属于法定评估业务的,评估档案的保存期限不少于30年。

六、关于行业协会和评估行政管理部门的监督管理

(一)行业协会

1. 协会的性质

从组织性质上看,评估行业协会是自律性组织。它不是行政机关,也不是事业单位,而是由会员组成的、自我约束、自我管理、自我教育、自我服务的自律性组织。

从法人分类上看，评估行业协会是社团法人。中国资产评估协会是资产评估行业的全国性自律管理组织，具有社团法人资格。

2. 协会的设立

评估行业按照专业领域设立全国性评估行业协会，根据需要设立地方性评估行业协会。资产评估行业的全国性协会为中国资产评估协会，各省、自治区、直辖市和计划单列市（青岛市除外）都设立了资产评估协会。

评估行业协会应当设有章程。章程是评估行业协会内部管理和活动的根本准则，属于协会的重大事项，应当由会员代表大会通过，以体现会员的意志，保证章程的权威性。评估行业协会章程应当报登记管理机关核准，报评估行政管理部门备案。

3. 会员入会

评估机构和评估专业人员加入有关评估行业协会，成为协会会员，平等地享有章程规定的权利，履行章程规定的义务。

4. 协会的职责

(1) 制定会员自律管理办法，对会员实行自律管理。

评估行业协会开展自律管理，需要有章可循。评估行业协会为了加强自律管理，在法律、行政法规和章程的基础上，有必要制定更具针对性、可操作性强的会员自律管理办法，为自律管理提供依据。自律管理办法对会员具有约束力，违反自律管理办法，协会可以对其予以惩戒。

(2) 依据评估基本准则制定评估执业准则和职业道德准则。

评估准则包括评估基本准则、评估执业准则、职业道德准则。评估基本准则由国务院有关评估行政管理部门组织制定，如资产评估基本准则由财政部组织制定。评估执业准则和职业道德准则由评估行业协会依据基本准则制定，如资产评估执业准则和职业道德准则由中国资产评估协会组织制定。评估执业准则是评估机构和评估专业人员从事评估业务过程中普遍遵循的执业技术规范，职业道德准则是评估机构和评估专业人员从事评估业务过程中普遍遵循的道德规范。

(3) 组织开展会员继续教育。

接受继续教育，是会员保持和提高专业能力的重要举措。评估行业协会作为自律性组织，应当组织会员开展继续教育，为会员完成继续教育提供条件和服务。

(4) 建立会员信用档案，将会员遵守法律、行政法规和评估准则的情况记入信用档案，并向社会公开。

评估行业协会建立会员信用档案的目的有二：一方面，可以让委托人了解评估机构和评估专业人员的执业水平和道德水准，为委托人选择业务水平高、职业道德好、诚实守信的评估机构和评估专业人员提供条件；另一方面，也可以约束评估机构和评估专业人员从事评估业务的行为，倒逼其严守法律、行政法规和评估准则，树立良好形象，否则就会影响其信誉，进而影响其业务。

(5) 检查会员建立风险防范机制的情况。

《资产评估法》第二十一条规定，评估机构根据业务需要建立职业风险基金，或者自愿办理职业责任保险，完善风险防范机制。评估业务具有很强的专业性，评估机构由于故意或者过失，出具虚假评估报告或者有重大遗漏的评估报告，可能给委托人或者其他相关当事人造成损失。由于评估机构主要依靠专业知识提供服务，承担风险的能力有限，建立职业风险基金或者办理职业责任保险，既增强了评估机构自身的赔偿能力、抗风险能力，又可为利益受损的委托人或者其他相关当事人获得赔偿提供保障。因此，评估机构建立风险防范机制很有必要。评估行业协会应当对评估机构风险防范机制的建立情况进行检查，发现问题的及时督促改正，并依据会员自律管理办法等规定进行处理。

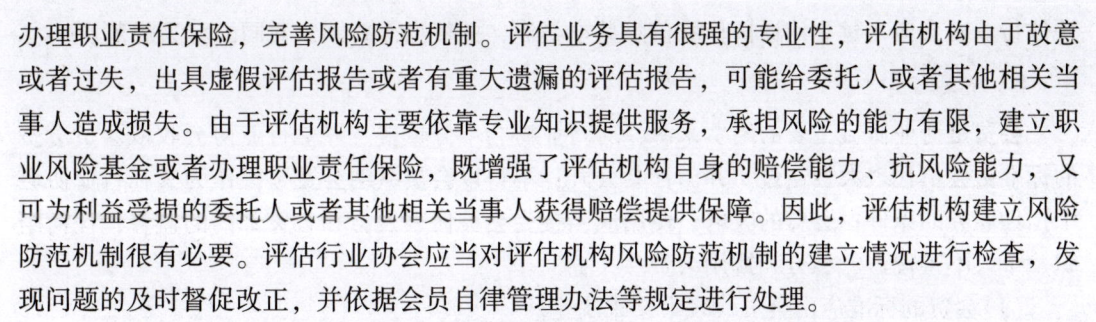

(6)受理对会员的投诉、举报，受理会员的申诉，调解会员执业纠纷。

对评估机构和评估专业人员违反法律、行政法规和评估准则的行为，委托人或者其他相关当事人可以向评估行业协会投诉，其他人可以向评估行业协会举报。对于收到的投诉、举报，评估行业协会应当及时调查处理。会员对评估行业协会的惩戒处理不服的，可以向评估行业协会申诉，评估行业协会应当及时受理。对于会员因为从事评估业务而相互之间发生的纠纷、与委托人或者其他相关当事人之间的纠纷，评估行业协会可以进行调解。

(7)规范会员从业行为，定期对会员出具的评估报告进行检查，按照章程规定对会员给予奖惩，并将奖惩情况及时报告有关评估行政管理部门。

评估机构和评估专业人员从事评估业务，应当遵守《资产评估法》和其他法律、行政法规的相关规定，遵守评估准则，评估行业协会对会员从事评估业务的行为应当进行监督。评估行业协会应当定期对评估机构及其评估专业人员出具的评估报告，从客观、真实、合理等方面进行检查，发现有违反法律、行政法规和评估准则情况的，如存在虚假或者重大遗漏的，应当及时进行处理。评估行业协会自律管理的重要内容就是对会员进行奖惩，通过奖优汰劣，促进评估行业的健康发展。评估行业协会应当将会员的奖惩情况及时报告有关评估行政管理部门。

(8)保障会员依法开展业务，维护会员合法权益。

评估机构和评估专业人员在从事评估业务的过程中，可能会遇到来自各方面的干扰，如委托人要求出具虚假评估报告、非法干预评估结果，评估行政管理部门对评估机构依法开展业务进行不合理限制等，这些问题单凭评估机构和评估专业人员的个体力量，难以排除干扰、维护自身合法权益。评估行业协会应当为会员开展业务保驾护航，采取各种措施维护会员的合法权益。

(9)法律、行政法规和章程规定的其他职责。

除前述八项职责外，评估行业协会还应当履行法律、行政法规和章程规定的其他职责。如《资产评估法》第九条规定，有关全国性评估行业协会应当按照国家规定组织实施评估师资格全国统一考试；第十条规定，有关全国性评估行业协会应当在其网站上公布评估师名单，并实时更新；第三十五条规定，有关评估行业协会应当公布加入本协会的评估机构、评估专业人员名单。

5. 评估行业协会之间的沟通协作

鉴于不同的评估专业都有各自的行业协会，为了促进评估行业的健康有序发展，各个评估行业协会应当建立沟通协作和信息共享机制，并根据需要制定共同的行为规范。

6. 会费管理

会费是行业协会主要的经费来源，对行业协会十分重要。评估行业协会收取会员会费的标准由会员代表大会通过，并向社会公开；不得以会员缴纳会费数额作为其在行业协会中担任职务的条件；会费的收取、使用应当接受会员代表大会和有关部门的监督；任何组织、个人不得侵占、私分和挪用会费。

（1）会费的标准应由会员代表大会来决定。

因为评估行业协会不能从事营利性活动，所以会费是评估行业协会经费的唯一来源，是协会正常开展活动的经济基础。按时足额缴纳会费是会员的义务，甚至是成为会员的条件，对不缴纳会费的会员，评估行业协会要进行惩戒。会费标准应当由会员代表大会来决定。评估行业协会收取会员会费的标准应当向社会公开，这样一方面便于评估机构和评估专业人员知悉标准，另一方面也便于社会公众和有关政府部门进行监督。

（2）会费的收取、使用应当接受监督。

评估行业协会不能随意多收或者少收会费，应当按照会员代表大会通过的会费标准收取。评估行业协会应当明确会费的支出范围，社会团体的经费，必须用于章程规定的业务活动，不得在会员中分配。会费的收取、使用应当接受会员代表大会的监督，会费的收支情况要定期向会员代表大会报告，并接受其监督。同时，会费的收取、使用应当接受有关政府部门的监督。

（3）不得侵占、私分和挪用会费。

7. 对协会的监督

《资产评估法》明确规定，评估行业协会应当接受有关评估行政管理部门的监督和社会监督。评估行政管理部门的监督属于行政监督，就财政部管理的资产评估行业而言，各级资产评估协会要接受财政部门的监督。社会监督包括新闻媒体监督、社会公众的监督等。

评估行业协会违反《资产评估法》规定的，由有关评估行政管理部门给予警告，责令改正；拒不改正的，可以通报登记管理机关，即民政部门，由其依法给予处罚。评估行业协会工作人员滥用职权、玩忽职守或者徇私舞弊的，依法给予处分；构成犯罪的，依法追究刑事责任。

（二）关于评估行政管理部门的监督管理

1. 评估行政管理部门的含义

评估行政管理部门是指负责各个评估领域业务管理的政府主管部门，不同的评估专业接受不同政府主管部门的监督管理，如资产评估行业接受财政部门的监督管理。

2. 评估行政管理部门的职责

（1）组织制定各自领域的评估基本准则和评估行业监督管理办法。

评估基本准则是开展资产评估业务的基本规范，在评估准则体系中占有重要地位，具有原则性、通用性的特点，因此，需要由具有足够权威的国务院有关评估行政管理部门制定。

同时，国务院有关评估行政管理部门要制定监督管理办法，依法对评估机构、评估专业人员、评估行业协会遵守法律法规评估基本准则等情形开展监督管理。

(2)负责对各自领域评估行业的监督管理，对评估机构和评估专业人员的违法行为实施行政处罚，将处罚情况通报有关评估行业协会，并依法向社会公开。

评估行政管理部门的监督管理权限包括监督权和管理权两部分。管理权侧重于行政管理，即通过制定规章制度和行业发展规划，加强行业扶持力度，促进行业健康有序发展。监督权侧重于事后监管，即对评估机构、评估专业人员、评估行业协会遵守法律法规情况进行监督检查，对发现的违法行为依法予以查处。

(3)负责对各自领域的评估行业协会实施监督检查，对检查中发现的问题和针对协会的投诉、举报，进行调查处理。

①评估行业协会作为社会组织，在履行其职责时，既要遵循法律法规关于组织设立、运行、制度建设的要求，也要行使其管理权，确保行业的规范发展和会员的自律。

②评估行政管理部门收到公民、法人或者其他组织针对评估行业协会的投诉、举报后，应依法收集证据，了解事实真相。经过初步梳理，符合案件调查条件的，应当及时启动调查程序。

对于违反《资产评估法》规定行为的，相关处理分为两个阶段：首先由评估行政管理部门给予警告，责令其改正；其次，如果拒不改正，可以由评估行政管理部门通报登记管理机关，由登记管理机关依据《社会团体登记管理条例》等规定给予行政处罚。

(三)对评估行政管理部门的履职要求

(1)不得违反《资产评估法》规定，对评估机构依法开展业务进行限制。

评估行政管理部门应当严格执法，认真履行法定职责，确保评估行业健康有序发展；同时，评估行政管理部门也应当树立权力边界意识，不得对评估机构依法开展业务进行限制，切实保障评估机构的经营自主权。

(2)不得与评估行业协会、评估机构存在人员或资金关联。

(3)不得利用职权为评估机构招揽业务。

对于评估行政管理部门工作人员滥用职权、玩忽职守或者徇私舞弊的，依法给予处分；构成犯罪的，依法追究刑事责任。

第三节 资产评估准则

一、我国资产评估准则

(一)资产评估准则简介

我国资产评估准则体系是在资产评估行业发展到一定阶段后形成的，旨在规范资产评估行为，保证执业质量，明确执业责任，保护资产评估各方当事人的合法权益。资产评准则包括资产评估基本准则(财政部制定)、资产评估执业准则和资产评估职业道德准则(中国资产评估协会根据资产评估基本准则制定)。其中，资产评估执业准则包括具体准则、评估指南和指导意见三个层次。

资产评估准则是财政部门管理的资产评估行业的评估准则，是资产评估机构和资产评估专业人员开展资产评估业务的行为标准，是监管部门和行业协会评价资产评估业务质量的重要尺度，是评估报告使用人理解资产评估结论的重要依据。

在过去的二十多年里，中国资产评估行业在财政部和中国资产评估协会的共同努力下，积极借鉴国际评估行业的先进经验，现已经建立了一个较为完善的资产评估准则体系，为资产评估行业的健康规范发展奠定了坚实基础。

这些准则不仅规定了资产评估执业行为和职业道德行为的具体要求，还覆盖了主要市场领域和主要执业流程，确保了资产评估活动的科学、公正和准确。更重要的是，这些准则在多个方面与国际评估准则实现了趋同，进一步提升了中国资产评估行业的国际地位和影响力。

【例5-5】下列关于资产评估准则的说法，正确的有(   )。
A. 资产评估准则是资产评估专业人员开展资产评估业务的行为标准
B. 资产评估准则是监管部门评价资产评估业务质量的重要尺度
C. 资产评估准则是评估报告使用人理解资产评估结论的重要依据
D. 中国资产评估协会依据资产评估基本准则制定了资产评估执业准则和资产评估职业道德准则
E. 评估机构和评估专业人员违反评估准则需要承担相应的法律责任
【正确答案】BCDE
【答案解析】资产评估准则是资产评估机构和资产评估专业人员开展资产评估业务的行为标准。因此，选项A不正确。

(二) 我国资产评估准则的发展

在我国资产评估行业产生之初，为了推动其健康发展，财政部、原国家国有资产管理局、中国资产评估协会等机构积极行动，制定并发布了一系列资产评估管理方面的制度、规定和办法，这些措施对行业的规范化和专业化发展起到了关键作用。但由于这些制度、规定和办法多是对某一项业务和工作做出的规定，导致其存在系统性和完整性不足的问题，且大多未以准则的形式发布。为了解决这些问题，我国资产评估行业在后续的发展中逐渐加强了制度建设和准则制定工作。

2001年，财政部发布《资产评估准则——无形资产》，这是我国资产评估行业的第一项准则，标志着我国资产评估准则建设迈出了第一步。

2004年，财政部发布《资产评估准则——基本准则》和《资产评估职业道德准则——基本准则》。这两项基本准则确立了我国资产评估准则的基本理念和基本要求，奠定了当时资产评估准则体系的基础。

2007年，涉及主要评估程序和主要执业领域的资产评估准则基本建成，初步构建了资产评估准则体系。同年11月，财政部发布了中国资产评估准则体系。

此后，在资产评估准则体系的规划下，我国资产评估准则建设继续紧跟市场和执业需求，有序、协调发展。截至2016年，资产评估准则体系共包括业务准则和职业道德准则两部分，共计 28 项准则。

2016 年，《资产评估法》规定了评估准则的制定和实施方式，并对资产评估准则的规范主体、重要术语、评估程序、评估方法以及评估报告等内容做出了规定。

为贯彻落实《资产评估法》，财政部和中国资产评估协会于 2017 年对资产评估准则进行了全面修订后重新发布，构建了包括 1 项基本准则、1 项职业道德准则和 25 项执业准则在内的新的资产评估准则体系。2018 年以来，中国资产评估协会对资产评估准则体系中的部分执业准则进行了修订，并制定了新的执业准则，资产评估准则体系实现了动态更新。我国资产评估准则体系已得到进一步完善，更好地适应着资产评估执业、监管和使用的需求。

（三）我国资产评估准则的制定机制

1. 制定主体

《资产评估法》规定，国务院有关评估行政管理部门组织制定评估基本准则和评估行业监督管理办法；评估行业协会依据评估基本准则制定评估执业准则和职业道德准则。

2. 咨询组织

财政部成立了资产评估准则委员会，中国资产评估协会成立了资产评估准则技术委员会。这两个委员会主要职能包括：审议拟发布的资产评估准则；对资产评估准则的体系、体例、结构、立项等提供咨询意见；对资产评估准则涉及的重大或专业性问题提供咨询意见；对资产评估准则的具体实施提供咨询意见；组织资产评估准则相关专题研究；推动资产评估准则的国际交流等。

3. 制定程序

资产评估准则的制定过程分为立项、起草、公开征求意见、审议和发布五个阶段。资产评估基本准则报财政部审定后，由财政部发布。资产评估执业准则和资产评估职业道德准则由中国资产评估协会发布。

4. 更新机制

为保证资产评估准则的质量，提高资产评估准则的适用性和可操作性，财政部和中国资产评估协会对我国资产评估准则进行了多次修订。目前已经初步建立了资产评估准则动态更新机制。在财政部的指导下，中国资产评估协会结合执业需求和监管需求，及时制定新的资产评估准则项目，对已发布的资产评估准则不定期进行修订。

（四）我国资产评估准则体系介绍

1. 我国资产评估准则体系的框架

我国现行资产评估准则体系框架如图 5-1 所示。

（1）资产评估基本准则。

《资产评估基本准则》明确了资产评估适用的业务范围，规定了资产评估业务的基本操作要求、资产评估报告编制要求和资产评估档案的管理要求，是财政部依据《资产评估法》《资产评估行业财政监督管理办法》等制定的资产评估机构及其资产评估专业人员执行各种资产类型、各种评估目的的资产评估业务时应当共同遵循的基本规范，也是中国资产评估协会制定执业准则和职业道德准则的依据。

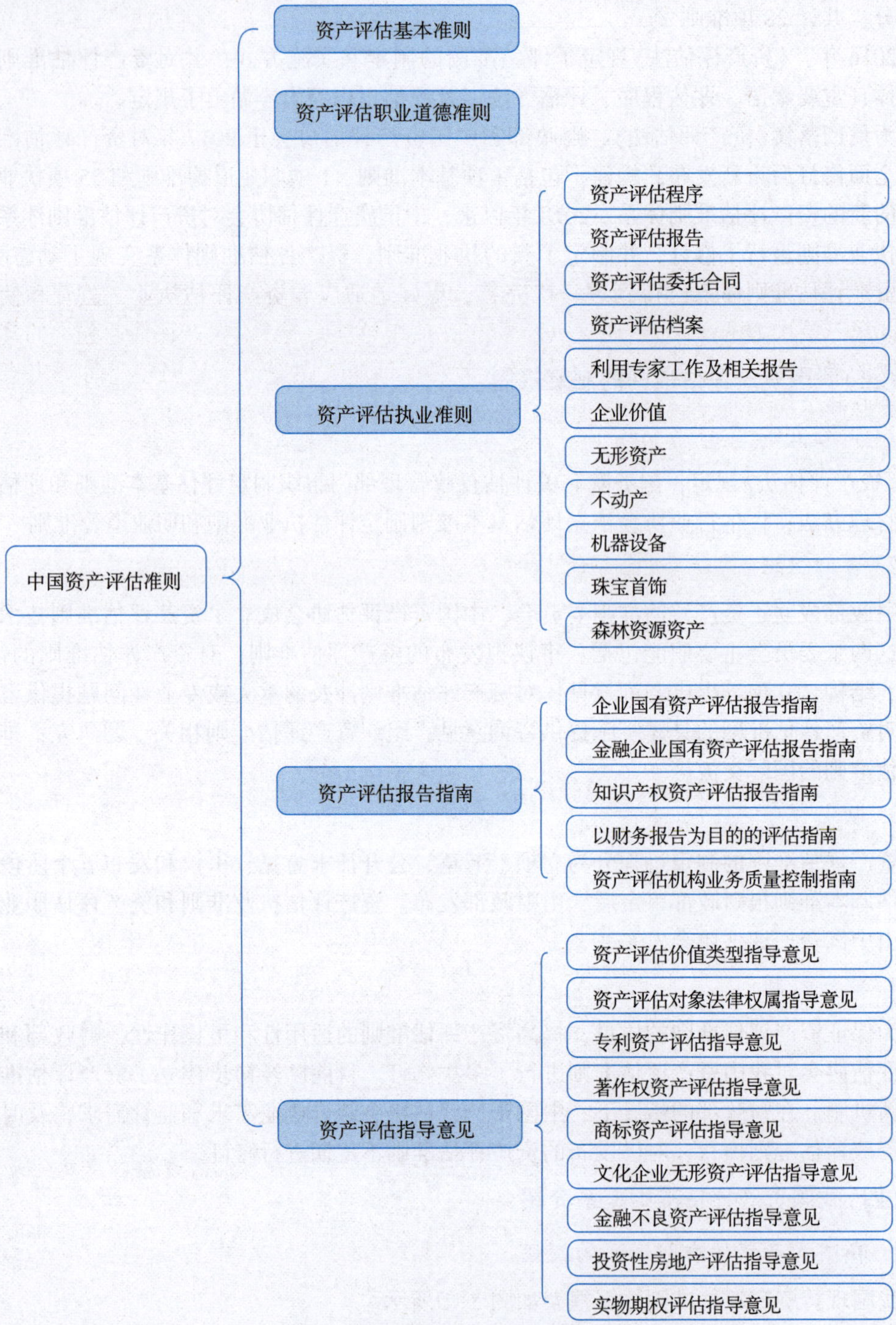

```
                                    ┌─ 资产评估基本准则
                                    │
                                    ├─ 资产评估职业道德准则
                                    │
                                    │                    ┌─ 资产评估程序
                                    │                    ├─ 资产评估报告
                                    │                    ├─ 资产评估委托合同
                                    │                    ├─ 资产评估档案
                                    │                    ├─ 利用专家工作及相关报告
                                    ├─ 资产评估执业准则 ──┼─ 企业价值
                                    │                    ├─ 无形资产
                                    │                    ├─ 不动产
 中国资产评估准则 ──┤                    ├─ 机器设备
                                    │                    ├─ 珠宝首饰
                                    │                    └─ 森林资源资产
                                    │
                                    │                    ┌─ 企业国有资产评估报告指南
                                    │                    ├─ 金融企业国有资产评估报告指南
                                    ├─ 资产评估报告指南 ──┼─ 知识产权资产评估报告指南
                                    │                    ├─ 以财务报告为目的的评估指南
                                    │                    └─ 资产评估机构业务质量控制指南
                                    │
                                    │                    ┌─ 资产评估价值类型指导意见
                                    │                    ├─ 资产评估对象法律权属指导意见
                                    │                    ├─ 专利资产评估指导意见
                                    │                    ├─ 著作权资产评估指导意见
                                    └─ 资产评估指导意见 ──┼─ 商标资产评估指导意见
                                                         ├─ 文化企业无形资产评估指导意见
                                                         ├─ 金融不良资产评估指导意见
                                                         ├─ 投资性房地产评估指导意见
                                                         └─ 实物期权评估指导意见
```

图 5-1 中国资产评估准则体系框架

(2) 资产评估执业准则。

①第一层次为资产评估具体准则,分为程序性准则和实体性准则两个部分。

程序性准则是关于资产评估机构及其资产评估专业人员通过履行一定的专业程序完成评估业务、保证评估质量的规范。程序性准则包括:资产评估程序、资产评估报告、资产评估委托合同、资产评估档案、利用专家工作及相关报告、资产评估方法。

实体性准则是针对不同资产类别的特点，分别对不同类别资产评估业务中的资产评估机构及其资产评估专业人员的技术操作提供指导。实体性准则包括：企业价值、无形资产、不动产、机器设备、珠宝首饰、森林资源资产。

②第二层次为资产评估指南，这是针对出资、抵押、财务报告、保险等特定评估目的的评估业务，以及某些重要事项制定的规范。如《资产评估机构业务质量控制指南》《以财务报告为目的的评估指南》《知识产权资产评估指南》《金融企业国有资产评估报告指南》《企业国有资产评估报告指南》等。

③第三层次为资产评估指导意见。资产评估指导意见是针对资产评估业务中的某些具体问题的指导性文件。该层次较为灵活，针对评估业务中新出现的问题及时提出指导意见，某些尚不成熟的评估指南或具体评估准则也可以先作为指导意见发布，待实践一段时间或成熟后再上升为具体准则或指南。如《企业并购投资价值评估指导意见》《珠宝首饰评估程序指导意见》《投资性房地产评估指导意见》等。

（3）资产评估职业道德准则。

资产评估职业道德准则对资产评估机构及其资产评估专业人员应当具备的道德品质和应体现的道德行为进行了规范，做出规范的方面包括专业能力、独立性、与委托人和其他相关当事人的关系、与其他资产评估机构及其他资产评估专业人员的关系等。

2. 我国资产评估准则体系的特点

（1）我国的资产评估准则体系是综合性体系。

我国资产评估准则体系涵盖企业价值、无形资产、不动产、机器设备以及其他动产等各主要类别资产和经济权益的评估，体现了综合性的特点。

（2）我国资产评估准则体系专业性准则和程序性准则并重。

资产评估准则体系中，包括针对主要类别资产特点而进行规范的专业性准则，如企业价值评估准则、机器设备评估准则和不动产评估准则等。同时，根据资产评估专业服务的特点，资产评估准则体系对评估程序的履行也非常重视，对重要评估程序设置了相应的准则项目，如评估报告、评估档案、评估程序等，通过履行适当的评估程序，保证资产评估结论的合理性。

【例5-6】我国资产评估准则体系的特点包括(　　　)。

A. 我国的资产评估准则体系是综合性体系

B. 资产评估准则体系涵盖企业价值、无形资产、不动产、机器设备以及其他动产等各主要类别资产和经济权益的评估，体现了综合性的特点

C. 我国资产评估准则体系中更注重专业性准则

D. 资产评估准则体系中，包括针对主要类别资产特点而进行规范的专业性准则，如企业价值评估准则、机器设备评估准则和不动产评估准则等

E. 资产评估准则体系对重要评估程序设置了相应的准则项目，如评估报告、评估档案、评估程序等，通过履行适当的评估程序，保证资产评估结论的合理性

【正确答案】ABDE

【答案解析】我国资产评估准则体系专业性准则和程序性准则并重。

二、国际评估准则

(一)国际评估准则的产生与发展

国际资产评估准则委员会于 1981 年成立，总部设在英国伦敦。1985 年，国际资产评估准则委员会制定了第一部《国际评估准则》，后又经多次修订，2024 年 1 月 31 日，国际评估准则理事会发布新版《国际评估准则》，自 2025 年 1 月 31 日正式生效。[①]

(二)国际评估准则体系

1. 国际评估准则框架

国际评估准则框架包括评估师遵循国际评估准则关于客观性、判断力、胜任能力和可接受偏离的基本原则。

2. 国际评估准则基本准则

基本准则适用于所有的资产类型和任一评估目的。

3. 国际评估准则资产准则

评估特定类型的资产时，必须同时遵循基本准则和资产准则。

(三)基本准则

基本准则适用于所有的资产类型和评估目的。具体包括：

(1) 国际评估准则 101——工作范围。
(2) 国际评估准则 102——调查和遵循。
(3) 国际评估准则 103——报告。
(4) 国际评估准则 104——价值类型。
(5) 国际评估准则 105——评估基本方法和具体方法。

(四)资产准则

资产准则对具体资产的评估提供指导，是对基本准则要求的细化或扩充。资产准则说明了基本准则中的规定如何应用到特定资产，以及在评估时应当特殊考虑的事项。具体包括：

(1) 国际评估准则 200——企业及企业权益。
(2) 国际评估准则 210——无形资产。
(3) 国际评估准则 220——非金融负债。
(4) 国际评估准则 230——存货。
(5) 国际评估准则 300——厂房和设备。
(6) 国际评估准则 400——不动产权益。
(7) 国际评估准则 410——开发性不动产。
(8) 国际评估准则 500——金融工具。

[①] 因编写过程中未获取到公开资料，暂未作更新。

三、国外评估准则

(一) 美国资产评估准则

为制定资产评估行业统一的专业准则，提高评估质量，维护资产评估行业信誉，1986年，美国八个评估专业协会和加拿大评估协会联合制定了《专业评估执业统一准则》，之后由新成立的美国评估促进会取得了该准则的版权，负责《专业评估执业统一准则》的修订、出版工作。在经历了美国20世纪80年代中期的不动产泡沫经济引发的评估业危机之后，1989年，美国国会制定的《金融机构改革、恢复和执行法》中明确规定，评估人员执行与联邦交易相关的资产评估业务，必须遵守《专业评估执业统一准则》；美国各大评估协会也都要求其会员执行资产评估业务需遵守《专业评估执业统一准则》。因此，《专业评估执业统一准则》成为美国评估行业的公认评估准则，并随着资产评估业国际交流的发展，逐渐发展成为国际评估界最具影响力的评估准则之一。

与英国等以不动产评估为主的国家不同，美国资产评估行业呈现出综合性的特点。美国资产评估行业不仅在不动产评估领域有着悠久的发展历史，在非不动产评估方面也有着长足的发展，如企业价值评估、无形资产评估、机器设备评估、动产评估等。美国评估行业的综合性充分体现在其准则体系上，《专业评估执业统一准则》是一部典型的综合性评估准则，包含了资产评估行业的各个专业领域。美国评估促进会下属的评估准则委员会负责准则的制定和修订工作，每年出版一部最新版本的《专业评估执业统一准则》，2008版《专业评估执业统一准则》包括定义、引言、职业道德规定、胜任能力规定、工作范围规定、允许偏离规定、司法例外规定、增补标准规定、10个准则、10个准则说明(SMT)和29个咨询意见(AO)。

(二) 英国评估准则

1868年，由英国各地规模不一的测量师协会和俱乐部经过充分协商，联合组成了英国测量师学会，1881年获颁"皇家"荣誉，1946年正式启用英国皇家特许测量师学会(RICS)名称。RICS作为行业自律组织，其主要职能之一是制定并且不断修订和完善行业执业技术标准，并于1974年首次系统制定其评估标准，主要规范以财务报告评估为目的的评估行为，及测量师出具的其他公众使用的评估报告，但仅限于为公司财务账目或其他可公开获得的财务报表进行的评估。该准则经过多次修改以反映会计标准和评估执业惯例的变化，随着1990年第3版的出版，它在1991年成为所有特许测量师的强制性标准。

1995年，RICS与另外两家规模较小的协会共同出版的《评估与估价指南》，主要包括三部分内容：引论、执业规范和执业规范附录、指南等，但其内容主要是针对不动产评估的。自1996年以来，国际和欧洲评估准则研究和制定工作已取得重大进展。RICS的最终目标是提供单一的一套国际评估核心标准和支持指南，以便为全世界的评估师提供一个共同的框架，并认可国际评估准则委员会是最适合于实现此目标的实体。为此，RICS已经决定尽可能采用《国际评估准则》，并将这些标准融合到RICS标准之中。2003年，根据国际评估行业的发展趋势，参考《国际评估准则》的所有重要理念和思路，形成了英国的评估实务准则，该准则适用于RICS世界各地的所有会员从事各种目的的评估业务，供全球100多个国家的RICS的会员及其委托方遵循和参考。

第四节　资产评估监管

一、我国资产评估行业的行政监管

根据 2021 年 11 月公布的《国家职业资格目录（2021 年版）》，目前我国评估行业包括资产评估师、房地产估价师、矿业权评估师三种职业资格。资产评估师由财政部负责监督管理，房地产估价师由住房和城乡建设部、自然资源部负责监督管理，矿业权评估师由自然资源部负责监督管理。其中，财政部门监管的资产评估具有综合性特征。

（一）财政部门的监管范围

根据《资产评估行业财政监督管理办法》规定，资产评估机构及其资产评估专业人员根据委托对单项资产、资产组合、企业价值、金融权益、资产损失或者其他经济权益进行评定、估算，并出具资产评估报告的专业服务行为和财政部门对资产评估行业实施监督管理，适用本办法。

资产评估机构及其资产评估专业人员从事前款规定业务，涉及法律、行政法规和国务院规定由其他评估行政管理部门管理的，按照其他有关规定执行。

（二）监管原则与监管职责范围

1. 监管原则

根据《资产评估行业财政监督管理办法》，财政部门对资产评估行业监督管理实行行政监管、行业自律与机构自主管理相结合的原则。

2. 监管职责范围

各监管机构的职责范围如表 5-1 所示。

表 5-1　各监管机构的职责范围

监管机构	监管职责
财政部	(1) 负责统筹财政部门对全国资产评估行业的监督管理。 (2) 制定有关监督管理办法。 (3) 制定资产评估基本准则。 (4) 指导和督促地方财政部门实施监督管理。 (5) 对资产评估机构从事证券期货相关资产评估业务实施监督管理
地方财政部门	各省、自治区、直辖市、计划单列市财政厅（局）（以下简称"省级财政部门"）负责对本行政区域内的资产评估行业实施监督管理
省级财政部门	负责本地区资产评估机构和分支机构的备案管理
资产评估协会	(1) 中国资产评估协会依照法律、行政法规、《资产评估行业财政监督管理办法》和协会章程的规定，负责全国资产评估行业的自律管理。 (2) 地方资产评估协会依照法律、法规、《资产评估行业财政监督管理办法》和本级协会章程的规定，负责本地区资产评估行业的自律管理

(三)资产评估专业人员的监管

(1)资产评估专业人员从事资产评估业务,应当加入资产评估机构,并且只能在一个资产评估机构从事业务。

(2)资产评估专业人员应当与资产评估机构签订劳动合同,建立社会保险缴纳关系,按照国家有关规定办理人事档案存放手续。

(3)资产评估专业人员从事资产评估业务,应当依法签署资产评估报告,不得签署本人未承办业务的资产评估报告或者有重大遗漏的资产评估报告。

(4)未取得资产评估师资格的人员,不得签署法定资产评估业务资产评估报告。

(5)资产评估专业人员不得从事损害资产评估机构合法利益的活动。

(四)监督检查和调查处理

1. 监督检查

财政部门开展资产评估行业监督检查,应当由本部门两名以上执法人员组成检查组。具体按照财政检查工作的有关规定执行监督检查任务。检查过程中,发现资产评估专业人员、资产评估机构和资产评估协会存在违法情形的,应当依法处理、处罚;涉嫌犯罪的,移送司法机关处理。当事人对行政处理、行政处罚决定不服的,可以依法申请行政复议或者提起行政诉讼。

2. 调查处理

对于资产评估机构或资产评估专业人员的不当行为,资产评估委托人或资产评估报告使用人可以向对该资产评估机构备案的省级财政部门进行投诉、举报;其他公民、法人或其他组织可以向对该资产评估机构备案的省级财政部门举报。

加强行政执法监督工作体系建设,要坚持以习近平新时代中国特色社会主义思想特别是习近平法治思想为指导,深入贯彻党的二十大和二十届二中全会精神,深刻领悟"两个确立"的决定性意义,增强"四个意识"、坚定"四个自信"、做到"两个维护",持续完善监督制度、严格落实监督职责、不断创新监督方式,充分发挥行政执法监督对行政执法工作的统筹协调、规范管理、指导监督、激励保障作用。

二、我国资产评估行业自律管理

资产评估协会是评估机构和评估专业人员的自律性组织,依照法律、行政法规和章程实行自律管理。《资产评估行业财政监督管理办法》对资产评估协会及其自律管理的规定主要有:

(1)资产评估协会是资产评估机构和资产评估专业人员的自律性组织,接受有关财政部门的监督,不得损害国家利益和社会公共利益,不得损害会员的合法权益。

(2)资产评估协会通过制定章程规范协会内部的管理和活动。协会章程应当由会员代表大会制定,经登记管理机关核准后,报有关财政部门备案。

(3)资产评估协会应当依法履行职责,向有关财政部门提供资产评估师信息,及时向有关财政部门报告会员信用档案、会员自律检查情况及奖惩情况。

(4)资产评估协会对资产评估机构及其资产评估专业人员进行自律检查。资产评估机构及其资产评估专业人员应当配合资产评估协会组织实施的自律检查。资产评估协会应当重点检查资产评估机构及其资产评估专业人员的执业质量和职业风险防范机制。

（5）资产评估协会应当结合自律检查工作，对资产评估机构及其分支机构按照规定于每年3月31日之前报送的材料进行分析，发现不符合法律、行政法规和本办法规定的情况，及时向有关财政部门报告。

（6）资产评估协会应当与其他评估专业领域行业协会加强沟通协作，建立会员、执业、惩戒等相关信息的共享机制。中国资产评估协会应当会同其他评估专业领域行业协会根据需要制定共同的行为规范，促进评估行业健康有序发展。

三、资产评估机构的自主管理

《资产评估行业财政监督管理办法》对资产评估机构自主管理的主要内容有：

（1）资产评估机构应当依法采用合伙或者公司形式，并符合《资产评估法》第十五条规定的条件。

（2）资产评估机构从事资产评估业务，应当遵守资产评估准则，履行资产评估程序。

（3）资产评估机构开展法定资产评估业务，应当指定至少两名资产评估师承办。不具备两名以上资产评估师条件的资产评估机构，不得开展法定资产评估业务。法定资产评估业务资产评估报告应当由两名以上承办业务的资产评估师签署，并在履行内部程序后加盖资产评估机构印章，资产评估机构及签字资产评估师依法承担责任。

（4）资产评估机构应当遵守独立性原则和资产评估准则规定的资产评估业务回避要求，不得受理与其合伙人或者股东存在利害关系的业务。

（5）资产评估机构应当建立健全质量控制制度和内部管理制度。其中，内部管理制度包括资产评估业务管理制度、业务档案管理制度、人事管理制度、继续教育制度、财务管理制度等。

（6）资产评估机构应当指定一名取得资产评估师资格的本机构合伙人或者股东专门负责执业质量控制工作。

（7）资产评估机构根据业务需要建立职业风险基金管理制度，或者自愿购买职业责任保险，完善职业风险防范机制。资产评估机构建立职业风险基金管理制度的，按照财政部的具体规定提取、管理和使用职业风险基金。

（8）实行集团化发展的资产评估机构，应当在质量控制、内部管理、客户服务、企业形象、信息化等方面，对设立的分支机构实行统一管理，或者对集团成员实行统一政策。分支机构应当在资产评估机构授权范围内，依法从事资产评估业务，并以资产评估机构的名义出具资产评估报告。

（9）资产评估机构和分支机构均加入资产评估协会的，平等享有章程规定的权利，履行章程规定的义务。

（10）资产评估机构和分支机构应当在每年3月31日之前，分别向所加入的资产评估协会报送下列材料：①资产评估机构或分支机构基本情况；②上年度资产评估项目重要信息；③资产评估机构建立职业风险基金或者购买职业责任保险情况；购买职业责任保险的，应当提供职业责任保险保单信息。

知识育人探讨

《资产评估法》自 2016 年 12 月 1 日施行以来,在规范评估行为、保护评估当事人合法权益和公共利益、促进评估行业发展、维护社会主义市场经济秩序等方面,发挥了重要作用。但是,我国经济社会在快速发展,国资国企改革也在不断深入,结合评估行业管理现状及发展目标,《资产评估法》在实施过程中也出现了不同的问题,需要针对现行条款作补充修改、完善,以进一步促进评估行业健康发展、提升评估管理水平。

如何完善我国资产评估法律制度与准则以适应市场经济的发展?

二十大专栏

主题:依法治国、依法执政、依法行政共同推进,坚持法治国家、法治政府、法治社会内容。

中国资产评估协会全面发挥行业党建作用,不断深化行业法治化、专业化、规范化、信息化、国际化建设,确保行业高质量发展,蹄疾步稳向前推进。

一、注重推进行业法治化建设

推动修订资产评估法,更好适应行业发展新形势新要求。贯彻落实全面依法治国战略,积极配合财政部条法司、资产管理司,推动《资产评估法》《国有资产评估管理办法》等法律制度的修订,不断完善法规体系,着力保障行业更好服务经济社会发展大局和财政中心工作。

二、注重加强行业专业化建设

及时跟进理论研究,服务领域不断拓宽。客观分析行业发展现状,发布年度中国资产评估行业发展报告和年度我国主板市场资产评估情况统计分析报告。坚持创新发展理念,聚焦国家重大战略和产业政策实施,深化行业重点领域研究,在知识产权、数据资产、生态产品、自然资源、碳资产、科技成果、关键核心技术等领域形成丰硕研究成果。扎实推进一般课题、重大课题研究工作,创新开展青年研究项目,发掘培育一批行业新生研究力量。

持续加强资产评估准则体系建设,指导资产评估师规范执业。围绕党中央、国务院相关决策部署及财政中心工作,及时研究制定知识产权资产评估执业准则、数据资产评估指导意见、公募 REITs 评估专家指引等资产评估准则或专家指引。目前,资产评估行业准则涵盖基本准则、职业道德准则、程序性准则、实体性准则、评估指南、指导意见等方面。

三、注重提升行业规范化水平

依法健全会员管理体系,提升行业治理效能。修订协会章程、会员管理办法、会费管理办法、会员信用档案管理办法等制度,做好会员管理顶层设计,进一步完善会员管理体系,有效提升会员管理水平。规范资产评估业务报备工作,加强资产评估报告管理,有效解决资产评估报告统计难、量化难、检查难等问题。建立资产评估机构专业特长披露机制,引导评估机构做优做强、做精做专,激发行业内生活力和动力。

依法强化自律监管,不断提高执业质量。聚焦具有重大影响的评估项目,重点查处关键评估程序未执行到位、出具重大遗漏或虚假评估报告等严重违法违规问题，加大对无证经营、挂名执业、违规提供报告、超出胜任能力执业等违法违规行为的整治力度。与财政部监督评价局建立资产评估行业联合监管机制，形成监管合力。建立资产评估机构证券服务业务"首单必查"工作机制，加大证券服务业务检查力度，进一步压实证券评估机构自主管理责任。

高质量组织资格考试，培养资产评估后备人才。中评协高度重视人才培养工作，自1996年首次举办资产评估师考试以来，共组织26次考试，超过114万人报名参加，累计有8万多人取得资产评估师职业资格证书。利用高校资源优势，在师资建设、教材建设、课程设置等方面给予组织、协调和引导，促进资产评估专业人才培养与评估行业需求相结合，提升人才自主培养水平。深化会员继续教育服务，创新人才培养体系，形成以高端人才为引领、资产评估师为中坚、资产评估从业人员为后备的行业人才梯队。适应行业发展的新形势、新任务、新要求，组织开展线上、线下培训，不断提升会员专业胜任能力和执业水平。

四、注重提升行业信息化水平

升级"资产评估行业管理统一信息平台"，建设资产评估机构、资产评估师、评估业务三大共享数据库。制定资产评估执业辅助系统技术标准，引导资产评估机构开展信息化建设，规范资产评估机构开发应用信息化产品及工具。构建各级协会信息交流渠道，上线新版中评协办公自动化系统，逐步建设中评协、地方协会统一办公平台，推动实现一体化。

五、注重推动行业国际化发展

中评协在国际评估组织中认真履职，积极参加国际评估组织的各类会议，参与国际评估事务决策，推动国际评估准则体系建设，与国际评估组织保持经常性联系，妥善回应外方关切的热点问题，加强我国评估行业发展成就的宣介，树立良好国际形象，推动行业国际化发展。加强国内外评估准则专业协调性，开展《国际评估准则》中文版翻译出版工作，完成中国资产评估准则、资产评估法英文译本的翻译、审校和修订工作，扩大中国资产评估准则的国际传播影响力。建立国际化业务专家库，制定管理办法，开展专家遴选工作，为会员境外执业提供帮助指导。

文章来源：甘肃省注册会计师协会/甘肃省资产评估协会官网 2023年12月29日

第六章　资产评估报告与档案

知识目标

掌握资产评估报告的基本要求与基本内容；掌握资产评估档案的归集和管理；熟悉资产评估报告的分类；熟悉国有资产评估报告的特殊要求；熟悉工作底稿的分类、编制要求和内容；了解资产评估报告及其规范要求。

素质目标

通过学习资产评估报告与档案的管理，学生能够严格遵守国家法律法规和行业规范，确保操作规范化、标准化；能够严格遵守保密规定，确保客户信息和评估数据的保密性；树立高度的责任感，勇于担当，确保资产评估报告与档案的质量和可靠性。

能力目标

能够运用所学知识和技能，独立完成资产评估项目的评估工作，撰写规范的资产评估报告。

思维导图

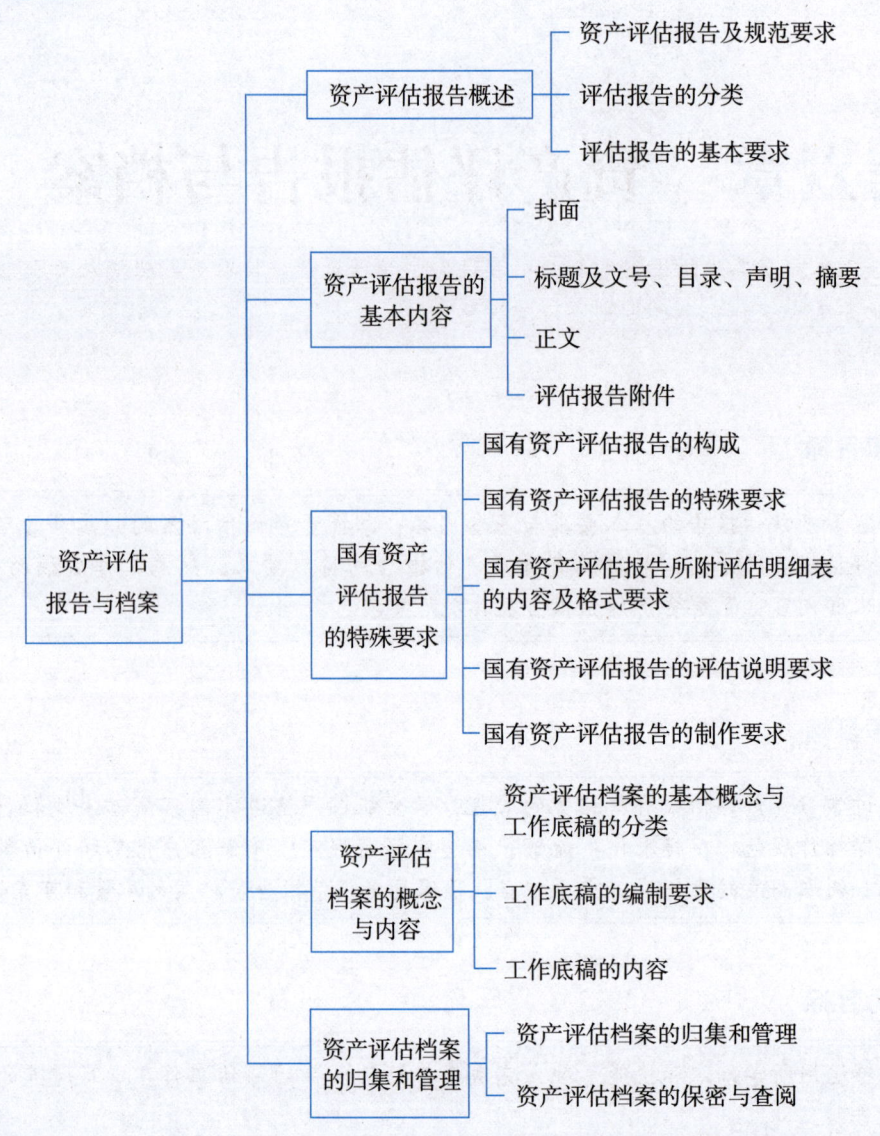

- 资产评估报告与档案
  - 资产评估报告概述
    - 资产评估报告及规范要求
    - 评估报告的分类
    - 评估报告的基本要求
  - 资产评估报告的基本内容
    - 封面
    - 标题及文号、目录、声明、摘要
    - 正文
    - 评估报告附件
  - 国有资产评估报告的特殊要求
    - 国有资产评估报告的构成
    - 国有资产评估报告的特殊要求
    - 国有资产评估报告所附评估明细表的内容及格式要求
    - 国有资产评估报告的评估说明要求
    - 国有资产评估报告的制作要求
  - 资产评估档案的概念与内容
    - 资产评估档案的基本概念与工作底稿的分类
    - 工作底稿的编制要求
    - 工作底稿的内容
  - 资产评估档案的归集和管理
    - 资产评估档案的归集和管理
    - 资产评估档案的保密与查阅

知识引例

×××有限公司机器设备搬迁补偿评估报告

(一)被检查资产评估报告基本情况

2022年1月10日出具青子平所评字（2022）第002号评估报告，评估类型：单项资产；签字资产评估师：安××、高××；评估基准日：2021年12月31日；评估项目：×××有限公司机器设备搬迁补偿评估报告，评估价值232万元。

(二)评估报告存在的问题

1. 整理归集评估档案方面

问题类型：未按照规定进行档案管理。

具体描述：评估工作底稿未编制工作底稿目录，未建立必要的索引号。

对应准则：《资产评估执业准则——资产评估档案》第十四条"资产评估专业人员应当根据资产评估业务特点和工作底稿类别，编制工作底稿目录，建立必要的索引号，以反映工作底稿间的钩稽关系。"

2. 明确业务基本事项方面

问题类型：未进行专业胜任能力评价。

具体描述：底稿中未见专业胜任能力评价表。

对应准则：《资产评估执业准则——资产评估程序》第九条"资产评估机构应当对专业能力、独立性和业务风险进行综合分析和评价。受理资产评估业务应当满足专业能力、独立性和业务风险控制要求，否则不得受理"。

3. 明确业务基本事项方面

问题类型：无独立性声明或独立性声明人员不完整。

具体描述：底稿中未见独立性声明。

对应准则：《资产评估执业准则——资产评估程序》第九条"资产评估机构应当对专业能力、独立性和业务风险进行综合分析和评价。受理资产评估业务应当满足专业能力、独立性和业务风险控制要求，否则不得受理"。

4. 明确业务基本事项方面

问题类型：未进行风险评价或风险评价不完整。

具体描述：底稿中未见风险评价表。

对应准则：《资产评估执业准则——资产评估程序》第九条"资产评估机构应当对专业能力、独立性和业务风险进行综合分析和评价。受理资产评估业务应当满足专业能力、独立性和业务风险控制要求，否则不得受理"。

5. 编制出具评估报告方面

问题类型：复核不到位，流于形式。

具体描述：工作底稿中未反应内部审核过程。

对应准则：《资产评估执业准则——资产评估档案》第十三条"工作底稿中应当反应内部审核过程"。

6. 订立业务委托合同方面

问题类型：委托合同盖章、签字要件不完整。

具体描述：资产评估业务约定书未签字。

对应准则：《资产评估执业准则——资产评估委托合同》第四条"资产评估委托合同应当由资产评估机构的法定代表人（或者执行合伙事务合伙人）签字并加盖资产评估机构印章"。

7. 收集整理评估资料方面

问题类型：未根据资产评估业务具体情况收集资产评估业务需要的数据资料，包括历史数据、行业数据等收集不完备。

具体描述：未见操作类工作底稿。

对应准则：《资产评估执业准则——资产评估档案》第九条"工作底稿通常分为管理类工作底稿和操作类工作底稿"。

8. 编制出具评估报告方面

问题类型：未按评估准则出具评估报告，缺少重要内容，包括评估假设、评估方法适用性分析、经济行为文件等。

具体描述：评估报告封面未按评估准则要求编制。

对应准则：《资产评估执业准则——资产评估报告》对评估报告封面的格式要求为"企业名称+经济行为关键词+评估对象+资产评估报告"。

9. 编制出具评估报告方面

问题类型：未按评估准则出具评估报告，缺少重要内容，包括评估假设、评估方法适用性分析、经济行为文件等。

具体描述：未见评估方法适用性分析；报告附件未见评估机构备案文件；未见委托人和其他相关当事人承诺函。

对应准则：《资产评估执业准则——资产评估报告》第二十八条"资产评估报告附件通常包括：(一)评估对象所涉及的主要权属证明资料；(二)委托人和其他相关当事人的承诺函；(三)资产评估机构及签名资产评估专业人员的备案文件或者资格证明文件；(四)资产评估汇总表或者明细表；(五)资产账面价值与评估结论存在较大差异的说明"。

10. 明确业务基本事项方面

问题类型：资产评估业务基本事项不完整。

具体描述：未见评估业务基本事项调查表。

对应准则：《资产评估执业准则——资产评估程序》第八条"资产评估机构受理资产评估业务前，应当明确下列资产评估业务基本事项：(一)委托人、产权持有人和委托人以外的其他资产评估报告使用人；(二)评估目的；(三)评估对象和评估范围；(四)价值类型；(五)评估基准日；(六)资产评估项目所涉及的需要批准的经济行为的审批情况；(七)资产评估报告使用范围；(八)资产评估报告提交期限及方式；(九)评估服务费及支付方式；(十)委托人、其他相关当事人与资产评估机构及其资产评估专业人员工作配合和协助等需要明确的重要事项"。

第一节 资产评估报告概述

一、资产评估报告及规范要求

资产评估报告是指资产评估机构及其资产评估专业人员遵守法律、行政法规和资产评估准则，根据委托履行必要的评估程序后，由资产评估机构对评估对象在评估基准日特定目的下的价值出具的专业报告。资产评估专业人员应当根据评估业务的具体情况，提供能够满足委托人和其他评估报告使用人合理需求的评估报告，并在评估报告中提供必要信息，使评估报告使用人能够正确理解和使用评估结论。资产评估报告应当按照一定格式和内容进行编写，反映评估的目的、假设、程序、标准、依据、方法、结果及适用条件等基本信息。

我国的资产评估行政监管部门一直重视资产评估报告的规范性。20世纪90年代，资产评估主要服务于国有企业的改革和对外开放，资产评估报告的相关规范最初也由国有资产管理部门制定。1992年，国家国有资产管理局出台《国有资产评估管理办法施行细则》，对国务院《国有资产评估管理办法》要求资产评估机构出具的资产评估结果报告书应当包含的内容提出了要求。1993年，国家国有资产管理局制定和发布《关于资产评估报告书的规范意见》，进一步规范了资产评估报告书的出具和内容；同年，资产评估协会成立后，资产评估报告书的专业标准改由行业协会制定。1996年，国家国有资产管理局转发了中国资产评估协会制定的《资产评估操作规范意见（试行）》，这一文件规定了资产评估报告书及送审专用材料的具体要求，以及对资产评估工作底稿和项目档案管理的要求，进一步完善了资产评估报告制度。该文件规定，资产评估报告书包括正文和附件两部分，《资产评估报告书送审专用材料》专门报送国有资产评估行政主管部门或评估行业管理机构，其内容主要包括该送审专用材料使用范围的声明，评估结果汇总表，各项资产负债的清查评估明细表，企业清查资产和资产评估机构抽查、核实情况，各类资产、负债评估情况详细说明，关于无形资产的情况说明，企业资产负债表等原始会计资料，评估对象是整体企业时"运用收益现值法或其他方法对整体企业进行分析、验证评估的情况"等文件资料。

1998年，国资局被撤销后，财政部行使国有资产评估管理和资产评估行业管理职能。1999年，财政部颁布《关于印发〈资产评估报告基本内容与格式的暂行规定〉的通知》（财评字〔1999〕91号），对原有的资产评估报告制度做了进一步修改完善。按照该规定，凡按当时资产评估管理有关规定承接的各类资产评估项目必须遵循该规定，该规定所称的资产评估报告由资产评估报告书正文、资产评估说明、资产评估明细表及相关附件构成。

这一时期的资产评估报告主要为国有资产监管服务，为国有资产评估行政主管部门或评估行业管理机构审查确认资产评估报告服务。因此，资产评估报告在内容上需要满足国有资产监管的要求。

2003年，国务院设立国有资产监督管理委员会，从财政部接手了国有资产管理的部分职能，报告的标准仍然沿用财政部发布的《资产评估报告基本内容与格式的暂行规定》（该规定于2011年2月被废止）。2007年，中国资产评估协会发布了《资产评估执业准则——评估报告》，该准则是我国资产评估行业规范各类资产评估报告编制和出具行为的执业准则。为了更好地服务于国有资产评估业务，2008年、2010年中国资产评估协会为适应非金融企业和金融企业国有资产评估管理的需要，根据相关国有资产评估管理规定和《资产评估执业准则——评估报告》，先后制定并发布了《企业国有资产评估报告指南》和《金融企业国有资产评估报告指南》，形成了专门规范不同类型企业的国有资产评估报告编制和出具的执业准则。

随着资产评估服务领域的扩大，资产评估业务日益呈现多元化发展态势。《资产评估法》出台后，中国资产评估协会于2017年依据《资产评估法》对《资产评估执业准则——资产评估报告》《企业国有资产评估报告指南》和《金融企业国有资产评估报告指南》进行了修订；并于2018年对《资产评估执业准则——资产评估报告》的部分内容进行了修订，增加了对只采用一种评估方法的披露要求，补充要求在特别事项说明部分披露委托人未提供的其他关键资料的情况、评估程序受限的有关情况、评估机构采取的弥补措施及对评估结论的影响情况，在附件中增加了资产账面价值与评估结论存在较大差异的说明。

《资产评估执业准则——资产评估报告》主要从基本遵循、报告内容、出具要求等方面对评估报告进行规范；《企业国有资产评估报告指南》和《金融企业国有资产评估报告指南》则是从国有资产评估报告的基本内容与格式方面，对评估报告的标题、文号、目录、声明、摘要、正文、附件、评估明细表和评估说明，以及出具与装订等进行规范。

二、资产评估报告的分类

根据不同的分类标准，可以对资产评估报告进行不同的分类。

(一) 按《资产评估法》中规定的法律定位划分

按《资产评估法》中规定的法律定位划分，资产评估报告可分为法定评估业务评估报告和非法定评估业务评估报告。

《资产评估法》规定："涉及国有资产或者公共利益等事项，法律、行政法规规定需要评估的，应当依法委托评估机构评估。"该法将该类评估简称为法定评估。

《企业国有资产法》《国有资产评估管理办法》等对国有资产应当评估的情形作出了规定，包括国有企业合并、分立、改制，转让重大财产，以非货币财产对外投资，清算等行为，但是涉及国有资产的评估业务不一定都属于法定评估业务，例如，以财务报告为目的的资产评估就不属于法定评估业务。《公司法》规定，对作为出资的非货币财产应当评估作价。该类资产评估业务也属于法定评估业务。

因此，涉及国有资产或者公共利益等事项，法律、行政法规规定需要评估的法定评估业务，所出具的评估报告均为法定评估业务评估报告，比如按照国有资产评估管理的相关规定出具的国有资产评估报告。

除此以外开展的评估业务所出具的评估报告均属于非法定评估业务评估报告。

(二) 按评估对象划分

按资产评估对象进行分类，资产评估报告可分为整体资产评估报告和单项资产评估报告。

对整体资产(企业、单位或业务等)进行评估所出具的资产评估报告称为整体资产评估报告。整体资产评估报告包括企业整体资产价值评估报告、企业股权价值评估报告、业务资产价值评估报告等。

对一项或若干项以独立形态存在、可以单独发挥作用或以个体形式进行交易的资产进行评估所出具的资产评估报告称为单项资产评估报告。单项资产评估报告包括房地产评估报告、机器设备评估报告、无形资产评估报告等。

尽管整体资产评估报告和单项资产评估报告的基本格式相同，但因二者在具体业务上存在一些差别，所以两者在报告的内容上也存在一些差别。一般情况下，整体资产评估报告的报告内容不仅包括资产，也包括负债和股东权益(所有者权益)，而单项资产评估报告一般不考虑负债情况。

(三) 按报告的繁简程度划分

按照评估报告的繁简程度，国外将评估报告分为评估报告和限制型评估报告，并要求评估师应在评估报告中明确说明评估报告的类型。评估报告、限制型评估报告的区别在于报告所提供内容和信息的详细程度。相对于评估报告，限制型评估报告在提供符合披露要求的评估所需的最低限度信息时，需要增加显著的报告使用人和使用用途限制说明。此外，将评估报告区分为文字叙述型评估报告和表格型评估报告，也体现了对评估报告按繁简程度分类的理念。

我国资产评估准则明确规定资产评估报告的详略程度可以根据评估对象的复杂程度、

委托人的合理要求确定，但没有规定资产评估报告按繁简程度进行划分的具体类型。

（四）按评估基准日划分

根据评估基准日的不同，评估报告可以分为评估基准日为现在时点的现时性评估报告、评估基准日为未来时点的预测性评估报告以及评估基准日为过去时点的追溯性评估报告。例如，某法院委托进行司法诉讼评估，法院欲了解的是诉讼标的在三年前某一时点的市场价值，委托评估机构进行评估，此时出具的评估报告即为追溯性评估报告；又如，某银行发放抵押贷款，银行欲了解抵押物在两年后某一时点的市场价值，委托评估机构进行评估，此时出具的评估报告即为预测性评估报告。

（五）按监管主体的要求划分

按照国有资产监管要求出具的资产评估报告属于国有资产业务评估报告，其他报告则属于非国有资产业务评估报告。国有资产业务评估报告和非国有资产业务评估报告并非简单按照评估对象的产权归属是否为国有进行划分的。

国有资产业务评估报告是指根据国有资产评估管理规定从事涉及国有资产的评估业务，依据《资产评估执业准则——资产评估报告》《企业国有资产评估报告指南》或《金融企业国有资产评估报告指南》编制出具的资产评估报告。涉及国有资产的评估业务不仅包括国有单位相关经济行为涉及的国有资产评估，还包括国有单位相关经济行为涉及的非国有资产评估。上述涉及国有资产评估业务之外，按照《资产评估执业准则——资产评估报告》的要求编制出具的，属于非国有资产业务评估报告。

需要说明的是，在实际监管和实务中，有些非国资业务的评估报告也采用国资业务评估报告所要求的形式编制出具，比如，服务于资本市场的并购重组等行为的部分资产评估业务就存在类似情形。

三、资产评估报告的基本要求

（一）陈述的内容应当清晰、准确，不得有误导性的表述

资产评估专业人员应当以清晰准确的方式对资产评估报告的内容进行表述，不得存在歧义或误导性陈述，不应引起报告使用人的误解。由于评估报告将提供给委托人、评估委托合同中约定的其他评估报告使用人和法律、行政法规规定的使用人使用，但除委托人以外，其他评估报告使用人可能没有机会与资产评估专业人员进行充分沟通，而仅能依赖评估报告中的文字性表述来理解和使用评估结论，所以资产评估专业人员必须特别注意评估报告的表述方式，不应引起使用者的误解。同时，评估报告作为一个具有法律意义的文件，用语必须清晰、准确，不应有意或无意地使用存在歧义或误导性的表述。

（二）应当提供必要信息，使资产评估报告使用人能够正确理解和使用评估结论

资产评估专业人员应当根据每一个评估项目的具体情况和委托方的合理要求，确定评估报告中所提供信息的范围和程度，使评估报告使用人能够正确理解和使用评估报告的结论。判定一份评估报告是否提供了必要的信息，要看评估报告使用人在阅读评估报告后能否对评估结论有正确的理解。这虽然是一个原则性的外部标准，但对于评估报告是一个合理的要求。无论评估报告使用人对评估专业知识知晓与否，其都应在阅读评估报告后对相关法律法规、会计政策、被评估单位所处经营环境等方面拥有合理的了解。只有这样，才

能体现资产评估专业人员尽到了勤勉尽责的义务。

(三)详略程度可以根据评估对象的复杂程度、委托人的要求合理确定

确定资产评估报告的详略程度应当以评估报告提供的必要信息为前提。委托人和其他评估报告使用人是评估报告的服务对象，所以，评估报告内容的详略程度要考虑报告使用人的合理需求。随着市场经济体制的逐步完善，市场主体对评估专业服务的需求也日趋多样化，这与以往评估报告单纯为国有企业和国有资产管理部门服务的状况有较大区别。评估报告使用人可能会要求资产评估专业人员在评估报告中不仅提供评估结论，还要体现形成评估结论的详细过程，或者要求在评估报告中对某些方面进行更为详细的说明。因此，资产评估报告的详略程度应当根据评估对象的复杂程度、委托人的合理需求来确定。

(四)评估程序受限时对评估报告出具的要求

评估报告是在履行评估程序的基础上完成的。现实工作中，由于资产的特殊性、客观条件限制等原因，评估程序的履行可能存在障碍，需要资产评估专业人员采取相关的替代程序。因法律法规规定、客观条件限制，无法或者不能完全履行资产评估基本程序，经采取措施弥补程序缺失，且未对评估结论产生重大影响的，可以出具资产评估报告，但应当在资产评估报告中说明资产评估程序受限情况、处理方式及其对评估结论的影响。如果程序受限会对评估结论产生重大影响或者无法判断其影响程度，资产评估专业人员不应出具资产评估报告。

(五)签字印章要求

在资产评估机构履行内部审核程序后，资产评估报告应当由至少两名承办该项业务的资产评估专业人员签名并加盖资产评估机构印章。法定评估业务的资产评估报告应当由至少两名承办该项业务的资产评估师签名并加盖资产评估机构印章。资产评估专业人员只能对本人参与过的评估项目签署评估报告，不得代他人签署，亦不得允许他人以本人名义签字。

(六)语言及汇率要求

资产评估报告应当使用中文撰写。需要同时出具中外文资产评估报告的，中外文资产评估报告存在不一致的，应当以中文资产评估报告为准。

资产评估报告一般以人民币为计量币种，使用其他币种计量的，应当注明该币种在评估基准日与人民币的汇率。

(七)评估结论的使用有效期

由于评估结论反映的是评估基准日的价值判断，其价值仅在评估基准日成立，所以资产评估报告应当明确评估结论的使用有效期。超过有效期限，评估基准日的评估结论很可能不能反映经济行为发生日的评估结论。

在基准日后的某个时期经济行为发生时，市场环境或资产状况未发生较大变化，评估结论在此期间有效，一旦市场价格标准或资产状况出现较大变动，则评估结论失效。对于现时性资产评估业务，通常只有当评估基准日与经济行为实现日相距不超过一年时，才可以使用资产评估报告。当然，有时评估基准日至经济行为发生日不到一年，市场条件或资产状况就发生了重大变化，评估报告的结论不能反映经济行为实现日的价值，这时也应该重新评估。

【例6-1】下列关于评估报告基本要求的描述，错误的是(　　)。

A. 评估报告作为一个具有法律意义的文件，用语必须清晰、准确，不应有意或无意地使用存在歧义或误导性的表述

B. 判定一份评估报告是否提供了必要的信息，就要看评估报告使用人在阅读评估报告后能否对评估结论有正确的理解

C. 资产评估报告的详略程度是以评估报告中提供的必要信息为前提的

D. 如果程序受限对评估结论产生重大影响或者无法判断其影响程度，可以出具资产评估报告，但是需要说明情况

【正确答案】D

【答案解析】如果程序受限对评估结论产生重大影响或者无法判断其影响程度，不可以出具资产评估报告。

知识育人探讨

> 在二十大精神的指引下，法治与规范成为资产评估行业的主旋律。这不仅仅是对法律法规的遵守，更是对公平正义的追求。它让我们明白，在生活的每一个角落，都需要我们保持清醒的头脑，坚守道德底线，用我们的行动去诠释法治与规范的真谛。
>
> 资产评估行业需要不断实践和创新，正如生活中的我们也需要不断前行和探索。资产评估报告与档案，就是我们前行的指南和创新的源泉。它们教会我们如何在实践中积累经验，如何在创新中寻找突破。让我们在生活的道路上，不断奏响实践与创新的和声，书写属于自己的精彩篇章。
>
> 资产评估报告与档案，既是知识的宝库，也是生活的缩影。它们将专业知识与日常生活紧密相连，让我们在品味生活的同时，也能感受到知识的力量。让我们在生活的交响中，感受知识的温度，用知识的光芒照亮前行的道路。
>
> 资产评估档案应如何构建以确保评估过程的可追溯性和透明度？

第二节　资产评估报告的基本内容

根据《资产评估执业准则——资产评估报告》的规范，资产评估报告的内容包括：标题及文号、目录、声明、摘要、正文、附件。评估实务中，资产评估报告通常由封面、目录、声明、摘要、正文、附件组成。其中，封面、摘要和正文均要求列出报告的标题及文号。

一、封面

《资产评估执业准则——资产评估报告》的附件1和附件2分别提供了"资产评估报告封面参考样式"及其说明。按照该附件，资产评估报告封面的左上方标示有"本资产评估报告依据中国资产评估准则编制"，在封面的中部书写评估报告的标题、文号、册数（包括装订总册数、装订册序号），在封面的底部书写评估机构的名称和资产评估报告日。

二、标题及文号、目录、声明、摘要

(一)标题及文号、目录

1. 标题

资产评估报告是指资产评估机构及其资产评估专业人员遵守法律、行政法规和资产评估准则，根据委托履行必要的资产评估程序后，由资产评估机构对评估对象在评估基准日特定目的下的价值出具的专业报告。只有符合该定义的评估报告，才能以"评估报告"为标题出具。资产评估机构及其资产评估专业人员在执行与估算相关的其他业务时，虽然可以参照评估报告准则出具相关报告，但此类报告并不是评估报告，不得以"评估报告"作为标题出具，以免给委托人和报告使用人造成误解。

资产评估报告的标题格式一般为"企业名称+经济行为关键词+评估对象+资产评估报告"，例如，A公司委托资产评估机构对其拟用于出资的机器设备进行评估，则为该委托事项出具的资产评估报告的标题表述为"A公司拟对外投资所涉及的机器设备资产评估报告"。

2. 文号

资产评估报告文号的格式要求包括资产评估机构特征字、种类特征字、年份、报告序号。资产评估机构特征字用于识别出具报告的评估机构，通常以体现评估机构名称特征的简称表述；种类特征字用于体现报告对应的专业服务类型(评估、咨询等)，资产评估报告的种类特征字通常表述为"评报字"。例如，北京AB资产评估有限公司2020年出具的顺序为第100号的资产评估报告，对应的资产评估报告文号可以表述为"AB评报字(2020)第100号"。

在实践中，资产评估机构还可以根据内部管理的需要对报告序号的编制要求加以细化。例如，一些评估机构在报告文号的报告序号中增加了识别其内部具体承办业务的部门(分公司)的特征字段。

3. 目录

目录应当包括报告中每一部分的标题和相应页码。

(二)声明

资产评估报告的声明通常包括以下内容。

(1)本资产评估报告依据财政部发布的资产评估基本准则和中国资产评估协会发布的资产评估执业准则和职业道德准则编制。

(2)委托人或者其他资产评估报告使用人应当按照法律、行政法规规定和资产评估报告载明的使用范围使用资产评估报告；委托人或者其他资产评估报告使用人违反前述规定使用资产评估报告的，资产评估机构及其资产评估专业人员不承担责任。

(3)资产评估报告仅供委托人、资产评估委托合同中约定的其他资产评估报告使用人和法律、行政法规规定的资产评估报告使用人使用；除此之外，其他任何机构和个人不能成为资产评估报告的使用人。

(4)资产评估报告使用人应当正确理解和使用评估结论，评估结论不等同于评估对象可实现价格，评估结论不应当被认为是对评估对象可实现价格的保证。

(5)资产评估报告使用人应当关注评估结论成立的假设前提、资产评估报告特别事项说明和使用限制。

（6）资产评估机构及其资产评估专业人员遵守法律、行政法规和资产评估准则，坚持独立、客观和公正的原则，并对所出具的资产评估报告依法承担责任。

（7）其他需要声明的内容。

需要注意的是，准则的要求仅是一般性声明内容，资产评估专业人员在执行具体评估业务时，还应根据评估项目的具体情况，调整或细化声明内容。

（三）摘要

《资产评估执业准则——资产评估报告》规定，资产评估报告摘要通常提供资产评估业务的主要信息及评估结论。但该准则没有对这些主要信息的披露提出具体的要求，实务中通常参考企业国有资产评估报告对"评估报告摘要"的披露要求进行撰写。

资产评估专业人员应根据评估业务的性质、评估对象的复杂程度、委托人要求等，合理确定摘要中需要披露的其他信息。

摘要内容应当与评估报告揭示的相关内容一致，不得有误导性内容。

三、正文

（一）委托人及其他资产评估报告使用人

资产评估报告使用人包括委托人、资产评估委托合同中约定的其他资产评估报告使用人和法律、行政法规规定的资产评估报告使用人。评估报告应当阐明委托人和其他评估报告使用人的身份，包括名称或类型。

（二）评估目的

资产评估目的应当披露资产评估所服务的具体经济行为（如股权转让、抵押贷款、非货币资产出资等），说明评估结论的具体用途。例如，在股权转让行为中，资产评估的目的是确定评估对象的价值，为委托人股权转让行为提供资产价值参考。清晰、准确地揭示评估目的是资产评估报告使用人理解资产评估专业人员界定评估对象、选择评估结论价值类型的基础。

资产评估报告载明的评估目的应当是唯一的，这有利于评估结论有效服务于评估目的。例如，有限责任公司引进战略投资者和变更股份有限公司时核实拟出资资产的价值，该评估目的所要求的评估对象并不一样，不能在一份资产评估报告中同时体现这两种目的。另外，有的客户空泛地将"了解资产价值"作为评估目的，会使评估结论的确定未能针对具体经济行为对评估服务的使用需求，如果评估报告使用人在某项特定经济行为中轻率加以套用，就可能引发错误使用评估报告的风险。

（三）评估对象和评估范围

资产评估报告中应当载明评估对象和评估范围，并描述评估对象的基本情况。

对于企业价值评估，评估对象可以分为两类，即企业整体价值和股东权益价值（全部或部分），与此对应的评估范围是评估对象涉及的资产及负债。应注意，将股东全部权益价值或股东部分权益价值作为评估对象，股东全部权益或股东部分权益对应的法人资产和负债属于评估范围，但其本身并不是评估对象。

对于单项资产评估，各具体准则中均对评估对象进行了规范。《金融不良资产评估指导意见》第十三条规定，金融不良资产评估业务中，根据项目具体情况和委托人的要求，评估对象可能是债权资产，也可能是用以实现债权清偿权利的实物类资产、股权类资产和其他资产。《文化企业无形资产评估指导意见》第十五条规定，文化企业无形资产评估对象是指文化企业无形资产的财产权益，或者特定无形资产组合的财产权益。文化企业无形资产通常包括著作权、专利权、专有技术、商标专用权、销售网络、客户关系、特许经营权、合同权益、域名和商誉等。《资产评估执业准则——机器设备》第六条规定，机器设备的评估对象分为单台机器设备和机器设备组合对应的全部或者部分权益。单台机器设备是指以独立形态存在、可以单独发挥作用或者以单台的形式进行销售的机器设备；机器设备组合是指为了实现特定功能，由若干机器设备组成的有机整体。《实物期权评估指导意见》第十一条规定，执行涉及实物期权评估的业务涉及的实物期权主要包括增长期权和退出期权等。《体育无形资产评估指导意见》第十条规定，体育无形资产评估对象，是指体育无形资产的财产权益，或者特定体育无形资产组合的财产权益；体育无形资产不局限于无形资产会计科目核算的资产；符合资产评估准则关于体育无形资产定义的，均可以构成体育无形资产评估对象。

(四) 价值类型

资产评估报告应当说明选择价值类型的理由，并明确其定义。一般情况下，可供选择的价值类型包括市场价值和市场价值以外的价值类型，其中，市场价值以外的价值类型包括投资价值、在用价值、清算价值和残余价值等。对于价值类型的选择、定义，可以参考《资产评估价值类型指导意见》。

(五) 评估基准日

资产评估报告应当明确披露评估基准日。与追溯性、现时性、预测性业务相对应，评估基准日分别是过去、现在或者未来的时点。评估基准日一般应以具体的日期(××××年××月××日)体现。

资产评估报告载明的评估基准日应当与资产评估委托合同约定的评估基准日保持一致。

(六) 评估依据

资产评估报告应当说明资产评估采用的法律依据、准则依据、权属依据及取价依据等，但《资产评估执业准则——资产评估报告》没有规范这些"依据"需要披露的具体内容。实务中通常结合评估项目的具体情况，参考企业国有资产评估报告对法律法规依据、评估准则依据、权属依据、取价依据的披露要求进行撰写。

(七) 评估方法

资产评估报告应当说明所选用的评估方法名称、定义及选择理由。

根据《资产评估执业准则——资产评估方法》，确定资产价值的评估方法主要包括市场法、收益法和成本法三种基本方法及其衍生方法。资产评估专业人员在选择评估方法时应当充分考虑影响评估方法选择的因素。这些因素包括评估目的和价值类型、评估对象、评估方法的适用条件、评估方法应用所依据数据的质量和数量等。在披露评估方法的选择理由时需要注意以下影响评估方法选用的因素。

(1) 评估方法的选择与评估目的、评估时的市场条件、被评估对象的具体状况，以及由此所决定的资产评估价值类型的适应性。

（2）各种评估方法运用所需的数据资料和主要经济技术参数的收集条件对选择评估方法的制约。每种评估方法的运用所涉及的经济技术参数的选择，都需要有充分的数据资料作为基础和依据。在评估时点以及一个相对较短的时间内，当某种评估方法所需数据资料的收集遇到困难时，资产评估专业人员需要依据替代原理，选择信息资料充分的评估方法。

（3）评估方法运用的条件和程序要求对选择评估方法的约束。因适用性受限而选择一种评估方法的，资产评估专业人员应当在资产评估报告中披露其他基本评估方法不适用的原因；因操作条件受限而选择一种评估方法的，资产评估专业人员应当对所受的操作条件限制进行分析、说明和披露。

在披露资产评估方法的运用情况时，需要在说明总体思路和主要评估方法的基础上，按照评估对象和所涉及的资产(负债)类型说明所选用的具体评估方法及其应用情况。采用成本法的，应介绍估算公式，并对所涉及资产的重置价值及成新率的确定方法做出说明；采用市场法的，应介绍参照物(交易案例)的选择原则、比较分析与调整因素等；采用收益法的，应介绍采用收益法的技术思路，主要测算方法、模型或计算公式，明确预测收益的类型，以及预测方法与过程、折现率的选择和确定等情况。采用多种评估方法时，不仅要确保满足各种方法使用的条件要求和程序要求，还应当对各种评估方法得到的评估结果进行比较，分析可能存在的问题并做相应的调整，确定最终评估结论。

（八）评估程序实施过程和情况

资产评估报告应当说明资产评估程序实施过程中现场调查、收集整理评估资料、评定估算等的主要内容，一般包括：

（1）接受项目委托，确定评估目的、评估对象与评估范围、评估基准日，拟定评估计划等过程。

（2）指导被评估单位清查资产、准备评估资料，核实资产与验证资料等过程。

（3）选择评估方法、收集市场信息和估算等过程。

（4）评估结论汇总、评估结论分析、撰写报告和内部审核等过程。

资产评估专业人员应当在遵守相关法律、法规和资产评估准则的基础上，根据委托人的要求，遵循各专业准则的具体规定，结合报告的繁简程度恰当考虑对评估程序实施过程和情况的披露的详细程度。

（九）评估假设

资产评估报告应当披露所使用的资产评估假设。评估假设分为一般性假设和针对性假设。

资产评估专业人员应当在评估报告中清晰说明评估项目中所采用的反映交易及市场条件、评估对象存续或使用状态、国家宏观环境条件、行业及地区环境条件、评估对象特点的各项评估假设的具体内容。合理体现在具体的评估项目使用的评估假设，与资产评估目的及其对评估市场条件的限定情况、评估对象自身的功能和在评估时点的使用方式与状态、产权变动后评估对象的可能用途及利用方式和利用效果等条件的联系和匹配性，使评估结论建立在合理的基础之上。

资产评估专业人员还应当在评估报告中明确提示，如果评估报告所披露的评估假设不成立，将对评估结论产生重大影响。

（十）评估结论

《资产评估执业准则——资产评估报告》规定，资产评估报告应当以文字和数字形式表述评估结论，并明确评估结论的使用有效期。评估结论通常是确定的数值，但经与委托人沟通，评估结论可以是区间值或其他形式的专业意见。

在实务中得到"确定"数值的方式通常有两种：①采用两种以上评估方法的，选择其中相对合理方法的结果作为评估结论，如涉及国有资产的企业价值评估项目，要求在所采用的评估方法中选择其中一种方法的评估结果；②对不同方法的评估结果采用算术平均、加权平均、求取中位数等数学方法综合得出评估结论，如土地使用权、房地产等单项资产评估业务对评估结论的确定。

"其他形式"的评估结论，可以体现为与以前评估意见或数量基准（如课税价值、抵押价值）的关系（如不大于、不小于）。国务院国资委产权管理局编著的《投资价值评估》认为投资价值可以采用数值区间，以不高于或者不低于某数值的方式加以表述。中国资产评估协会发布的《资产评估专家指引第2号——金融企业首次公开发行上市资产评估方法选用》提出，金融企业首次公开发行股票上市时所进行的资产评估，评估结论可以采用区间值形式。

在评估准则中引入区间值或其他形式的专业意见表达形式是顺应评估业务发展的多元化服务需求的结果。

（十一）特别事项说明

特别事项是指在已确定评估结论的前提下，资产评估专业人员在评估过程中已发现的可能影响评估结论，但非执业水平和能力所能评定估算的有关事项。资产评估报告应当对特别事项进行说明，并重点提示评估报告使用人对其予以关注。资产评估报告的特别事项说明通常包括以下内容。

（1）权属等主要资料不完整或者存在瑕疵的情形。

权属等主要资料不完整或者存在瑕疵的情形，主要涉及评估对象产权资料等存在的问题。例如，房屋权属证书上所列示的资产与实际所勘查的资产不一致，土地或房屋没有权属证明等问题。资产评估专业人员在评估过程中发现评估对象存在产权瑕疵问题时，应当在特别事项说明中说明法律权属瑕疵的事实、本次评估处理的方法及处理结果、此种评估处理方法对评估结论的合理性可能产生的影响，让评估报告使用人能够更好地了解评估报告的信息。对于委托人或被评估单位做出相关承诺和说明的，应说明承诺和声明的内容和责任。

（2）委托人未提供的其他关键资料情况。

（3）未决事项、法律纠纷等不确定因素。

未决事项、法律纠纷等不确定因素包括所有会对评估结论产生重大影响的未决事项、法律纠纷，以及影响生产经营活动和财务状况的重大合同、重大诉讼事项等。评估报告应当首先说明不确定性因素本身的情况，其次说明本次评估处理的方法及处理结果，继而说明此种处理可能产生的后果，最后提出此种处理的责任。所有披露内容不应与事实相矛盾。

(4)重要的利用专家工作及相关报告情况。

资产评估专业人员在执行评估业务的过程中，由于特殊知识和经验限制等原因，需要利用专家工作协助或者相关报告完成评估业务，这是评估专业属性的体现，也是世界评估实践形成的共识。资产评估报告中应当披露重要的利用专家工作及相关报告的情况。

(5)重大期后事项。

根据监管部门或委托人要求，资产评估专业人员可以对评估基准日期后重大事项作出披露。具体包括：说明评估基准日之后发生的重大期后事项；特别提示评估基准日的期后事项对评估结论的影响。

(6)评估程序受限的有关情况、评估机构采取的弥补措施及对评估结论影响的情况。

(7)其他需要说明的事项。

(十二)资产评估报告使用限制说明

资产评估报告的使用限制说明应当载明以下内容。

(1)使用范围。资产评估报告只能用于报告载明的评估目的和用途。

(2)委托人或者其他资产评估报告使用人未按照法律、行政法规规定和资产评估报告载明的使用范围使用资产评估报告的，资产评估机构及其资产评估专业人员不承担责任。

(3)除委托人、资产评估委托合同中约定的其他资产评估报告使用人和法律、行政法规规定的资产评估报告使用人之外，其他任何机构和个人不能成为资产评估报告的使用人。

(4)资产评估报告使用人应当正确理解和使用评估结论。评估结论不等同于评估对象可实现价格，评估结论不应当被认为是对评估对象可实现价格的保证。资产评估报告由评估机构出具后，委托人、评估报告使用人可以根据评估报告所载明的评估目的和评估结论对其进行恰当、合理的使用，例如作为资产转让的作价基础、作为企业进行会计记录或调整账项的依据等。如果委托人或者评估报告使用人违反法律规定使用评估报告，或者不按照评估报告载明的使用范围使用评估报告，例如不按评估目的和用途使用或者超过有效期使用评估报告等，所产生的不利后果评估机构及其评估专业人员不承担责任。

在实践中，如果未征得资产评估机构同意并审阅相关内容，资产评估报告的全部或者部分内容不得被摘抄、引用或披露于公开媒体；法律、法规规定以及相关当事方另有约定的除外。

(十三)资产评估报告日

资产评估专业人员应当在评估报告中说明资产评估报告日。资产评估报告载明的资产评估报告日通常为评估结论形成的日期，这一日期可以不同于资产评估报告的签署日。资产评估报告日应当以具体的日期(××××年××月××日)体现。

(十四)资产评估专业人员签名和资产评估机构印章

资产评估报告至少应由两名承办该业务的资产评估专业人员签名，并加盖资产评估机构的印章。对于国有资产评估等法定业务资产评估报告，资产评估报告正文应当由至少两名承办该业务的资产评估师签名，并加盖资产评估机构印章。

四、评估报告附件

(一) 评估对象所涉及的主要权属证明资料

评估对象所涉及的主要权属证明资料通常包括：房地产权证、无形资产权利(权属)证明、交通运输设备的行驶证及相关权属证明、重大机器设备的购置发票等。

(二) 委托人和其他相关当事人的承诺函

在资产评估中，委托人和其他相关当事人的承诺函是评估报告附件中不可缺少的内容。资产评估专业人员在撰写评估报告时应当收集到针对本次评估项目的委托人和其他相关当事人的承诺函。

通常情况下，委托人和被评估单位应当承诺如下内容。

(1) 资产评估所对应的经济行为符合国家规定。

(2) 我方所提供的财务会计及其他资料真实、准确、完整、合规，有关重大事项如实并充分揭示。

(3) 我方所提供的企业生产经营管理资料客观、真实、完整、合理。

(4) 纳入资产评估范围的资产与经济行为涉及的资产范围一致，不重复、不遗漏。

(5) 纳入资产评估范围的资产权属明确，出具的资产权属证明文件合法、有效。

(6) 纳入资产评估范围的资产在评估基准日期后发生影响评估行为及结果的事项，对其披露及时、完整。

(7) 不干预评估机构和评估专业人员独立、客观、公正地执业。

(三) 资产评估机构及签名资产评估专业人员的备案文件或者资格证明文件

评估报告应当将评估机构从事资产评估业务的备案公告复印件、从事证券服务业务的机构备案名单复印件(开展相关资产评估业务时适用)、资产评估师的职业资格证书登记卡复印件作为评估报告附件进行装订。

(四) 资产评估汇总表或明细表

为使委托人和其他评估报告使用人更好地了解被评估资产的构成及具体情况，资产评估专业人员应当以报告附件的形式提供资产评估汇总表或明细表。在实际工作中，资产评估专业人员可以根据被纳入评估的资产数量及繁简情况，将评估明细表与评估报告合并装订，或者单独装订。

《资产评估执业准则——资产评估报告》并未对资产评估汇总表或明细表的编制提出具体要求，实践中由资产评估机构通过内部业务标准自行规范。资产评估机构通常参考国有资产评估业务的要求提出具体的参考式样。

(五) 资产账面价值与评估结论存在较大差异的说明

评估实务中，通常还会将委托人和被评估单位或产权持有人的法人营业执照、评估机构的营业执照复印件作为评估报告的附件。

【例6-2】下列各项中，属于资产评估报告基本内容的有(　　)。

A. 摘要　　　　　　　　　　B. 标题及文号
C. 目录　　　　　　　　　　D. 声明

E. 日期

【正确答案】ABCD

【答案解析】根据资产评估执业准则，资产评估报告的内容通常包括：(1)标题及文号；(2)目录；(3)声明；(4)摘要；(5)正文；(6)附件。

第三节　国有资产评估报告的特殊要求

一、国有资产评估报告的构成

国有资产评估报告主要包括企业国有资产评估报告、金融企业国有资产评估报告、文化企业国有资产评估报告、行政事业单位国有资产评估报告等。

中国资产评估协会发布的《企业国有资产评估报告指南》和《金融企业国有资产评估报告指南》分别对资产评估机构及资产评估师根据企业国有资产管理和金融国有资产管理的有关规定开展资产评估业务所编制和出具的相关国有资产评估报告进行了规范。两个评估指南除了体现各自的业务和资产特点外，在基本内容和要求上具有较强的共性。

本节以《企业国有资产评估报告指南》为例介绍国有资产评估报告的相关特殊要求。

二、国有资产评估报告的特殊要求

(一)评估报告声明

根据《企业国有资产评估报告指南》和《金融企业国有资产评估报告指南》，国有资产评估报告的声明通常可以表述如下。

(1)本资产评估报告依据财政部发布的资产评估基本准则和中国资产评估协会发布的资产评估执业准则和职业道德准则编制。

(2)委托人或者其他资产评估报告使用人应当按照法律、行政法规规定及资产评估报告载明的使用范围使用资产评估报告；委托人或者其他资产评估报告使用人违反前述规定使用资产评估报告的，资产评估机构及其资产评估师不承担责任。

(3)资产评估报告仅供委托人、资产评估委托合同中约定的其他资产评估报告使用人和法律、行政法规规定的资产评估报告使用人使用，除此之外，其他任何机构和个人不能成为资产评估报告的使用人。

(4)资产评估报告使用人应当正确理解评估结论，评估结论不等同于评估对象可实现价格，评估结论不应当被认为是对评估对象可实现价格的保证。

(5)资产评估机构及其资产评估师遵守法律、行政法规和资产评估准则，坚持独立、客观和公正的原则，并对所出具的资产评估报告依法承担责任。

(6)资产评估报告使用人应当关注评估结论成立的假设前提、资产评估报告特别事项说明和使用限制。

(7)其他需要声明的内容。

《企业国有资产评估报告指南》和《金融企业国有资产评估报告指南》所附的"声明"编写指引还列出了以下可供参考的声明事项：①评估对象涉及的资产、负债清单由委托人、被评估单位申报并经其采用签名、盖章或法律允许的其他方式确认；委托人和其他相关当事人依法对其提供资料的真实性、完整性、合法性负责。②资产评估机构及资产评估师与资产评估报告中的评估对象没有现存或者预期的利益关系；与相关当事人没有现存或者预期的利益关系，对相关当事人不存在偏见。③资产评估师已经(或者未)对资产评估报告中的评估对象及其所涉及资产进行现场调查；已经对评估对象及其所涉及资产的法律权属状况给予必要的关注，对评估对象及其所涉及资产的法律权属资料进行了查验，对已经发现的问题进行了如实披露，并且已提请委托人及其他相关当事人完善产权以满足出具资产评估报告的要求。④资产评估机构出具的资产评估报告中的分析、判断和结果受资产评估报告中假设和限制条件的限制，资产评估报告使用人应当充分考虑资产评估报告中载明的假设、限制条件、特别事项说明及其对评估结论的影响。

(二) 评估报告摘要

资产评估报告摘要应当简明扼要地反映经济行为、评估目的、评估对象和评估范围、价值类型、评估基准日、评估方法、评估结论及其使用有效期、对评估结论产生影响的特别事项等关键内容。

资产评估报告摘要应当采用下述文字提醒资产评估报告使用人阅读全文："以上内容摘自资产评估报告正文，欲了解本评估业务的详细情况和正确理解评估结论，应当阅读资产评估报告正文。"该提示性文字旨在使资产评估报告使用人明晰，尽管摘要反映了资产评估报告的关键内容和主要信息，但它还不足以使评估报告使用者全面理解评估结论，所以，资产评估报告使用人应当按照资产评估报告正文的内容正确理解资产评估报告并合理使用评估结论。

对影响评估结论的特别事项，无须将评估报告正文中的"特殊事项说明"内容全部反映在评估报告摘要中，而应主要反映在已确定评估结论的前提下，所发现的可能影响评估结论但非资产评估师执业水平和能力所能评定估算的有关重大事项。在资产评估实践中，对资产评估结论影响程度较大的判断标准，可以根据事项本身的性质和事项影响评估结论的金额进行判断。例如，对于一笔涉诉的、正处于审理阶段的大额应收款项，资产评估师在评估报告出具日无法判断其可回收的可能性及回收的具体数额，此时如果以账面值列示，则应提醒评估报告使用人注意所列示的账面值(评估值)不能替代未来的法院裁定结果。

对评估结论影响重大、可能直接导致评估结论使用时不确定的"评估基准日期后重大事项"，资产评估师也应在摘要中提醒报告使用人注意评估结论中未反映该期后事项的影响。

(三) 评估报告正文

1. "绪言"的内容

国有资产业务资产评估报告正文的"绪言"一般采用包含下列内容的格式进行表述。

"×××(委托人全称)：

×××(资产评估机构全称)接受贵单位(公司)的委托，按照法律、行政法规和资产评估准则的规定，坚持独立、客观和公正的原则，采用×××评估方法(评估方法名称)，按照必要的评估程序，对×××(委托人全称)拟实施×××行为(事宜)涉及的×××(资产单项资产或者资产组合、企业整体价值、股东全部权益、股东部分权益)在××××年××月××日的××价值(价值类型)进行了评估。现将资产评估情况报告如下。"

2. 委托人、被评估单位和资产评估委托合同约定的其他资产评估报告使用人的概况

介绍委托人和资产评估委托合同约定的其他评估报告使用人概况的内容要求比较简单，一般包括名称、法定住所及经营场所、法定代表人、注册资本及主要经营范围等。

对被评估单位(或者产权持有单位)的概况，区分企业价值评估和单项资产或者资产组合评估两种不同的业务，提出了不同的要求。

企业价值评估中，被评估单位概况一般包括：①名称、法定住所及经营场所、法定代表人、主要经营范围、注册资本、公司股东及持股比例、股权变更情况及必要的公司产权和经营管理结构、历史情况等；②近三年资产、财务、经营状况；③委托人和被评估单位之间的关系(如产权关系、交易关系)。

单项资产或者资产组合评估，被评估单位概况一般包括名称、法定住所及经营场所、法定代表人、注册资本及主要经营范围等。委托人与被评估单位为同一企业时，按对被评估单位的要求编写。

存在交叉持股的现象时，应当列示交叉持股图并简述交叉持股关系及是否属于同一控制的情形。存在关联交易的，应当说明关联方、交易方式等基本情况。

3. 评估对象和评估范围

国有资产评估业务，要求资产评估报告应当对评估对象进行具体描述，以文字、表格的方式说明评估范围。

根据《企业国有资产评估报告指南》的要求，对单项资产或者资产组合评估项目，需要对委托评估资产的数量内容如土地面积、建筑物面积、设备数量、无形资产数量等情况进行描述，同时还应当说明委托评估资产的法律权属状况、经济状况和物理状况等。

对企业价值评估项目，应当说明以下内容。

(1) 委托评估对象和评估范围与经济行为涉及的评估对象和评估范围是否一致，不一致的应当说明原因，并说明是否经过审计。

(2) 企业申报的表外资产的类型、数量。

(3) 引用其他机构出具的报告结论所涉及的资产类型、数量和账面金额(或者评估值)。

《企业国有资产评估管理暂行办法》第十二条规定，凡需经核准的资产评估项目，企业在资产评估前应当向国有资产监督管理机构报告"资产评估范围的确定情况"；第十六条规定，国有资产监督管理机构应当对"资产评估范围与经济行为批准文件确定的资产范围是否一致"进行审核。

委托评估对象和评估范围与经济行为涉及的评估对象和评估范围的一致性，一般不应由资产评估师来确认，而是由委托人和相关当事人根据其经批准拟实施的经济行为确认并提供给评估机构。资产评估师一般应要求委托人和相关当事人在申报表或申报材料上，以签名盖章等符合法律规定的方式确认评估对象和评估范围。

4. 评估基准日

在满足《资产评估执业准则——资产评估报告》在资产评估报告中说明评估基准日要求的基础上，国有资产评估业务还规定应在评估报告中说明确定评估基准日所考虑的主要因素，披露信息包括下列主要内容。

(1)本项目评估基准日是××××年××月××日。

(2)确定评估基准日所考虑的主要因素(如经济行为的实现、会计期末、利率和汇率变化等)。

5. 评估依据的内容

与非国有资产评估业务不同,国有资产评估业务要求在评估报告的"评估依据"部分披露本次评估业务所对应的经济行为依据。对于法律法规、评估准则、权属、取价等依据,《企业国有资产评估报告指南》不仅对需要披露的具体内容提出了要求,还规定了评估报告应包括与国有资产评估有关的法律法规等针对性评估依据。

(1)经济行为依据。

经济行为依据包括两方面内容:一是有效批复文件,二是其他文件资料。

国有资产评估项目经济行为的有效批复文件,包括国务院、各级人民政府、国务院国有资产监督管理机构、地方国有资产监督管理机构、中央与地方国有企业及其各级子企业等按照规定权限签发经济行为批准文件。

经济行为的其他文件资料,是指可以说明经济行为及其所涉及的评估对象与评估范围的其他文件资料。例如:①国有企业在诉讼过程中或民事强制执行中,由人民法院委托资产评估机构评估涉诉国有资产价值的情形,人民法院出具的委托函;②国有企业涉及经济行为决策的党组会议纪要;③国有独资公司董事会决议,国有资本控股公司、国有资本参股公司股东会、股东大会或者董事会决议;④资产转让、置换合同协议;⑤人民法院破产公告;⑥可以说明经济行为及其所涉及的评估对象与评估范围的其他文件资料。此外,《企业国有资产评估报告指南》还要求在评估报告的"评估目的"部分说明评估目的所对应经济行为获得批准的相关情况或者其他经济行为依据。

《企业国有资产评估管理暂行办法》(国资委令第12号)第十五条规定,企业提出资产评估项目核准申请时,应当向国有资产监督管理机构报送"与评估目的相对应的经济行为批准文件或有效材料""所涉及的资产重组方案或者改制方案、发起人协议等材料"以及"与经济行为相对应的审计报告"。

(2)法律法规依据。

按照《企业国有资产评估报告指南》,法律法规依据通常包括与国有资产评估有关的法律法规等。实际上,资产评估项目的法律法规依据包括与资产评估业务有关的法律、行政法规、部门规章和政府规范性文件。例如《资产评估法》《公司法》《证券法》《拍卖法》《国有资产评估管理办法》《资产评估行业财政监督管理办法》,以及财政部、国务院国有资产监督管理委员会和地方政府国有资产监督部门发布的涉及国有资产及评估的有关规定等。资产评估专业人员应当根据与评估项目相关的原则,在评估报告中说明执行资产评估业务所采用的具体法律法规依据。

(3)评估准则依据。

评估准则依据包括本评估业务中依据的相关资产评估准则和相关规范。实务中涉及的评估准则依据主要包括财政部发布的《资产评估基本准则》,以及中国资产评估协会发布的《资产评估职业道德准则》《资产评估执业准则——资产评估报告》《资产评估执业准则——资产评估程序》《资产评估执业准则——资产评估委托合同》等一系列程序性准则和《资产评估执业准则——企业价值》《资产评估执业准则——无形资产》等一系列实体性准则、指南和指导意见。资产评估机构及其资产评估专业人员应当根据资产评估业务的需要选择具体的评估准则依据。

(4) 权属依据。

资产法律权属状况本身是个法律问题。对资产评估所涉及资产的所有权及其他与所有权相关的财产权进行界定或发表意见需要履行必要的法律程序时，应当由具有相应专业能力与专业资质的人士(如律师)或部门(如产权登记部门)进行。由于资产的价值与其法律权属状况有着密切关系，资产评估准则要求资产评估专业人员在执业过程中应当关注评估对象法律权属，并对核查验证情况予以披露。所以，资产评估专业人员应当根据与评估项目相关的原则，在评估报告中说明执行资产评估业务所依托的评估对象的权属依据。一些权属证明文件如房屋权属证书上注明的房产面积、结构等是资产评估专业人员重要的取价依据，这时的权属证明材料可以作为取价依据对待。

《企业国有资产评估报告指南》和《金融企业国有资产评估报告指南》规定的权属依据通常包括：国有资产产权登记证书、基准日股份持有证明、出资证明、信贷合同、保险合同、委托理财合同、国有土地使用证(或者国有土地使用权出让合同)、房屋所有权证、房地产权证(或者不动产权证书)、采矿许可证、勘查许可证、林权证、专利证书(发明专利证书、实用新型专利证书、外观设计专利证书)、商标注册证、著作权(版权)相关权属证明、船舶所有权登记证书、船舶国籍证书、机动车行驶证、有关产权转让合同、抵债合同、抵押登记资料、其他权属证明文件等。

(5) 取价依据。

《企业国有资产评估报告指南》规定的取价依据通常包括企业提供的财务会计、经营方面的资料，国家有关部门发布的统计资料、技术标准资料和政策文件，以及评估机构收集的有关的询价资料、参数资料等。实务中，企业提供的取价依据还包括被评估资产的购建、使用及管理情况等相关资料；评估机构收集的取价依据还包括与评估项目相关的市场交易、专业资讯、研究分析等资料。由于统计口径不同等原因，不同部门发布的同一指标的统计资料中，取价结果可能存在差异；国家有关部门发布的政策文件，也可能存在多次调整取价标准的情况，因此，评估取价依据应当列示相关资料的名称、提供或发布的单位及时间等信息。

评估依据的披露应掌握以下原则：①评估依据的表述应当明确、具体、方便查对。评估报告阅读者可以根据报告中披露的评估依据的名称、发布时间或文号找到相应的评估依据。例如，取价依据应披露为"××省建筑工程综合预算定额××年"，而不是"××省及××市建设、规划、物价等部门关于建设工程相关规费的规定"。②评估依据应当满足相关、合理、可靠和有效的要求，在评估基准日有效。相关是指所收集的价格信息与需作出判断的资产具有较强的关联性；合理是指所收集的价格信息能反映资产载体结构和市场结构特征，不能简单地用行业或社会平均的价格信息推理具有明显特殊性质的资产价值；可靠是指经过对信息来源和收集过程的质量控制，所收集的资料具有较高的置信度；有效是指所收集的资料能够有效地反映评估基准日资产在模拟条件下可能的价格水平。

6. 评估结论

国有资产监督管理机构下达的资产评估项目核准文件和经国有资产监督管理机构或所出资企业备案的资产评估项目备案表，是企业办理产权登记、股权设置和产权转让等相关手续的必备文件。《企业国有资产评估管理暂行办法》规定，企业进行与资产评估相应的经济行为时，应当以经核准或备案的资产评估结论为作价依据，当交易价格低于评估结论的90%时，应当暂停交易，在获得原经济行为批准机关同意后方可继续交易。《企业国有资产法》第四十二条规定，企业改制应当按照规定进行清产核资、财务审计、资产评估，准确界定和核实资产，客观、公正地确定资产的价值。企业改制涉及以企业的实物、知识产权、土地使用权等非货币财产折算为国有资本出资或者股份的，应当按照规定对折价财产进行评估，以评估确认价格作为确定国有资本出资额或者股份数额的依据。不得将财产低价折股或者有其他损害出资人权益的行为；第五十五条规定，国有资产转让应当以依法评估的、经履行出资人职责的机构认可或者由履行出资人职责的机构报请本级人民政府核准的价格作为依据，合理确定最低转让价格。

不难看出，作为企业国有资本出资额或者股份数额的依据（经核准或备案的评估价值），评估结论都被要求是一个确定的数值。因此，企业国有资产评估要求评估结论通常是确定的数值。

考虑到一些特定评估业务的需求，《企业国有资产评估报告指南》规定，境外企业国有资产评估报告的评估结论可以用区间值表达。《金融企业国有资产评估报告指南》也规定"特殊情况下，在与经济行为相匹配的前提下，评估结论可以用区间值表示，同时给出确定数值评估结论的建议"。

具体而言，国有资产评估业务对评估结论披露内容的要求有：

（1）采用资产基础法进行企业价值评估的，应当以文字形式说明资产、负债、所有者权益（净资产）的账面价值、评估价值及其增减幅度，并同时采用评估结论汇总表反映评估结论。

（2）对单项资产或者资产组合评估时，应当以文字形式说明账面价值、评估价值及其增减幅度。

（3）采用两种以上方法进行企业价值评估时，除单独说明评估价值和增减变动幅度外，还应当说明两种以上评估方法结果的差异及其原因以及最终确定评估结论的理由。

（4）存在多家被评估单位的项目时，应当分别说明其评估价值。

（5）评估结论为区间值的，应当在区间之内确定一个最大可能值，并说明确定依据。

上述关于资产基础法评估结果披露内容的要求是为了满足国有资产评估项目监管需要。资产评估结论汇总表是国有资产评估项目备案表的主要内容之一，其不但清晰地说明了被评估的主要资产类型，也说明了评估前后企业（资产）价值的变动情况，国有资产有关监管方可以很直观地据此编制相关批复文件。

7. 特别事项说明

国有资产评估业务，要求资产评估报告应当说明评估程序受到的限制、评估特殊处理、评估结论瑕疵等特别事项，以及期后事项。通常包括的内容有：

（1）引用其他机构出具报告结论的情况，并说明承担引用不当的相关责任。

（2）权属资料不全面或者存在瑕疵的情形。

（3）评估程序受到限制的情形。

（4）评估资料不完整的情形。

（5）评估基准日存在的法律、经济等未决事项。

(6)担保、租赁及其或有负债(或有资产)等事项的性质、金额及与评估对象的关系。

(7)评估基准日至资产评估报告日之间可能对评估结论产生影响的事项。

(8)本次资产评估对应的经济行为中,可能对评估结论产生重大影响的瑕疵情形。

《企业国有资产评估报告指南》还要求,资产评估报告应当说明对特别事项的处理方式、特别事项对评估结论可能产生的影响,并提示资产评估报告使用人关注其对经济行为的影响。

特别事项说明要求中,权属资料不全面或者存在瑕疵的情形,评估基准日存在的法律、经济等未决事项,评估基准日至资产评估报告日之间可能对评估结论产生影响的事项,评估程序受到限制的情形,均在《资产评估执业准则——资产评估报告》中有基本一致的表述。引用其他机构出具报告结论的要求重点突出了《资产评估执业准则——资产评估报告》中利用专家工作及相关报告的一种重要情形,《资产评估执业准则——资产评估报告》强调的委托人未提供的其他关键资料只是评估资料不完整的一种重要情形,对担保、租赁及其或有负债(或有资产)等事项和可能对评估结论产生重大影响的瑕疵情形的披露要求并未出现在《资产评估执业准则——资产评估报告》明确列示的情形中。对于特别事项说明,《企业国有资产评估报告指南》还强调了关于特别事项的处理方式对评估结论的影响以及特别事项相关说明对经济行为的影响的披露。

结合上述比较,对国有资产评估报告特别提出的特别事项披露内容说明如下。

(1)引用其他机构出具报告的结论。

国有资产评估项目通常会存在同时委托资产评估机构、土地估价机构和矿业权评估机构以同一个评估基准日分别对企业重组行为涉及的资产、土地使用权和矿业权进行评估,然后由资产评估机构汇总评估结论的实际情况。在汇总时,有的进行了必要的调整,如房地合一评估时,不汇总土地估价机构报告相应的土地评估价值;有的则直接汇总,以致情况较为复杂。国有资产监督管理机构十分关注资产评估机构如何引用、引用中做出了哪些调整等信息。资产评估中引用其他机构评估结论的现象,是由我国评估行业的管理体制决定的。资产评估报告中应当披露引用其他机构出具报告结论的情况,并说明承担引用不当的相关责任。

(2)关于担保、租赁及其或有负债(或有资产)事项。

担保、租赁及其或有负债(或有资产)等都有可能对企业价值以及参考企业价值确定交易价格产生影响,但该等事项在经济行为实现时、实现后的状况无法预知,也难以估计其对企业价值的影响程度,因此应当在评估报告中说明事项本身的性质、金额及与评估对象的关系,并提示评估报告使用人注意该事项可能会对评估报告的使用产生影响。

(3)关于经济行为本身对评估结论的影响。

某些情况下,企业拟实施经济行为本身的进度和安排与评估工作的进度安排衔接不紧密,可能会影响到评估工作甚至评估结论。因此,《企业国有资产评估报告指南》提出了"本次资产评估对应的经济行为中,可能对评估结论产生重大影响的瑕疵情形"。例如,某企业重组改制评估项目,根据经济行为实施的安排,在股份公司设立前,将全部纳入改制范围的房屋土地办理产权证,但在评估报告出具时,部分房产和土地仍未办理产权证。该部分房产、土地在办理产权证后,可能会出现证载信息与评估申报不同的现象,甚至会影响评估结论。

(4)资产评估对特别事项的处理方式对评估结论的影响。

对于客观存在的特殊事项，资产评估师不同的处理方式对报告使用人的决策有直接影响。例如，房屋所有权所载明的面积与实际面积不一致时，由于实务中存在按实际面积或按证载面积两种不同的处理方式，所以导致根据不同的面积标准估算得到的房屋价值不同。尽管根据资产评估处理的一般原则是根据证载面积确定评估价值，但当企业按测绘机构测量的面积重新申请确权登记时，资产评估师可以按照测绘机构测量的面积进行估算；当企业申报的面积明显比证载面积更为符合实际情况时，也可以暂按申报面积确定其评估价值。但不论进行何种处理，资产评估师都应当对事项本身以及对事项的处理方式做出说明，以使报告使用人全面了解评估信息。

8. 资产评估师签名和资产评估机构印章

国有资产评估业务的资产评估报告正文，应当由至少两名承办该评估业务的资产评估师签名，并加盖资产评估机构印章。声明、摘要和评估明细表上通常不需要另行签名盖章。

（四）评估报告附件的要求

评估报告附件的要求包括：
(1) 与评估目的相对应的经济行为文件。
(2) 被评估单位的专项审计报告。

审计报告不仅是企业申请备案核准的必报资料之一，而且是评估工作的基础依据。《企业国有资产交易监督管理办法》（财政部、国资委令第32号）规定，产权转让事项经批准后，由转让方委托会计师事务所对转让标的企业进行审计。涉及参股权转让不宜单独进行专项审计的，转让方应当取得转让标的企业最近一期年度审计报告。《企业国有资产评估管理暂行办法》规定，企业提出资产评估项目核准申请时，应当向国有资产监督管理机构报送"与经济行为相对应的审计报告"。《关于加强企业国有资产评估管理工作有关问题的通知》（国资委产权〔2006〕274号）规定，对企业进行价值评估，企业应当提供与经济行为相对应的评估基准日审计报告。同时，该文件附件《国有资产评估项目备案表》《接受非国有资产评估项目备案表》的填报说明中提出，"当评估对象为企业产权（股权）时，账面价值应当为审计后账面值"。《中央企业资产评估项目核准工作指引》（国资发产权〔2010〕71号）第五条规定，提出核准申请时报送材料包括"与经济行为相对应的无保留意见审计报告。如有强调事项段，需提供企业对有关事项的书面说明及意见"。《企业国有资产评估项目备案工作指引》（国资发产权〔2013〕64号）第六条规定，提出资产评估项目备案申请时报送材料包括"与经济行为相对应的无保留意见标准审计报告。如为非标准无保留意见的审计报告时，对其附加说明段、强调事项段或修正性用语，企业需提供对有关事项的书面说明及承诺"。《中央企业资产评估项目核准工作指引》和《企业国有资产评估项目备案工作指引》都要求"拟上市项目或已上市公司的重大资产重组项目，评估基准日在6月30日（含）之前的，需提供最近3个完整会计年度和本年度截至评估基准日的审计报告；评估基准日在6月30日之后的，需提供最近两个完整会计年度和本年度截至评估基准日的审计报告。其他经济行为需提供最近一个完整会计年度和本年度截至评估基准日的审计报告"。《企业国有资产评估报告指南》规定，按照法律、行政法规规定需要进行专项审计的，应当将企业提供的与经济行为相对应的评估基准日专项审计报告（含会计报表和附注）作为资产评估报告附件。按有关规定无须进行专项审计的，应当将企业确认的与经济行为相对应的评估基准日企业财务报表作为资产评估报告附件。

(3)委托人和被评估单位的产权登记证。

(4)资产评估师签名的承诺函。

(5)资产评估机构法人营业执照副本。

(6)资产评估委托合同。

(7)引用其他机构评估报告的批准(备案)文件。

《企业国有资产评估报告指南》规定，如果引用其他机构出具的报告结论，根据现行有关规定，需要经相应主管部门批准(备案)的，应当将相应主管部门的批准(备案)文件作为资产评估报告的附件。例如，与评估经济行为相关的划拨土地使用权处置等土地使用权估价报告需经相关自然资源行政主管部门备案，应将已取得的相关批准(备案)文件作为评估报告的附件。

(8)其他重要文件。

三、国有资产评估报告所附评估明细表的内容及格式要求

《企业国有资产评估报告指南》第五章对国有资产业务资产评估报告所附的评估明细表的编制提出了系列要求。

评估明细表可以根据该指南的基本要求和企业会计核算所设置的会计科目，结合评估方法特点进行编制。

(1)单项资产或者资产组合评估以及采用资产基础法进行企业价值评估时，评估明细表包括按会计科目设置的资产、负债评估明细表和各级汇总表。

其中，对资产、负债会计科目的评估明细表格式和内容基本要求包括：①表头应含有资产或负债类型(会计科目)名称、被评估单位、评估基准日、表号、金额单位、页码；②表中应当含有资产负债的名称(明细)、经营业务或者事项内容、技术参数、发生(购、建、创)日期、账面价值、评估价值、评估增减幅度等基本内容，必要时，在备注栏对技术参数或者经营业务、事项情况进行注释；③表尾应标明被评估单位填表人员、填表日期和评估专业人员；④评估明细表按会计明细科目、一级科目逐级汇总，并编制资产负债表(方式)的评估汇总表及以人民币万元为金额单位的评估结果汇总表；⑤会计计提的减值准备在相应会计科目(资产负债类型)合计项下和相关科目汇总表中列示；⑥评估结果汇总表应当按以下顺序和项目内容列示：流动资产、非流动资产、资产总计、流动负债、非流动负债、负债总计、净资产等类别和项目。

(2)采用收益法进行企业价值评估，可以根据收益法评估参数和盈利预测项目的构成等具体情况设计评估明细表的格式和内容。

其中，采用收益法中的现金流量折现法进行企业价值评估时，其评估明细表通常包括以下内容：①资产负债、利润调整表(如果有调整时)；②现金流量测算表；③营业收入预测表；④营业成本预测表；⑤营业税金及附加预测表；⑥销售费用预测表；⑦管理费用预测表；⑧财务费用预测表；⑨营运资金预测表；⑩折旧摊销预测表；⑪资本性支出预测表；⑫折现率计算表；⑬溢余资产和非经营性资产分析表。收益法评估明细表表头应包含有评估参数或预测项目名称、被评估单位、评估基准日、表号、金额单位等信息。

(3)采用市场法进行企业价值评估，可以根据评估技术说明的详略程度决定是否单独编制符合市场法特点的评估明细表。

此外,被评估单位为两家以上时,评估明细表应当按被评估单位分别归集、自成体系。

四、国有资产评估报告的评估说明要求

评估说明包括评估说明使用范围声明、委托人和被评估单位编写的《企业关于进行资产评估有关事项的说明》和资产评估师编写的《资产评估说明》。根据《企业国有资产评估报告指南》中的《资产评估说明》编写指引,一般要求如下。

(一)评估说明使用范围声明

关于评估说明使用范围的声明,应当写明评估说明使用单位或部门的范围及限制条款。

(二)企业关于进行资产评估有关事项的说明

委托人和被评估单位可以共同编写或者分别编写《企业关于进行资产评估有关事项的说明》,委托单位负责人和被评估单位负责人应当对所编写的说明签名,加盖相应单位公章并签署日期。《企业关于进行资产评估有关事项的说明》通常包括:委托人、被评估单位各自概况;关于经济行为的说明;关于评估对象与评估范围的说明;关于评估基准日的说明;可能影响评估工作的重大事项说明;资产负债清查情况、未来经营和收益状况预测的说明;资料清单。

(三)资产评估说明

《资产评估说明》是对评估对象进行核实、评定估算的详细说明,应当包括以下四方面内容:评估对象与评估范围说明、资产核实总体情况说明、评估技术说明、评估结论及分析。根据《企业国有资产评估报告指南》中的《资产评估说明》编写指引,一般要求如下。

1. 评估对象与评估范围说明

对于评估对象与评估范围说明,资产评估专业人员应当根据企业价值评估、单项资产或者资产组合评估的不同情况确定内容的详略程度。

(1)评估对象与评估范围内容。

对评估对象与评估范围应说明的内容包括三个方面:委托评估的评估对象与评估范围;委托评估的资产类型、账面金额;委托评估的资产权属状况(含应当评估的相关负债)。

(2)实物资产的分布情况及特点。

对实物资产的分布情况及特点的说明应包括实物资产的类型、数量、分布情况和存放地点;实物资产的技术特点、实际使用情况、大修理及改扩建情况等。

(3)企业申报的账面记录或者未记录的无形资产情况。

评估对象为企业价值或者资产组时,应说明账面记录或者未记录的无形资产情况。

(4)企业申报的表外资产(如有申报)的类型、数量。

应说明企业申报的表外资产的类型、数量等,并介绍其在评估基准日的基本情况及形成过程以及企业提供的相关资产权属资料。

(5)引用其他机构出具的报告的结果所涉及的资产类型、数量和账面金额(或者评估值)。

对资产组合或者企业价值评估项目，企业已另行委托其他机构对经济行为涉及的部分资产进行评估的，资产评估报告引用其他机构出具的报告结论时，应当详细说明所涉及的资产类型、数量和账面金额（或者评估值）；同时应当说明所引用其他机构出具的报告载明的评估范围、评估目的、评估基准日以及评估报告的批准情况。

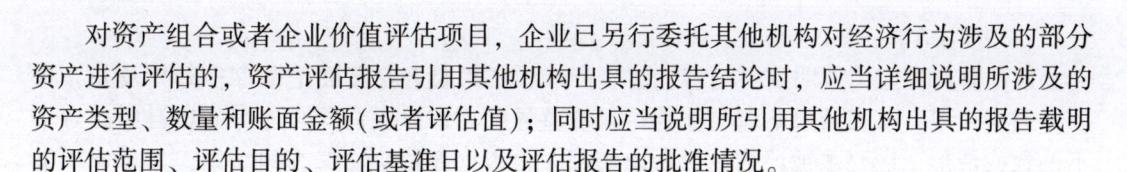

2. 资产核实总体情况说明

资产核实总体情况说明通常包括人员组织、实施时间、核实过程、影响事项及处理方法、核实结论等。

（1）资产核实人员组织、实施时间和过程。

主要说明参加资产评估工作核实的人员情况、人员专业和地域分组情况、时间进度以及核实的总体过程。

资产核实的过程通常可分为现场核实工作准备阶段和现场核实工作阶段。现场核实工作准备阶段，主要包括审核企业申报的明细表，安排调整完善现场工作计划，进入现场前的准备工作，选择适当的进场时间。现场核实工作阶段，主要说明评估专业人员进行的询问、函证、核对、监盘、勘查、检查等工作情况，并说明获取评估业务需要的基础资料，了解评估对象现状，关注评估对象法律权属等总体过程。

（2）影响资产核实的事项及处理方法。

影响资产核实的事项一般包括资产性能的限制、存放地点的限制、诉讼保全的限制、技术性能的局限、涉及商业秘密和国家秘密，以及评估基准日时正在进行的大修理、改扩建情况等。对于不能采用现场调查方式直接核实的资产，应当说明原因、涉及范围及处理方法。

通常情况下，对于因资产性能的限制（如输配电线路资产、地下管线资产等）而影响资产核实的事项，说明对资产是否存在、存在状态、权属资料三个方面核实采取的措施，查阅技术档案、检测报告、运行记录等历史资料情况，以及是否利用专业机构的检测结果对资产技术状态做出判断等。对于因存放地点的限制（如分布十分广泛的固定资产、工艺流程中的在产品等）影响资产核实的事项，说明对资产是否存在、存在状态、权属资料三个方面核实采取的措施。例如，检查资产负债表日后发生的销货交易凭证、账务处理凭证、相关资产管理凭证及台账，向使用者、存放地、购货顾客或供应商函证、获取的实物照片等。

对于因诉讼保全的限制影响资产核实的事项，如查封资产，说明对资产是否存在、存在状态、权属资料三个方面采取的措施。例如向相关部门的函证、获取的实物照片等。

对于因涉及商业秘密和国家秘密而影响资产核实的事项，在符合有关保密规定的前提下，说明对资产是否存在、存在状态、权属资料三个方面核实所采取的措施或替代措施，以及未能核查事项。涉及不能或豁免披露的内容应当严格遵守保密管理规定。

对于因评估基准日正在进行的大修理、改扩建而影响资产核实的事项，说明对资产是否存在、存在状态、权属资料三个方面核实采取的措施。例如，收集证明资产的运行情况和能够为企业产生相关收益的文件，收集大修理、改扩建设计（或类似文件）的情况。

如果采用抽样方法对资产进行核实，说明所采取的抽样方法，并说明抽样方法对做出"是否存在、存在状态"总体判断结果的可靠性。

采取非现场核查方法的，需要在此部分做出说明。

(3)核实结论。

这部分内容应当说明以下内容：①资产核实结果是否与账面记录存在差异及差异程度。通常来说，核实结果不应与账面记录有差异，在审计评估同时进行的项目中，对于不一致的情形，应要求被评估单位做出解释，再根据评估实物清查的结果，与企业、审计师协调进行追溯至评估基准日的调整，做到账、表、实相符；也可以查明情况后在评估值中做出处理。②权属资料不完善等权属不清晰的资产。对权属资料不完善的，说明查验权属资料的截止日，并说明企业提供的有关权属证明的情况。③企业申报的账外资产的核实结论。对企业申报的账外资产，说明核实及相关当事人确认的情况。④资产核实结论。

3. 评估技术说明

对于评估技术说明，资产评估专业人员应当考虑不同经济行为和不同评估方法的特点，介绍评定估算的思路及过程。

采用成本法评估单项资产或者资产组合、采用资产基础法评估企业价值，应当根据评估项目的具体情况以及资产负债类型编写评估技术说明。各项资产负债评估技术说明应当包含资产负债的内容和金额、核实方法、评估值确定的方法和结果等基本内容。

采用收益法或者市场法评估企业价值时，评估技术说明通常包括影响企业经营的宏观、区域经济因素，所在行业现状与发展前景，企业的业务情况，企业的资产、财务分析和调整情况，评估方法的运用过程等。

采用收益法进行企业价值评估，应当根据行业特点、企业经营方式和所确定的预期收益口径以及评估的其他具体情况等编写评估技术说明。企业的资产、财务分析和调整情况以及评估方法运用实施过程说明通常包括以下内容。

(1)收益法的应用前提及选择理由和依据。
(2)收益预测的假设条件。
(3)企业经营、资产、财务分析。
(4)收益模型选择理由及基本参数说明。
(5)收益期限及明确预测期的说明。
(6)收益预测的说明。
(7)折现率的确定说明。
(8)预测期后价值确定说明。
(9)其他资产和负债(非收益性/经营性资产和负债)评估说明。
(10)评估结论。
(11)测算表格。

采用市场法进行企业价值评估时，应当根据行业特点、被评估企业实际情况以及上市公司比较法或者交易案例比较法的特点等编写评估技术说明。企业的资产、财务分析和调整情况以及评估方法运用实施过程说明通常包括以下内容。

(1)具体方法、应用前提及选择理由。
(2)企业经营、资产、财务分析。
(3)分析选取确定可比企业或交易案例的说明。
(4)价值比率的选择及因素修正说明。

(5)评估对象价值比率的测算说明。
(6)评估结论。

4. 评估结论及分析

(1)评估结论。

采用两种或两种以上方法进行企业价值评估时,应当说明不同评估方法形成的评估结果的差异及其原因和最终确定评估结论的理由。评估结论应含有"评估结论根据以上评估工作得出"的字样。对于存在多家被评估单位的情况,应当分别说明其评估价值。对于不纳入评估汇总表的评估结论,应当单独列示。

(2)评估价值与账面价值比较变动情况及说明。

在评估报告中评估价值与账面价值比较变动情况及说明部分,应当说明评估价值与账面价值比较变动情况,包括绝对变动额和相对变动率,并分析评估价值与账面价值比较变动的原因。

(3)折价或者溢价情况。

股东部分权益的价值并不必然等于股东全部权益价值与股权比例的乘积,因为在某些情况下,同一企业内不同股东的同等股份权益的价值可能会不相等。因此,企业价值评估,在适当及切实可行的情况下需要考虑由于控股权和少数股权等因素产生的折价或者溢价,以及流动性对评估价值的影响。如果考虑了控股权和少数股权等因素产生的溢价或折价,应当说明溢价与折价测算的方法,并对其合理性做出判断。

五、国有资产评估报告的制作要求

国有资产评估报告的制作要求主要体现在以下几个方面。

(1)资产评估报告标题及文号一般在封面上方居中位置,资产评估机构名称及资产评估报告日应当在封面下方居中位置。资产评估报告应当用 A4 规格纸张印刷。

(2)资产评估报告一般分册装订,各册应当具有独立的目录。具体要求包括:①声明、摘要、正文和附件合订成册,目录中应当含有其他册的目录,但其他册目录的页码不予标注。②评估说明和评估明细表一般分别独立成册。必要时,附件可以独立成册。③单独成册的,其封面格式、标题中的"企业名称+经济行为关键词+评估对象"及文号等应当与资产评估报告相关格式和内容保持一致。④评估明细表一般按会计科目顺序装订。

(3)资产评估报告封底或者其他适当位置应当标注资产评估机构名称、地址、邮政编码、联系电话、传真、电子邮箱等。

【例6-3】资产评估报告标题应当简明清晰,一般采用(　　)形式。
A. 企业名称+评估对象+经济行为关键词+资产评估报告
B. 经济行为关键词+企业名称+评估对象+资产评估报告
C. 企业名称+经济行为关键词+评估对象+资产评估报告
D. 经济行为关键词+评估对象+资产评估报告+评估对象
【正确答案】C
【答案解析】资产评估报告标题的形式为"企业名称+经济行为关键词+评估对象+资产评估报告"。

第四节　资产评估档案的概念与内容

一、资产评估档案的基本概念与工作底稿的分类

(一)资产评估档案及作用

资产评估档案，是指资产评估机构开展资产评估业务形成的，反映资产评估程序实施情况、支持评估结论的工作底稿、资产评估报告及其他相关资料。纳入资产评估档案的资产评估报告应当包括初步资产评估报告和正式资产评估报告。工作底稿是资产评估专业人员在执行评估业务过程中形成的，反映评估程序实施情况、支持评估结论的工作记录和相关资料。工作底稿是判断一个评估项目是否执行了这些基本程序的主要依据，应反映资产评估专业人员实施现场调查、评定估算等评估程序，支持评估结论。

(二)工作底稿的分类

1. 按工作底稿的载体分类

按照工作底稿的载体，可以将工作底稿分为纸质文档、电子文档或者其他介质形式的文档。

资产评估委托合同、资产评估报告应当形成纸质文档。评估明细表、评估说明可以是纸质文档、电子文档或者其他介质形式的文档。

同时以纸质和其他介质形式保存的文档，其内容应当相互匹配，不一致的以纸质文档为准。

资产评估机构及其资产评估专业人员应当根据资产评估业务具体情况和工作底稿介质的理化特性，谨慎选择工作底稿的介质形式，并在评估项目归档目录中按照评估准则要求注明文档的介质形式。

2. 按工作底稿的内容分类

按照工作底稿的内容，可以将工作底稿分为管理类工作底稿和操作类工作底稿。

管理类工作底稿是指在执行资产评估业务过程中，为受理、计划、控制和管理资产评估业务所形成的工作记录及相关资料。

操作类工作底稿是指在履行现场调查、收集评估资料和评定估算程序时所形成的工作记录及相关资料。

二、工作底稿的编制要求

(一)应当遵守法律、行政法规和资产评估准则

编制工作底稿时，一方面，应当遵守工作底稿编制和管理涉及的法律、行政法规，如《中华人民共和国档案法》《资产评估法》《国有资产评估管理办法》《国有资产评估管理若干问题的规定》等；另一方面，应当遵守相关资产评估准则对编制和管理工作底稿的规范要求，如《资产评估基本准则》《资产评估执业准则——资产评估程序》《资产评估执业准则——资产评估档案》等的相关规定。

（二）应当反映资产评估程序实施情况，支持评估结论

根据《资产评估基本准则》，工作底稿应当真实完整、重点突出、记录清晰，能够反映资产评估程序实施情况，支持评估结论。

1. 工作底稿必须如实反映和记录评估全过程

在评估程序实施的各个阶段，如订立评估业务委托合同，编制资产评估计划，进行评估现场调查，收集整理评估资料，评定估算形成结论，编制出具评估报告等阶段，都应当将工作过程如实记录和反映在工作底稿中。

2. 工作底稿必须支持评估结论

工作底稿是用来反映评估过程有关资料、数据内容的记录，是为最终完成评估业务服务的，其目的是支持评估结论。与评估报告有关或支持评估结论的所有资料均应当形成相应的工作底稿。

（三）应当真实完整、重点突出、记录清晰

1. 工作底稿应当真实完整

一是要求工作底稿反映的内容和情况应当是实际存在和实际发生的，强调评估委托事项、评估对象、评估程序实施过程的真实性。二是要求工作底稿所反映的评估内容是完整的。这不仅要求工作底稿内容真实，而且要求工作底稿全面反映评估程序实施过程，不能遗漏，如评估对象的现场调查和评定估算等都应有真实完整的记录。

2. 工作底稿应当重点突出

工作底稿应当真实完整，并不是说非重点资产的现场调查、评定估算不可以简略。一个企业，可能有几千项设备，采用成本法评估时，不可能也不必要对数量巨大的同类设备逐一进行现场勘查，摘抄每台设备的名称、规格型号、生产厂家、技术参数，查看每台设备的使用情况、维护保养等情况。《资产评估执业准则——资产评估程序》规定"资产评估专业人员可以根据重要性原则采用逐项或者抽样的方式进行现场调查"。所以，重点突出是指评估工作底稿应当力求反映对评估结论有重大影响的内容。重点突出是要求对工作底稿中支持评估结论的资料要突出，凡对评估结论有重大影响的文件资料和现场调查、评定估算过程，都应当形成工作底稿。

3. 工作底稿应当记录清晰

记录清晰包括两方面含义：一是记录内容要清晰，使审核人员、工作底稿使用者能够通过查阅工作底稿中对评估过程的描述，对评估过程有清晰的认识。二是记录字迹要清晰。现场调查的工作底稿大都在现场撰写，有些评估专业人员现场调查时所作记录文字不清晰，给审核工作带来较大困难，也难以作为支撑评估结论的依据。所以手写的工作底稿一定要字迹清楚，不能模糊难识。资产评估机构及其资产评估专业人员可以根据资产评估业务具体情况，合理确定工作底稿的繁简程度。

（四）委托人和其他相关当事人提供的档案应由提供方确认

在资产评估中，有相当占比的工作底稿是由委托方和相关当事方提供的，有些工作底稿是反映委托方基本情况的重要资料，如企业的营业执照、国有资产产权登记证、房地产权证等，需要提供方进行确认；有些工作底稿是用于确定评估范围的，如资产评估明细

表，更需要提供方予以确认。确认方式包括签字、盖章或者法律允许的其他方式。对所提供资料进行确认实际上是责任划分问题，提供资料的一方，原则上应当对资料的真实性、完整性、合法性负责。资产评估专业人员收集委托人和相关当事人提供的重要资料作为工作底稿的，应当由提供方对相关资料进行确认，确认方式包括但不限于签字、盖章、法律允许的其他方式。

(五) 工作底稿中应当反映内部审核过程

工作底稿应当反映审核情况，应反映评估机构内部各级以及评估机构外部专家对资产评估报告的审核情况，包括审核意见以及资产评估专业人员对相关意见的处理信息。

(六) 编制目录和索引号

细化的工作底稿种类繁多，不编制索引号和页码将很难查找，利用交叉索引和备注说明等形式能完整地反映工作底稿间的钩稽关系并避免重复。资产评估专业人员应当根据评估业务特点和工作底稿类别编制工作底稿目录，并建立必要的索引号，以反映工作底稿间的钩稽关系。比如评估项目中的汇率为评估基准日1美元兑换7.5元人民币，评估过程中，现金、银行存款、应收账款、应付账款等多个科目都要引用该汇率信息，此时，编制工作底稿时，可以在现金的工作底稿中保存汇率的询价依据，其他科目的评估中只要注明交叉索引就能很方便地找到依据。

三、工作底稿的内容

(一) 管理类工作底稿

管理类工作底稿是指在执行资产评估业务过程中，为受理、计划、控制和管理资产评估业务所形成的工作记录及相关资料。管理类工作底稿通常包括以下内容：①资产评估业务基本事项的记录；②资产评估委托合同；③资产评估计划；④资产评估业务执行过程中重大问题处理记录；⑤资产评估报告的审核意见。

以企业价值评估为例，上述五项内容可以细化为以下几个方面。

1. 资产评估业务基本事项的记录

评估业务基本事项的工作底稿应反映以下内容。

(1) 评估项目的洽谈人，委托人名称、联系人，其他相关当事人（主要是被评估单位）名称、地址、法定代表人、企业性质、注册资金、经营期限、经营范围、联系人等基本情况。

(2) 其他相关当事人和委托人的关系。

(3) 评估报告使用人及与委托人、被评估单位等其他相关当事人的关系。

(4) 相关经济行为的背景情况及评估目的。

(5) 评估对象和评估范围。

(6) 评估范围内的资产状况，包括评估对象基本情况及资产分布情况，资产的数量及各类资产、负债账面值，资产质量现状，实物资产存放地，账外资产、或有资产、或有负债、特殊资产情况，资产历次评估、调账情况，相关当事人所处行业、法律环境、会计政策、股权状况等相关情况。

(7) 价值类型。

(8)评估基准日。
(9)评估假设、限制条件。
(10)评估报告提交期限和方式。
(11)评估服务费总额或者支付标准、支付时间及支付方式。

资产评估专业人员在项目承接洽谈阶段，应尽可能了解以上内容，以更好控制评估风险。

2. 资产评估项目风险评价

评估项目风险评价的工作底稿应反映以下内容。
(1)项目洽谈人通过对委托人和其他相关当事人的要求、评估目的、资产状况等基本情况的了解，对评估项目是否存在风险做出判断。
(2)风险可控情况，化解风险、防范风险的主要措施。
(3)评估机构按规定流程对评估项目基本情况进行了解、对评估项目风险进行调查分析，对是否承接项目做出的决定或签署的意见。

3. 资产评估委托合同

评估委托合同的工作底稿应反映评估委托合同签订以及评估目的、评估对象和范围、评估基准日、价值类型、评估服务费、评估报告类型、评估报告提交期限和方式发生变更等的过程。

4. 资产评估计划

资产评估计划工作底稿的主要内容有：
(1)对实施资产评估业务的主要过程及时间进度、人员等的安排。
(2)在评估过程中根据情况变化做出的调整记录。
(3)评估机构对评估计划的审核、批准情况。

5. 聘请专家的主要情况

评估项目聘用专家有关情况的工作底稿应反映聘请专家个人需解决的问题，拟聘请专家个人的简况、专业或专长。

6. 资产评估过程中重大问题处理记录

评估过程中重大问题处理记录工作底稿应反映在评估项目实施过程中，资产评估专业人员遇到重大问题时逐级请示以及根据批示意见进行处理的记录。

7. 资产评估报告审核情况

资产评估报告的审核是评估机构保证评估质量、降低评估风险的重要手段，是评估机构内部质量控制程序的重要组成部分，审核工作底稿应反映评估机构内部各级审核情况，明确列示审核意见。此外，委托人提供的反馈意见、管理部门提出的评审意见，以及资产评估专业人员对相关意见的处理信息等也属于报告审核情况的工作底稿。

(二)操作类工作底稿

操作类工作底稿是指在履行现场调查、收集评估资料和评定估算程序时所形成的工作记录及相关资料。

1. 操作类工作底稿的内容

操作类工作底稿产生于评估工作的全过程，由资产评估专业人员及其助理人员编制，反映资产评估专业人员在执行具体评估程序时所形成的工作成果，主要包括以下几方面内容。

(1) 现场调查记录与相关资料。

调查实物资产时，采用成本法与采用收益法、市场法对实物资产的调查重点是不同的，例如，对机器设备的评估，采用成本法需了解机器设备的生产厂家、规格型号、主要参数，为重置价值提供依据；需了解机器设备的使用年限、使用情况、维修保养情况、产品质量情况，为判断成新率提供依据。采用收益法时，则主要了解机器设备在企业中的地位、作用，了解主要机器设备的生产能力与企业生产规模是否相适应，以便为预测企业的未来收益做准备。采用市场法时，主要了解相同或相似资产的交易信息。因此，不同评估方法下的现场调查工作底稿内容不同，资产评估专业人员应根据评估目的和资产状况，合理确定资产（含负债）的调查量，并编制相应的工作底稿。现场调查记录与相关资料一般包括以下内容：①委托人或者其他相关当事人提供的资料，如资产评估明细表，评估对象的权属证明资料，与评估业务相关的历史、预测、财务、审计等资料，以及相关说明、证明和承诺等；资产评估项目所涉及的经济行为需要批准的经济行为批准文件。②现场勘查记录、书面询问记录、函证记录等。③其他相关资料。

(2) 收集的评估资料。

在整个评估工作过程中，收集的与评估工作有关的操作类工作底稿具体包括：①市场调查及数据分析资料。②询价记录。③其他专家鉴定及专业人士报告。④其他相关资料。

(3) 评定估算过程记录。

在评定估算阶段所做的工作，均需编制相应的工作底稿，以支持评估结论，内容包括：①重要参数的选取和形成过程记录。②价值分析、计算、判断过程记录。③评估结论形成过程记录。④与委托人或者其他相关当事人的沟通记录。⑤其他相关资料。

2. 不同评估方法对操作类工作底稿的侧重点

按照评估方法划分，操作类工作底稿一般可分为市场法工作底稿、收益法工作底稿和成本法工作底稿。

(1) 市场法工作底稿。

资产评估专业人员在采用市场法评估企业整体价值时，应在工作底稿中反映收集的参考企业、市场交易案例的资料，反映所选择的参考企业、市场交易案例与被评估企业具有可比性的资料。资产评估专业人员应结合对被评估企业与参考企业、市场交易案例之间的相似性和差异性进行比较、分析、调整的过程，以及对所选价值乘数计算的过程，编制相应的工作底稿。在评估股东部分权益价值时，应在工作底稿中反映资产评估专业人员对流动性和控制权对评估对象价值影响的处理情况。

(2) 收益法工作底稿。

资产评估专业人员采用收益法评估企业资产价值时，应与委托人充分沟通，获得委托人关于被评估企业资产配置和使用情况的说明，包括对非经营性资产、负债和溢余资产状况的说明。资产评估专业人员进行现场调查后，应汇集资产的账面值、调查值形成工作底稿。资产评估专业人员应在与委托人和其他相关当事人协商并获得有关信息的基础上，采用适当的方法，对被评估企业前几年的财务报表中影响评估过程和评估结论的相关事项进行必要的分析调整，以合理反映企业的财务状况和盈利能力。工作底稿应完整地反映对企业资产、负债、盈利状况进行调整的原因，调整的内容、过程和结果，以及企业财务报表数据调整前后的变化。

资产评估专业人员应在工作底稿中反映以下内容：①对企业财务指标进行分析的过程。②对企业未来经营状况和收益状况进行的分析、判断和调整过程。③根据企业经营状况和发展前景，预测期内的资产、负债、损益、现金流量的预测结果，企业所在行业现状及发展前景，合理确定收益预测期，以及预测期后的收益情况及相关现值的计算，收益现值的计算过程。④综合考虑评估基准日的利率水平、市场投资回报率、加权平均资本成本等资本市场相关信息和企业、所在行业的特定风险等因素，合理确定资本化率或折现率的过程。

在采用收益法对企业整体价值进行分析和评估时，企业如存在非经营性资产、负债和溢余资产，资产评估专业人员应当编制相应的非经营性资产、负债和溢余资产的现场调查、评定估算工作底稿。

(3)成本法(或资产基础法)工作底稿。

资产评估专业人员运用资产基础法对企业进行整体价值评估时，应在工作底稿中反映被评估企业拥有的有形资产、无形资产以及应当承担的负债，并记录根据其具体情况分别选用市场法、收益法、成本法的现场调查、评定估算过程。

【例6-4】下列工作底稿资料中，属于管理类工作底稿的是(   )。

A. 资产评估委托合同

B. 房屋产权证明文件

C. 询价记录

D. 市场调查及数据分析资料

【正确答案】A

【答案解析】管理类工作底稿是指在执行资产评估业务过程中，为受理、计划、控制和管理资产评估业务所形成的工作记录及相关资料。管理类工作底稿通常包括以下内容：(1)资产评估业务基本事项的记录；(2)资产评估委托合同；(3)资产评估计划；(4)资产评估业务执行过程中重大问题处理记录；(5)资产评估报告的审核意见。

第五节　资产评估档案的归集和管理

一、资产评估档案的归集和管理

资产评估机构应当按照法律、行政法规和评估准则的规定建立健全的资产评估档案管理制度。

资产评估业务完成后，资产评估专业人员应将工作底稿与评估报告等归集形成评估档案并及时向档案管理人员移交，由所在资产评估机构按照国家有关法律法规及评估准则的规定进行妥善管理。

（一）资产评估档案的归集期限

资产评估专业人员通常应当在资产评估报告日后 90 日内将工作底稿、资产评估报告及其他相关资料归集形成资产评估档案，并在归档目录中注明文档介质形式。

重大或者特殊项目的归档时限为评估结论使用有效期届满后 30 日内，并由所在资产评估机构按照国家有关法律、行政法规和相关资产评估准则的规定妥善管理。

（二）资产评估档案的保管期限

根据《资产评估法》的规定，一般评估业务的评估档案保存期限不少于 15 年，法定评估业务的评估档案保管期限不少于 30 年。评估档案的保存期限自资产评估报告日起算。《资产评估执业准则——资产评估档案》规定，资产评估档案自资产评估报告日起保存期限不少于 15 年；属于法定资产评估业务的，不少于 30 年。资产评估机构应当在法定保存期限内妥善保存资产评估档案，以保证资产评估档案的安全和持续使用。资产评估档案应当由资产评估机构集中统一管理，不得由原制作人单独分散保存。资产评估机构不得对在法定保存期内的资产评估档案进行非法删改或者销毁。

二、资产评估档案的保密与查阅

如果资产评估档案涉及客户的商业秘密，评估机构、资产评估专业人员有责任为客户保密。资产评估档案的管理应当严格执行保密制度。除下列情形外，资产评估档案不得对外提供。

（1）国家机关依法调阅的。
（2）资产评估协会依法依规调阅的。
（3）其他依法依规查阅的。

如果本机构评估专业人员需要查阅评估档案，应按规定办理借阅手续。

【例 6-5】下列说法不正确的是（　　）。
A. 评估档案涉及客户的商业秘密，评估机构及专业人员有责任为客户保密
B. 评估机构应建立档案管理制度，并认真履行保密责任
C. 项目完成并归档后，资产评估机构可以对在规定保存期内的档案进行销毁
D. 评估档案应执行保密制度
【正确答案】C
【答案解析】资产评估机构不得对在法定保存期内的资产评估档案非法删改或者销毁。

第七章 资产评估的职业道德与法律责任

知识目标

掌握资产评估职业道德的基本要求。掌握资产评估在行政、民事、刑事责任方面的相关法律规定。

素质目标

尊重并遵守国家法律法规，将法治思维贯穿资产评估工作的始终。坚守诚信、客观、公正的职业原则，确保评估结果的准确性和公正性。自觉抵制各种不正当利益诱惑，维护资产评估行业的良好声誉。

能力目标

能够识别评估过程中可能出现的职业道德和法律风险，并采取相应的防范措施。

思维导图

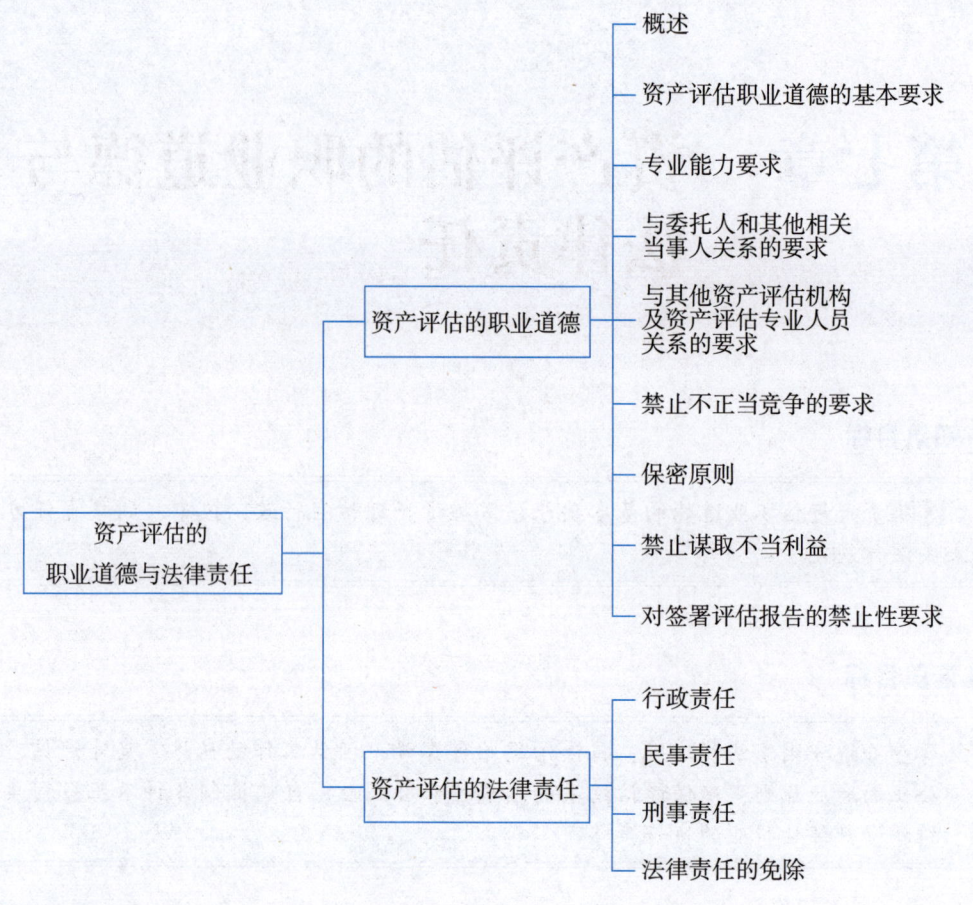

- 资产评估的职业道德与法律责任
  - 资产评估的职业道德
    - 概述
    - 资产评估职业道德的基本要求
    - 专业能力要求
    - 与委托人和其他相关当事人关系的要求
    - 与其他资产评估机构及资产评估专业人员关系的要求
    - 禁止不正当竞争的要求
    - 保密原则
    - 禁止谋取不当利益
    - 对签署评估报告的禁止性要求
  - 资产评估的法律责任
    - 行政责任
    - 民事责任
    - 刑事责任
    - 法律责任的免除

知识引例

甲在一家知名资产评估公司担任高级评估师，负责多个项目的资产评估。在某一项目中，甲与申请评估方乙存在利益交换。甲利用其专业知识和技能，对该项目的资产评估进行了不当操作，非法收受了乙提供的财物。这一行为严重违反了职业道德和法律法规。

一、法律责任分析

1. 刑事责任

甲作为资产评估责任的承担者，非法收受他人财物，可能面临刑事责任的追究。根据我国《刑法》规定，这种行为可能构成受贿罪。如果被查实，甲将面临一定的刑罚，甚至可能被判刑入狱。

2. 民事责任

除了刑事责任外，甲还可能面临民事责任的追究。如果甲的行为给当事人或相关方造成了损失，他可能需要承担相应的赔偿责任。此外，甲所在的公司也可能因甲的个人行为而面临声誉损失和业务受阻的风险。

二、道德风险反思

1. 行业规范的缺失

在本案中，甲之所以会利用其专业技能进行不当操作并非法收受他人财物，在一定程

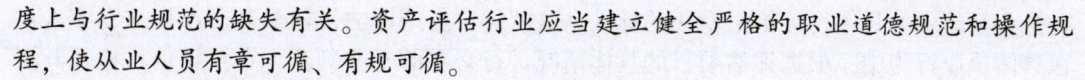

度上与行业规范的缺失有关。资产评估行业应当建立健全严格的职业道德规范和操作规程，使从业人员有章可循、有规可循。

2. 职业道德教育的缺失

资产评估行业对从业人员的职业道德教育应当给予足够重视。通过持续加强职业道德培训、提升从业人员的道德素质，使从业人员明确自己的职业使命和社会责任。

第一节　资产评估的职业道德

一、概述

资产评估机构及其资产评估专业人员在从业时应当严格遵守资产评估职业道德，树立良好的职业形象，提高资产评估作为中介服务的公信力。

资产评估机构及其资产评估专业人员的职业道德素质是由其职业理想、职业态度、职业责任、职业胜任能力、职业良知、职业荣誉和职业纪律等要素综合反映出来的道德品质。对职业道德行为进行规范旨在使资产评估机构及其资产评估专业人员树立职业理想、端正职业态度、明确职业责任、提升职业胜任能力、唤起职业良知、增强职业荣誉感和遵守职业纪律等，从而提高资产评估专业人员的职业道德素质。

资产评估职业道德准则对资产评估机构及其资产评估专业人员在职业道德的基本遵循、专业能力、独立性、资产评估专业人员与委托人和其他相关当事人的关系、资产评估专业人员与其他资产评估专业人员的关系等方面进行了规范。

二、资产评估职业道德的基本要求

诚实守信、勤勉尽责、谨慎从业，坚持独立、客观、公正的原则是对资产评估机构及资产评估专业人员职业道德的基本要求。

（一）诚实守信、勤勉尽责、谨慎从业要求

诚实守信是在合同或其他经济活动中遵循民法基本原则的必然要求，现已越来越广泛地成为各行业普遍性的职业道德规范，也被直接写入了《资产评估法》中。

诚实守信和勤勉尽责是资产评估行业得以存在和被认可的关键因素，也是资产评估行业取得委托人和社会公众信任的重要支撑。资产评估机构及其资产评估专业人员在开展资产评估业务时应当将诚实守信放在首位，诚实履行职业责任，提供诚信可靠的专业服务。这也是中介服务行业立法和职业道德建设通常会提出的要求。资产评估机构及其资产评估专业人员在执业过程中应当维护当事人的合法权益和公共利益，努力维护资产评估的客观性和公正性。只有这样才能赢得社会公众的信任与尊重。

第一，资产评估机构及其资产评估专业人员在执业过程中必须严格遵守资产评估准则，不得随意背离。这是对资产评估机构及其资产评估专业人员履行勤勉尽责义务的基本要求。资产评估活动的客观性、公正性靠行业准则和规范予以保证，准则和规范从原则上保证着资产评估服务的质量。

第二，鉴于资产评估对象的复杂性，准则难以对资产评估机构及其资产评估专业人员

在执业活动中的具体行为给出量化的标准,这就需要资产评估机构及其资产评估专业人员在具体执业行为中,根据评估项目的具体情况进行必要的专业判断。资产评估机构及其资产评估专业人员应当以追求评估结论的客观性、公正性为工作目标,来检查自己的执业行为,做到勤勉尽责。例如,由于客观条件的限制,资产评估专业人员在执业过程中,对评估对象调查或勘查的细政、深入程度不同,所获得信息的真实性、完整性等会受到不同程度的影响。遇到这种情况资产评估专业人员应当判断这些因素对评估结论的影响程度,并根据影响程度和评估目的要求合理确定该评估项目的工作范围及工作程度,不得单纯以工作量或工作的难易程度作为确定工作范围及工作程度的标准。

第三,资产评估机构及其资产评估专业人员不可以使用敷衍的手段规避应尽的努力。包括:

(1)在报告中滥用免责声明。

在执业过程中,受情况的复杂程度影响和客观条件的限制,可能存在一些无法查清的事项。这些事项可以在报告中予以声明,但资产评估机构及资产评估专业人员必须判断上述事项的重要性,并在报告中详细披露其为该事项所做的努力,尽可能披露该事项对评估结论的影响。

(2)不当利用第三方的工作,或相关当事人的保证书、承诺函等。

资产评估机构及资产评估专业人员可以利用第三方的工作,如会计师出具的审计报告、律师出具的法律意见书等,也可以要求相关当事人提供保证书或承诺函等文件。但利用专家资料开展工作时,必须保持职业谨慎,不可丧失独立性。

(3)使用不合理的假设。

执行资产评估业务时,对于不断变化的影响评估对象和评估工作的因素,资产评估机构及其资产评估专业人员需要使用评估假设来明确资产评估的边界条件,支持资产评估过程及结论。这一要求是资产评估的理论和工作特点所决定的。资产评估机构及其资产评估专业人员使用的评估假设,应当是基于已经掌握的知识和事实,对资产评估中需要依托的前提和未被确切认识的事物做出的合乎情理的推断和设定,不可以滥用不合理假设,规避勤勉尽责义务。

(4)滥用专业判断。

执业过程中,在获取必要信息的基础上可以依据经验和专业知识做出独立判断,但是判断必须建立在科学基础上,不可以滥用专业判断,否则会丧失评估结论的客观性和公正性。

谨慎从业,需要资产评估机构及其资产评估专业人员在提供资产评估专业服务时保持必要的职业谨慎态度和专业精神,重视风险辨识及防范,审慎做出专业判断,预防和减少因评估执业过失引致的质量风险。资产评估机构及其资产评估专业人员应做到:在洽谈资产评估业务前,对自身专业能力进行评价,对客户的诚信和财务状况、评估业务的风险水平进行判断;在受理资产评估业务后,针对评估目的和风险控制要求制订评估计划;在业务实施环节,认真履行现场调查、资料收集及检查验证等评估程序的实施要求;在信息披露方面,充分提示和披露可能影响评估报告理解和使用的风险等。这些都体现了谨慎从业的执业要求。

(二)独立、客观、公正要求

独立、客观、公正是资产评估的基础要求,是资产评估机构及其资产评估专业人员应该遵守的基本工作原则。

1. 独立性

坚持独立性是资产评估的核心原则。资产评估机构、资产评估专业人员及外聘专家认为其独立性受到损害时，应当对可能由此产生的影响和能够采取的措施进行分析判断，如果相关损害会影响其得出公正的评估结论，则应当拒绝进行评估活动、拒绝发表评估意见。

资产评估的独立性要求包含以下内容。

（1）资产评估机构应当是依法设立的独立法人或非法人组织。

（2）资产评估机构及其资产评估专业人员应当严格按照国家有关法律、行政法规、资产评估准则，独立开展评估业务，并独立地向委托人提供资产评估意见。

（3）资产评估机构、资产评估专业人员从事资产评估活动不受任何部门、社会团体、企业、个人等对资产评估行为和评估结论的非法干预。

（4）资产评估专业人员依据国家法律及资产评估准则进行资产评估活动以及发表评估意见时不受所在资产评估机构的非法干预。

（5）资产评估机构、资产评估专业人员应与资产评估的委托人、被评估对象产权持有人及其他当事人无利害关系。

一些资产评估业务中，委托人试图将资产评估服务费收取标准或支付条件等与评估目的能否实现相挂钩的诉求，会对资产评估机构及其资产评估专业人员的独立性要求产生不利影响，资产评估机构在洽谈资产评估业务和订立资产评估委托合同时应注意避免这类约定。

资产评估准则要求资产评估机构及其资产评估专业人员在开展资产评估业务时，应当识别可能影响其独立性的情形，合理判断各类情形对独立性的影响。

可能影响独立性的情形通常是资产评估机构及其资产评估专业人员或者其亲属与委托人或者其他相关当事人之间存在经济利益关联、人员关联或者业务关联。

根据《民法典》规定，亲属包括配偶、血亲和姻亲；配偶、父母、子女、兄弟姐妹、祖父母、外祖父母、孙子女、外孙子女为近亲属。根据《资产评估职业道德准则》的规定，亲属是指配偶、父母、子女及其配偶，这是一个比较狭义的界定。

经济利益关联是指资产评估机构及其资产评估专业人员或者其亲属拥有委托人或者其他相关当事人的股权、债权、有价证券、债务，或者存在担保等可能影响资产评估独立性的经济利益关系。

人员关联是指资产评估专业人员或者其亲属担任委托人或者担任其他相关当事人的董事、监事、高级管理人员或者其他可能对评估结论施加重大影响的特定职务。

业务关联是指资产评估机构从事的不同业务之间可能存在利益输送或者利益冲突关系。

资产评估机构应当在承接评估业务之前，就本机构和资产评估专业人员的经济利益关联、人员关联、业务关联等情况进行独立性核查。如在执业过程中发现影响独立性的事项且该事项可能导致不利影响时，应当及时采取相应措施消除可能的不利影响，并就该事项与委托人进行沟通。消除不利影响的措施通常包括人员回避、业务回避、消除关联关系、第三方审核等。当所采取措施不能消除相关事项对独立性的不利影响时，资产评估机构和资产评估专业人员不得承接该评估业务，或者应当终止该评估业务。

关于回避要求，《资产评估法》第二十四条规定，委托人有权要求与相关当事人及评估对象有利害关系的评估专业人员回避。这一条款对资产评估的业务回避作出了规定，保障了执行资产评估业务的公正性。

此外，《资产评估法》第二十条规定，评估机构不得分别接受利益冲突双方的委托，对同一评估对象进行评估。这也是有效保障资产评估执业独立性的法律要求，有利于防止资产评估机构在利益冲突双方的不同诉求面前有失客观公正；也可以防范利益冲突双方在彼此不知情的情况下同时委托同一家资产评估机构，资产评估机构在利益驱动下分别接受双方委托的现象。

2. 客观性

客观性要求资产评估机构及其资产评估专业人员，应当以事实为依据，客观地发表评估意见。具体要求包括：

（1）作为资产评估活动的重要主体，资产评估及其资产评估专业人员应当公正无私，摒除偏见，不为偏见、谬误所蒙蔽。

（2）对资产评估活动中涉及的事项应当坚持科学的方法和态度，实事求是。

（3）在资产评估过程中，应当完整、客观地收集信息、数据；保障信息的完整性、客观性、有效性、合法性；不得使用缺乏依据的信息、数据。

（4）对实物性资产进行必要的现场勘查是保证客观性的要求。资产评估机构及其资产评估专业人员应该通过勘查确定资产的客观存在，并取得评估所必需的客观信息，勘查的程度应以能够支持资产评估机构及其资产评估专业人员作出客观评估为基本标准。如因各种原因，无法通过勘查获得评估所需信息而必须通过其他第三方取得信息时，资产评估机构及其资产评估专业人员应当采取必要措施关注这些信息的客观性和合理性，并进行必要披露。

（5）对非实物性资产，资产评估机构及其资产评估专业人员应当根据资产的特征，通过有效的方法确定资产的客观存在，并取得评估所必需的客观信息。如因各种原因，必须通过其他第三方取得评估所需信息，应当采取必要措施关注这些信息的客观性和合理性，并予以必要披露。

（6）资产评估机构及其资产评估专业人员有责任核查所获得信息的客观性，对于从其他第三方获得的信息，同样应当关注其客观性。资产评估机构及其资产评估专业人员有责任了解和判断所获得的信息是否能够支持其客观地确定资产价值，不得因信息缺失影响评估结论的客观性。

（7）资产评估机构及其资产评估专业人员应当尽量避免专业判断过程中主观因素对评估结论的不利影响。在进行评估分析、预测、判断过程中，资产评估机构及其资产评估专业人员应当使用科学的方法作为评估手段，不得以主观经验代替科学分析。

（8）资产评估机构及其资产评估专业人员应当依据所收集的信息、数据，遵守法律法规、资产评估准则等相关规定，通过合理履行资产评估程序客观做出评估结论、发表专业意见。

（9）资产评估机构及其资产评估专业人员应对自身的执业能力做出客观评价，对于无法胜任的业务，应当放弃承接或寻求有效支持手段满足胜任要求。

（10）对机构内部或不同评估机构所持有的不同评估观点，不应抱有任何偏见。

（11）资产评估报告应当客观完整、描述适当，不得使用夸大或容易引起异议或歧义的文字语言。

3. 公正性

公正性要求资产评估机构及其资产评估专业人员在从事资产评估业务过程中，遵照国家有关法律、法规及行业准则，独立、客观执业，保持应有的职业中立态度，公平地对待有关利益各方，公正地发表资产评估意见，不得损害委托人、其他当事人的合法权益和公共利益。

资产评估机构及其资产评估专业人员不应当故意以牺牲一方的利益使另外的当事方受益，包括偏袒、迁就委托人的不当诉求，故意出具对其他当事人甚至对社会公众不利的评估报告等。

三、专业能力要求

我国《资产评估基本准则》对专业能力的规定包括：资产评估专业人员应当具备相应的评估专业知识和实践经验，能够胜任所执行的评估业务；资产评估专业人员应当完成规定的继续教育，保持和提高专业能力；资产评估机构及其资产评估专业人员执行某项特定业务但缺乏特定的专业知识和经验时，应当采取恰当的弥补措施，如利用专家工作及相关报告等。

专业能力要求是对任何专业工作的基本执业要求。由于资产评估工作的专业性和复杂性，从事资产评估工作的资产评估专业人员必须具备相关的专业知识和经验，以确保能够合理完成相关评估业务。

（一）资产评估专业人员应当具备相应的专业知识和经验

资产评估专业人员除了要具备一定的专业知识和专业技能，也应具备一定的专业经验。

我国法律要求，取得资产评估师职业资格需要通过资产评估行业协会按照国家规定组织实施的资产评估师资格全国统一考试。能够承办非法定资产评估业务的其他资产评估专业人员，也必须具有评估专业知识和实践经验。

（二）资产评估专业人员必须具有胜任所执行评估业务的能力

由于资产评估的复杂性以及资产评估专业人员专业背景的限制，资产评估专业人员的执业范围可能仅限于某个特定领域，如某些评估专业人员仅从事房地产评估或机器设备评估。取得资产评估师职业资格并不意味着具备了承接各类资产评估业务的能力。

资产评估专业人员在接受评估业务或资产评估机构在签署评估委托合同之前，应当了解执行该评估项目所必备的专业知识、专业技能及经验，并对自己的能力做出客观判断。资产评估机构、资产评估专业人员对所承接的资产评估项目，必须确信自身具有相应的专业知识和经验，能够胜任该项业务；不得接受其能力无法完成的资产评估项目，除非能够通过采取其他有效措施保证完成该项评估业务，这类措施主要有以下三种。

（1）与具有相关专业知识和经验的资产评估机构或资产评估专业人员联合进行评估。

（2）聘用具有所需专业知识或经验的专业人士。

(3) 资产评估专业人员通过学习达到评估业务的要求等。

但是，即使评估机构和资产评估专业人员可以采取有效的措施来确保评估业务的完成，也必须在接受评估业务前向客户披露自己缺乏与该业务相关的专业知识、经验之事实，并说明将采取的所有必要措施，承诺通过上述措施可以确保圆满完成评估业务。同时，评估机构和资产评估专业人员也必须在评估报告中披露专业知识、经验的缺乏，并披露所有为完成评估业务所采取的措施。

我国资产评估准则还要求，资产评估机构及其资产评估专业人员应当如实声明其具有的专业能力和执业经验，不得对其专业能力和执业经验进行夸张、虚假和误导性宣传。

(三) 资产评估专业人员应当保持和提高专业能力

资产评估是一项专业性很强的、跨学科的工作，涉及工程技术、经济、管理、会计等多个专业，资产评估专业人员仅仅具有某方面的知识无法满足资产评估对专业知识的要求。接受资产评估的专业教育及训练、通过资产评估师的职业资格统一考试、在资产评估机构从事业务实践等，都是获得胜任资产评估工作所需知识和经验的有效途径。

资产评估的复杂性要求资产评估专业人员在整个职业生涯中不断更新知识，不断提升能力。通过职业资格统一考试、取得资产评估师职业资格只说明资产评估专业人员具备了从事资产评估工作的基本技能，要在执业生涯中保持并提高自己的执业能力，就要不断地接受必要的继续教育培训。

四、与委托人和其他相关当事人关系的要求

(一) 资产评估专业人员与委托人、其他相关当事人和评估对象有利害关系的，应当回避

在承揽和接受业务时，对与委托人或其他相关当事人存在利害关系的，资产评估专业人员应主动回避。这里的利害关系，是利益与损害关系的简称，它包括两个方面：一是利益一致关系，二是利益对立关系。这种利害关系的存在，很可能会影响资产评估专业人员在执行业务时所处的立场，也极可能妨碍资产评估专业人员做出客观的专业判断。在评估中，资产评估专业人员与委托人或其他相关当事人之间存在以下利害关系时，应当向其所在评估机构提出声明，并进行回避。

(1) 持有客户的股票、债券或与客户有其他经济利益关系的。

(2) 与客户的负责人或委托事项的当事人有利害关系的。

(3) 其他可能直接或间接影响执业的情况。

(二) 资产评估机构、资产评估专业人员应当履行评估委托合同中规定的义务

资产评估委托合同明确规定了资产评估机构及其资产评估专业人员的责任和义务，一经签订，即成为评估机构与委托人之间在法律上生效的契约，具有法定约束力。因此，资产评估机构、资产评估专业人员应当履行评估委托合同中规定的义务，坦诚、公正地对待客户，在不违背国家与公共利益以及不伤害其他相关当事人利益的前提下，在廉洁、公正的基础上，努力为委托人提供高质量的专业服务。资产评估机构及其资产评估专业人员应当按照评估委托合同明确的业务性质、范围要求等各项约定，在客户提供了必要资料的前提下，在规定的时间内，按资产评估专业标准的要求，在保证质量的情况下完

成委托评估业务。

（三）资产评估机构及其资产评估专业人员不得向委托人或其他相关当事人索取约定服务费之外的不正当利益

资产评估是一种有偿的社会中介服务，资产评估机构及其资产评估专业人员在完成委托评估业务后，向委托人出具资产评估报告并收取合理的评估服务费系正当的行为，但是不能收取评估费以外的费用。

这里所说的"服务费用以外的不正当利益"，主要是指约定服务费用以外的其他酬金，如佣金、回扣、好处费、介绍费等。严格意义上讲，不正当利益包括各种不正当的经济利益和不正当的非经济利益。

五、与其他资产评估机构及资产评估专业人员关系的要求

（一）资产评估机构及其资产评估专业人员在开展资产评估业务过程中，应当与其他资产评估专业人员保持良好的工作关系

这里的"其他资产评估专业人员"通常指符合以下条件之一的资产评估专业人员。

(1)与资产评估专业人员在同一资产评估机构执业。在这种情况下，其他资产评估专业人员应根据资产评估机构的安排共同开展资产评估业务。资产评估专业人员之间应当相互尊敬、相互学习、相互帮助、共同提高。

(2)与资产评估专业人员不在同一资产评估机构执业，但一起执行联合评估业务。在这种情况下，资产评估专业人员之间应当精诚合作、及时沟通，在完成各自负责业务部分的基础上，高质量地共同完成整体评估业务。

在上述两种情况下，资产评估专业人员在同一项评估业务中与其他资产评估专业人员共同作业时，应当注意加强彼此间的分工与合作；工作过程存在不同意见时，应当以相应的法律、法规和制度为依据，共同认真分析并协调，对确实无法协调的，应将不同意见同时披露。

(3)与资产评估专业人员不在同一资产评估机构执业，但由于知识结构、专业技能、职业资格、所在区域等不同，在执业过程中应约向其提供（或接受对方提供）相关技术支持。在这种情况下，资产评估专业人员应当在专业技术范围内，虚心向其他资产评估专业人员请教，或真诚地为其他资产评估专业人员提供帮助。

(4)对资产评估专业人员所执行评估业务中的评估对象在不同时间发表过专业意见。在这种情况下，资产评估专业人员仍应独立形成专业意见。在形成专业意见过程中，资产评估专业人员可以了解其他资产评估专业人员的专业意见，或就评估对象的状况向其他资产评估专业人员进行咨询，但应认真分析其他资产评估专业人员意见的基准日、限制条件、假设条件等，不得对其他资产评估专业人员的意见进行不负责任的批评。资产评估专业人员向其他资产评估专业人员了解、咨询时，应尊重其委托关系，遵守保密原则。

(5)曾经或正在执行与资产评估专业人员所执行评估业务相关的评估业务。在这种情况下，如果资产评估专业人员与其他资产评估专业人员需要进行业务沟通，应当经委托方同意。如果委托方要求资产评估专业人员向其他资产评估专业人员提供相关情况，资产评

估专业人员应当在职业道德框架内配合其他资产评估专业人员的工作。

（二）资产评估机构及其资产评估专业人员不得贬损或者诋毁其他资产评估机构及其他资产评估专业人员

这是以禁止性规定的方式要求资产评估机构及其资产评估专业人员在开展资产评估业务时，应当与其他资产评估机构及其他资产评估专业人员保持良好的工作关系。

资产评估机构及其资产评估专业人员不得以任何理由、任何方式对其他资产评估机构及其资产评估专业人员进行公开或非公开的贬损或诋毁。评估行业应提倡同行相睦，反对同行相轻。

这里的"其他资产评估机构及其他资产评估专业人员"还包括在拓展业务过程中潜在的竞争对手。资产评估机构及其资产评估专业人员不得为争揽业务而贬损或诋毁竞争对手。这既是对资产评估机构及其资产评估专业人员职业素质和职业道德的要求，也是向社会公众昭示资产评估行业形象和公信力的需要。

六、禁止不正当竞争的要求

（一）资产评估机构及其资产评估专业人员不得采用欺诈、利诱、胁迫等不正当手段招揽业务

这是对资产评估机构及其资产评估专业人员招揽业务行为的规定，禁止资产评估专业人员采用不正当手段获取评估业务。

1. 欺诈

采用欺骗、误导等手段向客户招揽业务的行为包括：

（1）超越自身专业能力范围招揽业务。

（2）编造自己与客户的上级主管部门或利害相关单位有密切关系，以可以帮助客户解决难题为由招揽业务。

（3）编造自己从未执行过的评估项目的工作经验骗取业务等。

（4）采取虚假和引人误解的宣传骗取客户信任以招揽业务。

2. 利诱

利用财物、权势等利益引诱手段向客户招揽业务的行为包括：

（1）承诺提供满足客户预期结果的评估结果引诱客户招揽业务。

（2）以答应帮助客户解决具体困难为条件招揽业务。

（3）以帮助客户获取权势、名位等诱惑客户招揽业务。

（4）以给客户赠送财物、支付回扣等手段招揽业务。

《中华人民共和国反不正当竞争法》将"采用财物或者其他手段进行贿赂以销售或者购买商品"作为禁止性行为，规定"在账外暗中给予对方单位或者个人回扣的，以行贿论处；对方单位或者个人在账外暗中收受回扣的，以受贿论处"。

3. 胁迫

通过向客户施加压力、迫使其接受委托业务的行为包括：

(1)借助行政、司法等力量，通过行业垄断、地区垄断等形式强行抢拉业务。

(2)动用各种关系施压，强行抢拉业务。

(3)利用客户的弱点威胁强迫，抢拉业务。

(二)资产评估机构及其资产评估专业人员不得以恶性压价等不正当的手段与其他资产评估机构及资产评估专业人员争揽业务

这条要求旨在维护资产评估行业的正常竞争秩序。

1. 资产评估机构及其资产评估专业人员应当维护行业竞争秩序，合理参与竞争

资产评估机构及其资产评估专业人员应当意识到维护行业形象和职业声誉的重要性，并以此指导自己的行为。资产评估服务存在一定的竞争，但行业提倡开展公平的竞争。在招揽业务方面，资产评估机构及其资产评估专业人员应当表现出较高的素质，以良好的信誉、优质的服务质量确立自己的竞争优势。以恶性压价等不正当手段与其他资产评估机构及其他资产评估专业人员争揽业务是一种不道德行为。规范的竞争秩序符合行业整体利益，也符合行业内每个参与竞争的主体的利益。

2. 恶性压价是当前主要的不正当竞争手段之一

在拓展业务过程中，恶性压价已经成为当前评估行业争揽业务和恶性竞争的主要方式和手段。

恶性压价以远低于行业平均价格甚至低于成本的价格提供评估服务，这不仅恶意排挤了竞争对手，而且可能由于压价导致评估质量得不到保证，损害委托人的利益。这最终将使评估机构自身难以为继，破坏评估行业的正常经营秩序。

关于服务费的收取，资产评估机构应当注意以下几个方面。

(1)在确定服务费收取标准时，资产评估机构及其资产评估专业人员应当考虑以下因素，合理确定收费标准：①执行评估业务所需的技能和知识；②需配备的评估专业人员的水平和经验；③完成评估业务所需要的时间；④评估业务的风险和需承担的责任。

(2)在拓展业务过程中，资产评估机构及其资产评估专业人员应当以优良的执业质量获得委托人的信任，而不应通过降低服务费的方式获得业务。

(3)在项目竞争中，资产评估机构及其资产评估专业人员可以根据项目的具体情况，如复杂程度等在一定范围内合理降低服务费，但应当保持应有的职业谨慎，确保服务费降低不会影响获取评估业务后的执业质量，并遵守执业准则和质量控制程序。

(4)不考虑评估业务性质、专业能力、服务质量，仅仅通过降低服务费收取标准获取业务的，属恶意降低服务费。

(5)长期业务关系中，单项业务服务费的收取应当合理。以某一单项业务服务费弥补另一单项业务服务费不足的做法，应当禁止。

七、保密原则

资产评估机构及其资产评估专业人员应当遵守保密原则，对评估活动中知悉的国家秘密、商业秘密和个人隐私予以保密。

(一)保密的重要性

资产评估机构、资产评估专业人员的职业性质决定了其能够掌握客户的大量信息和资料。这些信息和资料中,有些属于客户的商业秘密,如客户的重大经营决策、企业财务安排、生产经营技术、供货和销售渠道和即将进行的并购整合行为等,这些商业秘密和有关业务资料一旦外泄或被利用,可能会给客户造成经济损失。因此,对商业秘密和有关业务资料进行保密是资产评估机构、资产评估专业人员应尽的义务和应具备的职业道德。由于保密原则的重要性,当今世界上,所有已发布的资产评估职业道德准则或资产评估行为准则都有对客户或委托人保密的具体要求。

保密要求是资产评估机构及其资产评估专业人员独立、客观、公正从事业务的必然要求,也是遵守《中华人民共和国保守国家秘密法》《中华人民共和国反不正当竞争法》等的必然要求。《资产评估法》也将此作为资产评估专业人员应当履行的义务并进行了规范。

(二)保密的要求

(1)资产评估机构应当制定业务保密制度,承担国家涉密业务的还应具备规定的组织、人员和设施条件,资产评估机构要加强对从业人员的保密教育和对保密事项的监督管理,不得泄露相关国家秘密和商业秘密。

(2)资产评估专业人员在评估机构及外勤工作时,不得在规定的工作场所之外谈论与客户的业务情况、评估目的等相关的可能涉及客户机密的话题。同样,在公共场所应尽量不提客户的单位名称,未经客户允许不得对外发布有关客户的信息资料等。

(3)资产评估专业人员除本人不得泄露客户商业秘密外,还应约束协助工作的助理人员保守秘密。

(4)除委托人具体授权,或经过法律程序正式授权的执法机构以及为了配合评估监管之外,资产评估机构及其资产评估专业人员不得将所知悉的客户商业秘密和业务资料或为委托人编制的评估报告披露给任何其他人。

八、禁止谋取不当利益

资产评估机构及其资产评估专业人员不得利用开展业务之便为自己或他人谋取不正当的利益。

本条是禁止资产评估机构及其资产评估专业人员利用职务之便为自己或他人谋取不正当利益的规定。不论是什么人,也不论其从事何种职业,只要是利用职务之便为自己或他人谋取不正当利益,都是不遵守职业道德的行为,这种行为严重者甚至会违法犯罪。所以,许多禁止性的法律条款中都有类似的规定。

资产评估属于社会中介服务行业,这一职业要求执业者必须恪守独立、客观、公正的职业道德原则。资产评估行业的从业者如果突破了"不得利用执业机会为自己或他人谋取不正当利益"的道德防线,其职业行为不仅与"坚持独立、客观、公正"原则相冲突,也与"应当遵守相关法律、行政法规和资产评估准则"的要求相矛盾,还与"应当维护职业形象,不得从事损害职业形象的活动"的规定相违背,这都会对资产评估行业的形象和公信力产生恶劣影响。所以,这条规定实质上是从利益角度出发,与相关职业道德要求相呼应、为进一步巩固和充实从业人员职业道德而设立的规定。

九、对签署评估报告的禁止性要求

（一）资产评估专业人员不得签署本人未承办业务的资产评估报告，资产评估机构和资产评估专业人员也不得允许他人以自身名义开展资产评估业务，或者冒用他人名义从事资产评估业务

在资产评估报告上签名，既是资产评估专业人员在开展资产评估业务中的一项权利，也是一项义务。它表明资产评估专业人员对该项评估发表了专业意见，同时意味着该资产评估专业人员要对该项评估承担相应的责任。

资产评估专业人员在自己未承办业务的评估报告上签名，不仅严重违背独立、客观、公正的职业道德规范，也会给自己带来巨大的责任风险。

所以，资产评估专业人员既不得签署本人未承办业务的资产评估报告，也不得允许他人以本人名义从事资产评估业务。

资产评估报告必须由实际承办该项目的资产评估专业人员签名，并加盖评估机构印章。资产评估专业人员在报告上签名，就表示该资产评估专业人员已经承办了相关评估工作。资产评估专业人员要对评估报告的内容负责，同时要承担法律责任。

禁止资产评估专业人员签署本人未承办业务的资产评估报告，禁止资产评估机构、资产评估专业人员允许其他机构或人员以自身名义从事资产评估业务，禁止资产评估机构、资产评估专业人员冒用其他机构或人员名义从事业务，这有利于规范资产评估行业管理，减少扰乱行业秩序的行为。禁止要求在法律法规层面要求资产评估机构和资产评估专业人员抵制利益诱惑，守住"诚实守信"底线，防止不符合条件的资产评估机构通过人员弄虚作假违法承揽业务。

（二）资产评估机构及其资产评估专业人员不得出具或签署虚假评估报告或者有重大遗漏的资产评估报告

资产评估报告作为评估行为的最终成果，是发挥评估功能的重要载体。虚假评估报告，是指资产评估专业人员或评估机构故意签署、出具的不实评估报告；有重大遗漏的评估报告，是指因资产评估专业人员或评估机构的过失而对应当考虑或者披露的重要事项有遗漏的评估报告。签署虚假评估报告或者有重大遗漏的评估报告，违反了基本的诚实守信和勤勉尽责义务，是严重违反职业道德的行为，更为法律所禁止。《资产评估法》也规定了相应的禁止性条款以及违反相关规定应承担的法律责任。

【例7-1】资产评估职业道德的核心是（　　）。

A. 诚实守信
B. 独立、客观、公正
C. 勤勉尽责
D. 保密

【正确答案】 B

【答案解析】 独立、客观、公正是资产评估职业道德的核心，只有保持这三点才能确保资产评估结果的公正可信。

【例7-2】资产评估专业人员在承接业务时，下列行为不符合职业道德的是（　　）。

A. 以个人名义承接业务
B. 对自身专业胜任能力进行恰当评价后承接业务
C. 拒绝委托方的不合理要求
D. 按照规定履行资产评估程序

【正确答案】A

【答案解析】资产评估专业人员应当以资产评估机构的名义承接业务，不能以个人名义承接。

【例7-3】资产评估专业人员发现评估项目中存在重大错误时，应当（　　）。

A. 视情况决定是否告知委托方
B. 为避免麻烦，假装不知道
C. 立即停止执业并通知委托方和相关当事人
D. 自行修正错误继续执业

【正确答案】C

【答案解析】在评估项目中发现重大错误时，应立即停止执业并通知委托方和相关当事人，不能隐瞒或自行修正后继续执业。

知识育人探讨

> 中国特色社会主义市场经济在不断深入发展，资产评估行业作为重要的市场中介服务，其规范运作对于保障交易公平、维护市场秩序具有重要意义。然而，近年来，一些资产评估机构在执业过程中出现了违反职业道德、损害客户利益的行为，引起了社会的广泛关注。
>
> "诚信评估"公司是一家从事资产评估业务的机构，近期因在评估过程中存在严重违反职业道德和法律法规的行为，被监管部门立案调查。经查，该公司在为某企业进行资产评估时，为迎合客户要求，故意提高评估价值，严重偏离了资产实际价值。此外，公司还存在隐瞒重要信息、收受回扣等不正当行为。
>
> 如何加强资产评估职业道德的监督机制，确保评估人员遵守职业道德？

第二节　资产评估的法律责任

资产评估的法律责任包括行政责任、民事责任和刑事责任。

规定和追究资产评估的法律责任主要是指对违法、违约或侵权的主体实施惩罚，对遭受损失或侵害的资产评估相关法律关系主体提供救济，其目的是通过法律的警示和威慑作用预防、遏制涉及资产评估的违法、违约或侵权行为。

一、行政责任

(一)相关法律知识

1. 行政责任的概念

行政责任是行政法律责任的简称,是指对存在违反有关行政管理的法律法规规定,但尚未构成犯罪的行为依法承担相应的法律后果。

行政责任的制裁形式包括行政处分和行政处罚。

行政处分是对国家工作人员及由国家机关委派到企业事业单位任职的人员的行政违法行为所给予的一种制裁性处理。行政处分包括警告、记过、记大过、降级、撤职、开除等。

行政处罚是指国家行政机关及其他依法可以实施行政处罚权的组织,依法定职权和程序对违反法律法规规定,但尚不构成犯罪的公民、法人及其他组织实施的一种制裁行为。行政处罚包括警告,罚款,没收违法所得、没收非法财物,责令停产停业,暂扣或者吊销许可证、暂扣或者吊销执照,行政拘留,以及法律、行政法规规定的其他行政处罚。

2. 行政处罚原则

(1)处罚法定原则。

这是行政合法性原则在行政处罚行为的集中体现,处罚法定原则要求行政处罚的依据、实施主体、职权行使和实施程序都于法有据、依法而行。

(2)公正公开原则。

这一原则要求行政处罚的依据、过程和结果应公开,程序上应公正,处罚裁定应依法公平。

(3)一事不再罚原则。

①当行政主体对行为人的第一个处理尚未失去效力时,不能基于同一事实和理由给予第二次处理,除非第二个处理是对第一个处理的补充、更正或者补正。如果第一个处理确属不当,行政主体也应先行撤销第一个处理,再作重新处理。

②除法律有明确规定或者依基本法理和法律规则合理推定之外,行政主体应严格遵循一个行为一次处罚的原则。

③对于行为人的同一个违法行为,行政主体不能给予两个以上相同种类的处罚。

④对于行为人的同一个违法行为,无论触犯几个法律条文、构成几个处罚理由以及由几个行政主体实施处罚,只能给予一次罚款。

(4)处罚与教育相结合原则。

行政处罚虽然是对违法行为的惩戒,但其目的仍在于通过处罚违法行为,警醒和教育违法对象、其他组织和个人能够引以为鉴、遵守法律。可以说,处罚本身也兼具教育作用。行政执法主体在运用行政处罚时应坚持处罚与教育相结合的原则。

(5)保障权利原则。

相对方对行政主体给予的行政处罚依法享有陈述权、申辩权;对行政处罚决定不服的,有权申请复议或者提起行政诉讼。如果因不当的行政处罚受到损害,被处罚的相对方有权依法提出赔偿要求。

此外，尽管行政处罚是对违法行为所实施的惩戒，但如违法行为对他人造成损害，违法者还应依法承担民事责任，构成犯罪的还应追究其刑事责任，不能因接受行政制裁就免除其应承担的民事、刑事责任。

3. 行政处罚的追究时效

行政处罚追究时效，是指在违法行为发生后，对该违法行为有处罚权的行政机关在法律规定的期限内未发现这一违反行政管理秩序行为的事实，超出法律规定的期限才发现的，对当时的违法行为人不再给予处罚。

《中华人民共和国行政处罚法》第三十六条第一款规定，违法行为在二年内未被发现的，不再给予行政处罚；涉及公民生命健康安全、金融安全且有危害后果的，上述期限延长至五年。法律另有规定的除外。第二款规定，前款规定的期限，从违法行为发生之日起计算；违法行为有连续或者继续状态的，从行为终了之日起计算。

理解《行政处罚法》第三十六条关于行政处罚追究时效的规定，应注意把握以下要点：

(1) 这里的"发现时间"是指行政机关的立案时间，不是行政机关做出行政处罚的时间。

(2) 行政处罚追究时效的期限是自违法行为发生之日起计算。

"违法行为发生之日"是指违法行为完成或者停止日。如托运违禁物品，运输花费了20天，那么应当从运输的最后一天，即将违禁物品运送到目的地起开始计算。对于违法行为有连续或者继续状态的，从违法行为终了之日起计算。如某人非法占有他人财物，其行为的行政处罚追究时效应当从某人交还他人财物，停止非法占有之日起计算。

(3) 行政机关在行政处罚追究时效期限内发现违法行为，但最后做出行政处罚决定的时间超过行政处罚追究期限的，对这种情况，法院不以超出行政处罚追究时效处理。

(二) 资产评估行政责任的相关法律规定

1. 《资产评估法》的相关规定

(1) 对资产评估机构、资产评估专业人员的责任规定。

①签署、出具虚假评估报告的责任。

《资产评估法》第四十五条、第四十八条分别对评估专业人员和评估机构做出了规定。

对评估专业人员违反规定，签署虚假评估报告的，第四十五条规定：由有关评估行政管理部门责令其停止从业两年以上五年以下；有违法所得的，没收违法所得；情节严重的，责令其停止从业五年以上十年以下；构成犯罪的，依法追究其刑事责任，终身不得从事评估业务。

对评估机构违反规定，出具虚假评估报告的，第四十八条规定：由有关评估行政管理部门责令其停业六个月以上一年以下；有违法所得的，没收违法所得，并处违法所得一倍以上五倍以下罚款；情节严重的，由工商行政管理部门吊销其营业执照；构成犯罪的，依法追究其刑事责任。

②评估机构未经工商登记从业的责任。

对违反规定，未经工商登记以评估机构名义从事评估业务的，《资产评估法》第四十六条规定：由工商行政管理部门责令其停止违法活动；有违法所得的，没收违法所得，并处违法所得一倍以上五倍以下罚款。

③评估专业人员违反其他禁止性规定的责任。

《资产评估法》第四十四条规定:"评估专业人员违反本法规定,有下列情形之一的,由有关评估行政管理部门予以警告,可以责令停止从业六个月以上一年以下;有违法所得的,没收违法所得;情节严重的,责令停止从业一年以上五年以下;构成犯罪的,依法追究其刑事责任:(一)私自接受委托从事业务、收取费用的;(二)同时在两个以上评估机构从事评估业务的;(三)采用欺骗、利诱、胁迫,或者贬损、诋毁其他评估专业人员等不正当手段招揽业务的;(四)允许他人以本人名义从事业务,或者冒用他人名义从事业务的;(五)签署本人未承办业务的评估报告或者有重大遗漏的评估报告的;(六)索要、收受或者变相索要、收受合同约定以外的酬金、财物,或者谋取其他不正当利益的。"

④评估机构违反其他规定的责任。

《资产评估法》第四十七条规定:"评估机构违反本法规定,有下列情形之一的,由有关评估行政管理部门予以警告,可以责令停业一个月以上六个月以下;有违法所得的,没收违法所得,并处违法所得一倍以上五倍以下罚款;情节严重的,由工商行政管理部门吊销营业执照;构成犯罪的,依法追究刑事责任:(一)利用开展业务之便,谋取不正当利益的;(二)允许其他机构以本机构名义开展业务,或者冒用其他机构名义开展业务的;(三)以恶性压价、支付回扣、虚假宣传,或者贬损、诋毁其他评估机构等不正当手段招揽业务的;(四)受理与自身有利害关系业务的;(五)分别接受利益冲突双方的委托,对同一评估对象进行评估的;(六)出具有重大遗漏的评估报告的;(七)未按本法规定的期限保存评估档案的;(八)聘用或者指定不符合本法规定的人员从事评估业务的;(九)对本机构的评估专业人员疏于管理,造成不良后果的。"对于评估机构未按《资产评估法》第十六条的要求备案或者不符合第十五条规定的设立条件,第四十七条规定由有关评估行政管理部门责令改正;拒不改正的,责令停业,可以并处一万元以上五万元以下罚款。

⑤对屡次违法增加处罚的规定。

《资产评估法》第四十九条是针对资产评估机构、资产评估专业人员屡次违法的增加处罚规定。该条规定:"评估机构、评估专业人员在一年内累计三次因违反本法规定受到责令停业、责令停止从业以外处罚的,有关评估行政管理部门可以责令其停业或者停止从业一年以上五年以下。"

(2)对资产评估委托人(或法定业务委托责任人)的责任规定。

①未依法履行资产评估委托义务的责任。

《资产评估法》第五十一条是针对法定资产评估业务委托责任人未依法履行资产评估委托义务的法律责任规定。具体内容为:"违反本法规定,应当委托评估机构进行法定评估而未委托的,由有关部门责令改正;拒不改正的,处十万元以上五十万元以下罚款;情节严重的,对直接负责的主管人员和其他直接责任人员依法给予处分;造成损失的,依法承担赔偿责任;构成犯罪的,依法追究刑事责任。"

②资产评估委托人的违法责任。

《资产评估法》第五十二条规定:"违反本法规定,委托人在法定评估中有下列情形之一的,由有关评估行政管理部门会同有关部门责令改正;拒不改正的,处十万元以上五十万元以下罚款;有违法所得的,没收违法所得;情节严重的,对直接负责的主管人员和其他直接责任人员依法给予处分;造成损失的,依法承担赔偿责任;构成犯罪的,依法追究刑事责任:(一)未依法选择评估机构的;(二)索要、收受或者变相索要、收受回扣的;

(三)串通、唆使评估机构或者评估师出具虚假评估报告的;(四)不如实向评估机构提供权属证明、财务会计信息和其他资料的;(五)未按照法律规定和评估报告载明的使用范围使用评估报告的。"

非法定评估业务是否选择资产评估机构属于自愿行为,一旦确立评估委托,将通过资产评估委托合同约定各自的权利和义务。因此,《资产评估法》第五十二条还规定,法定评估之外评估活动的委托人"违反本法规定,给他人造成损失的,依法承担赔偿责任"。

(3)对资产评估行业协会及其工作人员、国家机关工作人员的责任规定。

《资产评估法》第五十三条和第五十四条分别规定了资产评估行业协会及其工作人员、国家机关工作人员的法律责任。

评估行业协会违反《资产评估法》的,由有关评估行政管理部门给予警告,责令改正;拒不改正的,可以通报登记管理机关,由其依法给予处罚。

有关行政管理部门、评估行业协会工作人员违反《资产评估法》规定,滥用职权、玩忽职守或者徇私舞弊的,依法给予处分;构成犯罪的,依法追究刑事责任。

2.《企业国有资产法》涉及资产评估的相关规定

(1)国家出资企业的董事、监事、高级管理人员的相关法律责任。

《企业国有资产法》第七十一条规定:国家出资企业的董事、监事、高级管理人员有下列行为之一,造成国有资产损失的,依法承担赔偿责任;属于国家工作人员的,并依法给予处分:①利用职权收受贿赂或者取得其他非法收入和不当利益的;②侵占、挪用企业资产的;③在企业改制、财产转让等过程中,违反法律、行政法规和公平交易规则,将企业财产低价转让、低价折股的;④违反本法规定与本企业进行交易的;⑤不如实向资产评估机构、会计师事务所提供有关情况和资料,或者与资产评估机构、会计师事务所串通出具虚假资产评估报告、审计报告的;⑥违反法律、行政法规和企业章程规定的决策程序,决定企业重大事项的;⑦有其他违反法律、行政法规和企业章程执行职务行为的。

对于国家出资企业的董事、监事、高级管理人员因上述违法行为取得的收入,该条要求依法予以追缴或者归国家出资企业所有。如果履行出资人职责的机构任命或者建议任命的董事、监事、高级管理人员出现上述任何一项违法行为,造成国有资产重大损失,则由履行出资人职责的机构依法予以免职或者提出免职建议。

(2)相关资产评估机构、会计师事务所出具虚假报告的法律责任。

《企业国有资产法》第七十四条规定:接受委托对国家出资企业进行资产评估、财务审计的资产评估机构、会计师事务所违反法律、行政法规的规定和执业准则,出具虚假的资产评估报告或者审计报告的,依照有关法律、行政法规的规定追究法律责任。

3.《公司法》涉及资产评估的相关规定

《公司法》第二百五十七条规定:承担资产评估、验资或者验证的机构提供虚假材料或者提供有重大遗漏的报告的,由有关部门依照《中华人民共和国资产评估法》《中华人民共和国注册会计师法》等法律、行政法规的规定处罚。

4.《证券法》涉及资产评估的相关规定

(1)对擅自从事证券服务业务的责任规定。

《证券法》第二百一十三条规定:会计师事务所、律师事务所以及从事资产评估、资信评级、财务顾问、信息技术系统服务的机构违反本法第一百六十条第二款的规定,从事证券服务业务未报备案的，责令改正，可以处二十万元以下的罚款。

(2) 对违规买卖股票、违规使用或泄露内幕信息的责任规定。

《证券法》第四十二条规定：为证券发行出具审计报告或者法律意见书等文件的证券服务机构和人员，在该证券承销期内和期满后六个月内，不得买卖该证券。除前款规定外，为发行人及其控股股东、实际控制人或者收购人、重大资产交易方出具审计报告或者法律意见书等文件的证券服务机构和人员，自接受委托之日起至上述文件公开后五日内，不得买卖该证券。实际开展上述有关工作之日早于接受委托之日的，自实际开展上述有关工作之日起至上述文件公开后五日内，不得买卖该证券。

与之相应，《证券法》第一百八十八条规定了违反上述条款应承担的相关责任：证券服务机构及其从业人员，违反本法第四十二条的规定买卖证券的，责令依法处理非法持有的证券，没收违法所得，并处以买卖证券等值以下的罚款。

资产评估机构及其相关人员，在执行证券业务资产评估时有机会接触、获得证券发行人的经营、财务或者对发行人证券的市场价格有重大影响的尚未公开的内幕信息，对其作为内幕信息知情人，《证券法》第五十三条规定：证券交易内幕信息的知情人和非法获取内幕信息的人，在内幕信息公开前，不得买卖该公司的证券，或者泄露该信息，或者建议他人买卖该证券。第五十四条进一步规定：禁止证券交易场所、证券公司、证券登记结算机构、证券服务机构和其他金融机构的从业人员、有关监管部门或者行业协会的工作人员，利用职务便利获取的内幕信息以外的其他未公开的信息，违反规定，从事与该信息相关的证券交易活动，或者明示、暗示他人从事相关交易活动。

与上述规定相应，《证券法》第一百九十一条规定了相关违法责任：证券交易内幕信息的知情人或者非法获取内幕信息的人违反本法第五十三条的规定从事内幕交易的，责令依法处理非法持有的证券，没收违法所得，并处以违法所得一倍以上十倍以下的罚款；没有违法所得或者违法所得不足五十万元的，处以五十万元以上五百万元以下的罚款。单位从事内幕交易的，还应当对直接负责的主管人员和其他直接责任人员给予警告，并处以二十万元以上二百万元以下的罚款。国务院证券监督管理机构工作人员从事内幕交易的，从重处罚。违反本法第五十四条的规定，利用未公开信息进行交易的，依照前款的规定处罚。

(3) 对信息披露存在虚假、误导或重大遗漏的责任规定。

《证券法》第一百六十三条规定：证券服务机构为证券的发行、上市、交易等证券业务活动制作、出具审计报告及其他鉴证报告、资产评估报告、财务顾问报告、资信评级报告或者法律意见书等文件，应当勤勉尽责，对所依据的文件资料内容的真实性、准确性、完整性进行核查和验证。为此，《证券法》第二百一十三条第三款规定：证券服务机构违反本法第一百六十三条的规定，未勤勉尽责，所制作、出具的文件有虚假记载、误导性陈述或者重大遗漏的，责令改正，没收业务收入，并处以业务收入一倍以上十倍以下的罚款，没有业务收入或者业务收入不足五十万元的，处以五十万元以上五百万元以下的罚款；情节严重的，并处暂停或者禁止从事证券服务业务。对直接负责的主管人员和其他直接责任人员给予警告，并处以二十万元以上二百万元以下的罚款。

(4) 违反对有关文件和资料要求的责任规定。

《证券法》第一百六十二条规定：证券服务机构应当妥善保存客户委托文件、核查和验证资料、工作底稿以及与质量控制、内部管理、业务经营有关的信息和资料，任何人不得泄露、隐匿、伪造、篡改或者毁损。上述信息和资料的保存期限不得少于十年，自业务委托结束之日起算。与此相应，该法第二百一十四条规定了相关违法责任：发行人、证券登记结算机构、证券公司、证券服务机构未按照规定保存有关文件和资料的，责令改正，给予警告，并处以十万元以上一百万元以下的罚款；泄露、隐匿、伪造、篡改或者毁损有关文件和资料的，给予警告，并处以二十万元以上二百万元以下的罚款；情节严重的，处以五十万元以上五百万元以下的罚款，并处暂停、撤销相关业务许可或者禁止从事相关业务。对直接负责的主管人员和其他直接责任人员给予警告，并处以十万元以上一百万元以下的罚款。

(5) 有关证券市场禁入处罚的规定。

"证券市场禁入"是对严重违法的相关个人所设立的严厉的"资格罚"措施。《证券法》第二百二十一条对此做出了明确规定：违反法律、行政法规或者国务院证券监督管理机构的有关规定，情节严重的，国务院证券监督管理机构可以对有关责任人员采取证券市场禁入的措施。前款所称证券市场禁入，是指在一定期限内直至终身不得从事证券业务、证券服务业务，不得担任证券发行人的董事、监事、高级管理人员，或者一定期限内不得在证券交易所、国务院批准的其他全国性证券交易场所交易证券的制度。

5. 财政部颁布的《资产评估行业财政监督管理办法》的相关规定

(1) 资产评估专业人员同时在两个以上资产评估机构从事业务的、签署本人未承办业务的资产评估报告或者有重大遗漏的资产评估报告的，由有关省级财政部门予以警告，可以责令停止从业六个月以上一年以下；有违法所得的，没收违法所得；情节严重的，责令停止从业一年以上五年以下；构成犯罪的，移送司法机关处理。

(2) 对于未取得资产评估师资格的人员签署法定资产评估业务资产评估报告的、承办并出具法定资产评估业务资产评估报告的资产评估师人数不符合法律规定的以及受理与其合伙人或者股东存在利害关系业务的，由对其备案的省级财政部门对资产评估机构予以警告，可以责令停业一个月以上六个月以下；有违法所得的，没收违法所得，并处违法所得一倍以上五倍以下罚款；情节严重的，通知工商行政管理部门依法处理；构成犯罪的，移送司法机关处理。

(3) 资产评估机构违反"分支机构应当在资产评估机构授权范围内，依法从事资产评估业务，并以资产评估机构的名义出具资产评估报告"规定造成不良后果的，由其分支机构所在地的省级财政部门责令改正，对资产评估机构及其法定代表人或执行合伙事务的合伙人分别予以警告；没有违法所得的，可以并处资产评估机构一万元以下罚款；有违法所得的，可以并处资产评估机构违法所得一倍以上三倍以下、最高不超过三万元的罚款；同时通知资产评估机构所在地省级财政部门。

(4) 资产评估机构未按规定备案或者备案后不符合《资产评估法》所规定的设立条件的，由资产评估机构所在地省级财政部门责令改正；拒不改正的，责令停业，可以并处一万元以上五万元以下罚款，并通报工商行政管理部门。

(5) 资产评估机构未按规定办理分支机构备案的，由其分支机构所在地的省级财政部门责令改正，并对资产评估机构及其法定代表人或者执行合伙事务的合伙人分别予以警告，同时通知资产评估机构所在地的省级财政部门。

(6) 资产评估机构存在以下事项，由资产评估机构所在地省级财政部门责令改正，并予以警告：①未按规定建立健全质量控制制度和内部管理制度；②未按规定指定一名取得

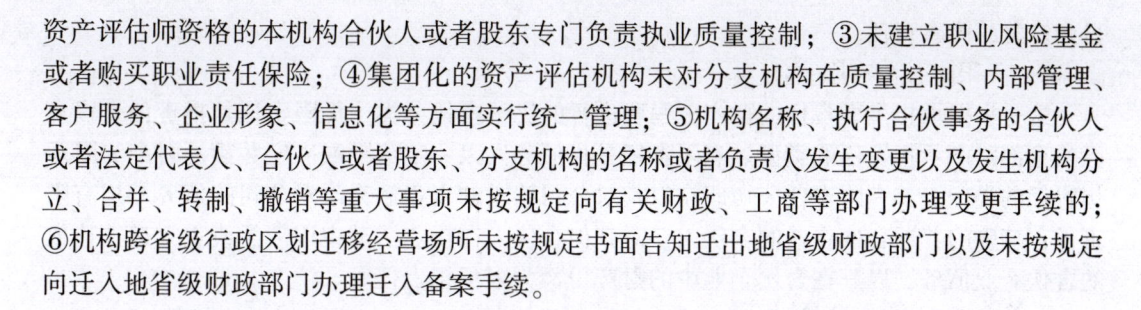

资产评估师资格的本机构合伙人或者股东专门负责执业质量控制；③未建立职业风险基金或者购买职业责任保险；④集团化的资产评估机构未对分支机构在质量控制、内部管理、客户服务、企业形象、信息化等方面实行统一管理；⑤机构名称、执行合伙事务的合伙人或者法定代表人、合伙人或者股东、分支机构的名称或者负责人发生变更以及发生机构分立、合并、转制、撤销等重大事项未按规定向有关财政、工商等部门办理变更手续的；⑥机构跨省级行政区划迁移经营场所未按规定书面告知迁出地省级财政部门以及未按规定向迁入地省级财政部门办理迁入备案手续。

二、民事责任

（一）相关法律知识

1. 民事责任的概念

民事责任是对民事法律责任的简称，是指民事主体在民事活动中，因违反民事义务或者侵犯他人的民事权利所应承担的民事法律后果。

民事义务包括法定义务和约定义务，也包括积极义务和消极义务、作为义务和不作为义务。

《民法典》第一千一百六十五条规定，行为人因过错侵害他人民事权益造成损害的，应当承担侵权责任。

《民法典》第三条规定，民事主体的人身权利、财产权利以及其他合法权益受法律保护，任何组织或者个人不得侵犯。

财产权利包括物权和债权。物包括不动产和动产，物权包括所有权、用益物权和担保物权。

《民法典》第一百七十九条规定，承担民事责任的方式主要有：①停止侵害；②排除妨碍；③消除危险；④返还财产；⑤恢复原状；⑥修理、重做、更换；⑦继续履行；⑧赔偿损失；⑨支付违约金；⑩消除影响、恢复名誉；⑪赔礼道歉。法律规定惩罚性赔偿的，依照其规定。以上承担民事责任的方式，可以单独适用，也可以合并适用。

规定民事责任是保障民事权利和民事义务的重要措施，运用民事救济手段，可使受害人遭受的损失或被侵犯的权益依法得以赔偿或恢复。

2. 民事责任的种类

可以按照不同标准对民事责任进行分类。

（1）合同责任、侵权责任与其他责任。

这是按照责任发生的根据所进行的一种民事责任分类。合同责任是指因违反合同约定的义务、合同附随义务或违反《民法典》规定的义务而产生的责任。侵权责任是指因侵犯他人的财产权益与人身权益而产生的责任。其他责任是指除合同与侵权之外的原因（如不当得利、无因管理等）所产生的民事责任。

（2）财产责任与非财产责任。

这是根据是否具有财产内容所进行的民事责任分类。财产责任是指由民事违法行为人承担财产上的不利后果，使受害人得到财产补偿的民事责任，如损害赔偿责任。非财产责任是指采取防止或消除损害后果（如消除影响、赔礼道歉等）措施，使受损害的非财产权利得到恢复的民事责任。

(3)无限责任与有限责任。

这是根据承担民事责任的财产范围所进行的民事责任分类。无限责任是指责任人以自己的全部财产承担责任的类型。有限责任是指债务人以一定范围或一定数额的财产为限承担责任的类型。如有限责任公司股东以其对公司认缴的出资额为限对公司的债务承担有限责任；特殊的普通合伙企业的合伙人，对其他合伙人在执业活动中因故意或重大过失造成的合伙企业债务，以其在合伙企业中的财产份额为限承担责任等。

(4)单方责任与双方责任。

这是民事责任由民事行为相对方单方还是相互承担所进行的民事责任分类。单方责任是指只有一方当事人对另一方承担责任的形式，如合同履约方对违约方，侵权方对被侵权方等。双方责任是指法律关系双方当事人之间相互承担责任的形式。

(5)单独责任与共同责任。

这是按承担民事责任主体的数量所进行的民事责任分类。单独责任是指由一个民事主体独立承担责任的民事责任类型。共同责任是指两个以上的人共同实施违法行为并且都有过错，共同对损害的发生承担民事责任的类型。

(6)按份责任、连带责任与不真正连带责任。

这是对共同责任进一步区分形成的民事责任分类。

按份责任是指多数当事人按照法律规定或者合同约定，各自承担一定责任份额的民事责任。如果法律没有规定或合同没有约定各当事人应承担的责任份额，则推定为均等的责任份额。在按份责任中，债权人如果请求某一债务人负责超出其应承担的清偿债务份额，该债务人可以拒绝。

连带责任是指多数当事人因合同关系、代理行为或上下级关系，按照法律规定或者合同约定，连带地向权利人承担责任。民法上的连带责任主要有合伙人对合伙债务的连带责任、共同侵权人的连带责任、代理关系中发生的连带责任、担保行为形成的连带责任等。连带责任确定后，依债务人承担责任的先后顺序，可将连带责任划分为一般连带责任与补充连带责任。负一般连带责任的各债务人之间不分主次，对整个债务无条件地承担连带责任。债权人可以不分顺序地要求任何一个一般连带责任债务人清偿全部债务，如前述的合伙人对合伙债务的连带责任。补充连带责任须以连带责任中其他人(主要是主债务人)不履行或不能完全履行为前提，补充连带责任人只在第二顺序上承担连带责任。如在被保证人不能偿还债务时，保证人才承担连带责任。

各债务人基于不同的发生原因而对于同一债权人负有以同一给付为标的数个债务，因一个债务人的履行而使全体债务均归于消灭，此时数个债务人之间所负的责任即为不真正连带责任。比如，甲乘坐的出租车与货车发生交通事故，导致甲受伤，交警认定货车负全责。这时甲既可依合同关系要求出租车方承担违约责任，也可根据事故责任认定要求货车方承担侵权损害责任，二者只要履行其一，受害人的损害就可以依法得到救济。

(7)过错责任、无过错责任和公平责任。

这是按照承担责任是否以当事人具有过错为条件所进行的民事责任分类。

过错责任是指行为人违反民事义务并致他人损害时，应将过错作为责任的要件和确定责任范围的依据。我国一般侵权行为责任采取过错责任的归责原则。对行为人的主观过错，根据"谁主张，谁举证"原则，应由受害人负责举证。过错推定责任是过错责任的特殊形式。按照过错推定责任原则，侵害人对其行为所造成的损害不能证明自己主观无过错时就推定其主观有过错并承担民事责任。该原则的特殊之处在于举证责任倒置，即行为人的主观过错不是由受害人举证，而是由行为人自己予以举证反驳。过错推定责任原则的适用范围是由法律进行特别规定的。

无过错责任是指行为人只要给他人造成损失，不问其主观上是否有过错而都应承担责任的民事责任类型。一般认为，我国《民法典》中的违约责任与侵权法中的特别侵权责任的归责原则是无过错责任原则。违约方或特别侵权方只有符合法定或特约的免责条件才能免除其相应责任。

公平责任是指双方当事人对损害的发生均无过错，法律又无特别规定适用无过错责任原则时，法院根据公平原则，在考虑当事人双方的财产状况及其他情况的基础上，确定由当事人公平合理分担的责任。

3. 民事责任的构成要件

民事责任的构成要件一般是指适用过错责任的责任行为的构成要件。我国司法实践采用四要件学说。

(1) 存在民事违法行为。

行为的违法性是构成民事责任的必要条件之一。这里所说的民事违法行为包括作为的违法行为和不作为的违法行为，前者是指实施了法律禁止的行为，后者是指没有履行法律所要求实施的行为(即没有履行法律所规定的义务)。

(2) 存在损害事实。

民事违法行为必须引起损害后果，权利人才能够请求法律救济。这里所说的损害事实可以是财产方面的损害，也可以是非财产方面的损害，只要该损害使被损害主体的民事权利遭受某种不利影响。

(3) 损害事实与民事违法行为存在因果关系。

这强调的是损害事实与民事违法行为之间应存在前因后果的必然关系。

(4) 行为人应有过错。

民法上的过错，首先是指行为人的一种主观心理状态，即是否存在故意或过失(包括一般和重大过失)。但在推定过失状态时，又是以是否尽一个通常人注意义务作为客观判断标准的。

4. 民事主体承担多种法律责任

《民法典》第一百八十七条规定：民事主体因同一行为应当承担民事责任、行政责任和刑事责任的，承担行政责任或者刑事责任不影响承担民事责任；民事主体的财产不足以支付的，优先用于承担民事责任。

5. 民事责任的诉讼时效

诉讼时效依据时间的长短和适用范围分为一般诉讼时效和特殊诉讼时效。

(1) 一般诉讼时效。

一般诉讼时效指在一般情况下普遍适用的时效，这类时效不是针对某一特殊情况规定的，而是普遍适用的。我国《民法典》第一百八十八条规定：向人民法院请求保护民事权利的诉讼时效期间为三年，法律另有规定的，依照其规定。该条还规定：诉讼时效期间自权利人知道或者应当知道权利受到损害以及义务人之日起计算，法律另有规定的，依照其规定。

(2) 特殊诉讼时效。

特殊诉讼时效指针对某些特定的民事法律关系制定的诉讼时效。特殊时效优于普通时效。特殊诉讼时效包括短于普通时效的短期诉讼时效和长于普通时效的长期诉讼时效。比如，《民法典》第五百九十四条规定的国际货物买卖合同和技术进出口合同的诉讼时效为四年，《产品质量法》规定的因产品缺陷造成损害的请求权最长保护期为十年。我国《民法典》第一百八十八条规定，自权利受到损害之日起超过二十年的，人民法院不予保护。有特殊情况的，人民法院可以根据权利人的申请决定延长。

(3) 不适用诉讼时效的请求权。

我国《民法典》第一百九十六条规定的不适用诉讼时效的请求权包括：①请求停止侵害、排除妨碍、消除危险；②不动产物权和登记的动产物权的权利人请求返还财产；③请求支付抚养费、赡养费或者扶养费；④依法不适用诉讼时效的其他请求权。

(4) 我国《民法典》对诉讼时效约定、抗辩及主动适用的规定。

具体包括：①诉讼时效遵从法定。《民法典》第一百九十七条明确规定，诉讼时效的期间、计算方法以及中止、中断的事由法律规定，当事人约定无效。该条同时规定，当事人对诉讼时效利益的预先放弃无效。②当事人的抗辩权。《民法典》第一百九十二条明确，诉讼时效期间届满的，义务人可以提出不履行义务的抗辩。该条同时还规定，诉讼时效期间届满后，义务人同意履行的，不得以诉讼时效期间届满为由抗辩；义务人已自愿履行的，不得请求返还。③法院不得主动适用诉讼时效的规定。《民法典》第一百九十三条规定，人民法院不得主动适用诉讼时效的规定。这项规定体现了民法的意思自治和自由处分原则，也符合法院居中裁判的中立地位。

(二) 资产评估民事责任的相关法律规定

1.《资产评估法》的相关规定

(1) 对资产评估机构、资产评估专业人员的规定。

《资产评估法》第五十条规定：评估专业人员违反本法规定，给委托人或者其他相关当事人造成损失的，由其所在的评估机构依法承担赔偿责任。评估机构履行赔偿责任后，可以向有故意或者重大过失行为的评估专业人员追偿。

(2) 对资产评估委托人或法定业务委托责任人的规定。

按照《资产评估法》第五十一条、第五十二条规定，法定资产评估业务的委托责任人"应当委托评估机构进行法定评估而未委托"且"造成损失的，依法承担赔偿责任"；委托人在法定评估中存在违反该法规定的行为"造成损失的，依法承担赔偿责任"；非法定业务委托人违反该法规定"给他人造成损失的，依法承担赔偿责任"。

2.《企业国有资产法》的相关规定

《企业国有资产法》仅对国家出资企业的董事、监事、高级管理人员违法行为应承担的民事责任做出了明确规定。该法第七十一条规定，国家出资企业的董事、监事、高级管理人员出现该法规定的违法行为造成国有资产损失的，"依法承担赔偿责任"。该条所列举的违法行为包括"不如实向资产评估机构、会计师事务所提供有关情况和资料，或者与资产评估机构、会计师事务所串通出具虚假资产评估报告、审计报告"。

3.《公司法》的相关规定

《公司法》第二百五十七条规定，承担资产评估、验资或者验证的机构因其出具的评估结果、验资或者验证证明不实，给公司债权人造成损失的，除能够证明自己没有过错的外，在其评估或者证明不实的金额范围内承担赔偿责任。

4.《证券法》的相关规定

（1）涉及证券内幕交易的规定。

《证券法》第五十三条第三款规定，内幕交易行为给投资者造成损失的，行为人应当依法承担赔偿责任。第五十四条第二款还规定，利用未公开信息进行交易给投资者造成损失的，应当依法承担赔偿责任。

（2）涉及证券服务机构制作、出具有虚假记载、误导性陈述或者重大遗漏文件的规定。

《证券法》第一百六十三条规定，证券服务机构"制作、出具的文件有虚假记载、误导性陈述或者重大遗漏，给他人造成损失的，应当与委托人承担连带赔偿责任，但是能够证明自己没有过错的除外"。关于此处的"过错"，最高人民法院法释〔2022〕2号文件第三条规定了两种情形：①行为人故意制作、出具存在虚假陈述的信息披露文件，或者明知信息披露文件存在虚假陈述而不予指明、予以发布；②行为人严重违反注意义务，对信息披露文件中虚假陈述的形成或者发布存在过失。

5.《最高人民法院关于审理证券市场虚假陈述侵权民事赔偿案件的若干规定》（法释〔2022〕2号）的相关规定

关于"虚假陈述"的含义，该司法解释第四条规定：信息披露义务人违反法律、行政法规、监管部门制定的规章和规范性文件关于信息披露的规定，在披露的信息中存在虚假记载、误导性陈述或者重大遗漏的，人民法院应当认定为虚假陈述。

虚假记载，是指信息披露义务人披露的信息中对相关财务数据进行重大不实记载，或者对其他重要信息做出与真实情况不符的描述。误导性陈述，是指信息披露义务人披露的信息隐瞒了与之相关的部分重要事实，或者未及时披露相关更正、确认信息，致使已经披露的信息因不完整、不准确而具有误导性。重大遗漏，是指信息披露义务人违反关于信息披露的规定，对重大事件或者重要事项等应当披露的信息未予披露。

对于虚假陈述的内容具有"重大性"的判断，该司法解释第十条要求应存在下列情形之一：①虚假陈述的内容属于《证券法》第八十条第二款、第八十一条第二款规定的重大事件；②虚假陈述的内容属于监管部门制定的规章和规范性文件中要求披露的重大事件或者重要事项；③虚假陈述的实施、揭露或者更正导致相关证券的交易价格或者交易量产生明显的变化。如果被告提交证据足以证明①②所涉及的虚假陈述并未导致相关证券交易价格或者交易量明显变化的，人民法院应当认定虚假陈述的内容不具有重大性。第十条还进一步规定，被告能够证明虚假陈述不具有重大性，并以此抗辩不应当承担民事责任的，人民法院应当予以支持。

该司法解释第十八条规定了会计师事务所、律师事务所、资信评级机构、资产评估机构、财务顾问等证券服务机构制作、出具的文件存在虚假陈述时的"过错"认定问题。首先，要求人民法院应当按照法律、行政法规、监管部门制定的规章和规范性文件，参考行业执业规范规定的工作范围和程序要求等内容，结合其核查、验证工作底稿等相关证据，认定其是否存在过错。其次，规定证券服务机构的责任限于其工作范围和专业领域。证券服务机构依赖保荐机构或者其他证券服务机构的基础工作或者专业意见致使其出具的专业意见存在虚假陈述，能够证明其对所依赖的基础工作或者专业意见经过审慎核查和必要的调查、复核，排除了职业怀疑并形成合理信赖的，人民法院应当认定其没有过错。

第十九条进一步明确了人民法院认定会计师事务所没有过错的以下情形：①按照执业准则、规则确定的工作程序和核查手段并保持必要的职业谨慎，仍未发现被审计的会计资料存在错误的；②审计业务必须依赖的金融机构、发行人的供应商、客户等相关单位提供不实证明文件，会计师事务所保持了必要的职业谨慎仍未发现的；③已对发行人的舞弊迹象提出警告并在审计业务报告中发表了审慎审计意见的；④能够证明没有过错的其他情形。

（三）对专业中介活动民事侵权纠纷的司法理解

目前我国尚未出台处理资产评估民事侵权案件的司法规定。2007年6月11日，我国最高人民法院发布了《最高人民法院关于审理涉及会计师事务所在审计业务活动中民事侵权赔偿案件的若干规定》（法释〔2007〕12号）（以下简称法释〔2007〕12号），表明了我国司法部门对专业中介活动民事侵权案件相关责任认定的意见、倾向。

1. 推定过错的举证证据

法释〔2007〕12号的第四条首先规定"会计师事务所因在审计业务活动中对外出具不实报告给利害关系人造成损失的，应当承担侵权赔偿责任，但其能够证明自己没有过错的除外"。对于举证要求，该条规定"会计师事务所在证明自己没有过错时，可以向人民法院提交与该案件相关的执业准则、规则以及审计工作底稿等"。根据该解释的第二条，相关的执业准则、规则指"中国注册会计师协会依法拟定并经国务院财政部门批准后施行的执业准则和规则"。

由此可以看出，相关的执业准则、规则及工作底稿等有可能成为司法部门认可的界定专业中介机构及其从业人员法律责任的证据。

2. 因故意导致的侵权责任认定

法释〔2007〕12号第五条规定，注册会计师在审计业务活动中存在下列情形之一，出具不实报告并给利害关系人造成损失的，应当认定会计师事务所与被审计单位承担连带赔偿责任。

（1）与被审计单位恶意串通。

（2）明知被审计单位对重要事项的财务会计处理与国家有关规定相抵触，而不予指明。

（3）明知被审计单位的财务会计处理会直接损害利害关系人的利益，而予以隐瞒或者作不实报告。

（4）明知被审计单位的财务会计处理会导致利害关系人产生重大误解，而不予指明。

（5）明知被审计单位的会计报表的重要事项有不实的内容，而不予指明。

（6）被审计单位示意其作不实报告，而不予拒绝。

对被审计单位有前款第（2）~（5）项所列行为，注册会计师按照执业准则、规则应当知道的，人民法院应认定其明知。

故意，是指专业中介机构及其从业人员，明知自己的行为违反法律法规、执业准则

(规则)，并会对委托人或利害关系人造成损害后果，仍然希望或者放任这种后果的发生。作为专业中介机构或者执业人员，应当知道而不知道执业准则(规则)的规定，由此所产生的违规、过错，会被推定为具有故意。

中介机构及其从业人员与委托人或其他相关当事人恶意串通，对从业中发现或知悉的与国家相关规定相抵触、直接损害利害关系人利益或导致其产生重大误解、具有重要不实内容的事项或行为予以隐瞒、不予指明，做出不实报告，对示意其做出不实报告不予拒绝，这些情形会被司法部门认定为具有故意。

3. 因过失导致的侵权责任认定

法释〔2007〕12号第六条规定：会计师事务所在审计业务活动中因过失出具不实报告，并给利害关系人造成损失的，人民法院应当根据其过失大小确定其赔偿责任。

注册会计师在审计过程中未保持必要的职业谨慎，存在下列情形之一，并导致报告不实的，人民法院应当认定会计师事务所存在过失。

(1)违反注册会计师法第二十条第(二)、第(三)项规定。
(2)负责审计的注册会计师以低于行业一般成员应具备的专业水准执业。
(3)制订的审计计划存在明显疏漏。
(4)未依据执业准则、规则执行必要的审计程序。
(5)在发现可能存在错误和舞弊的迹象时，未能追加必要的审计程序予以证实或者排除。
(6)未能合理地运用执业准则和规则所要求的重要性原则。
(7)未根据审计的要求采用必要的调查方法获取充分的审计证据。
(8)明知对总体结论有重大影响的特定审计对象缺少判断能力，未能寻求专家意见而直接形成审计结论。
(9)错误判断和评价审计证据。
(10)其他违反执业准则、规则确定的工作程序的行为。

过失，是指专业中介机构及其从业人员，执行业务时未恪尽职守，未能严格遵循法律法规、执业准则的规定，对自身行为损害结果，应当或能够预见却没有预见，或者虽有预见却轻信其能够避免。

中介机构及其从业人员，在执行业务中未能严格遵循法律法规、执业准则的规定，低于行业正常水准执业，缺乏专业胜任能力又不采取必要补救措施，未能合理关注项目重大事项，存在明显的工作疏漏或程序缺陷等，会被司法部门认定存在过失。

4. 不承担民事赔偿责任的情形

法释〔2007〕12号第七条规定，会计师事务所能够证明存在以下情形之一的，不承担民事赔偿责任。

(1)已经遵守执业准则、规则确定的工作程序并保持必要的职业谨慎，但仍未能发现被审计的会计资料错误。
(2)审计业务所必须依赖的金融机构等单位提供虚假或者不实的证明文件，会计师事务所在保持必要的职业谨慎下仍未能发现其虚假或者不实。
(3)已对被审计单位的舞弊迹象提出警告并在审计业务报告中予以指明。
(4)已经遵照验资程序进行审核并出具报告，但被验资单位在注册登记后抽逃资金。

(5)为登记时未出资或者未足额出资的出资人出具不实报告，但出资人在登记后已补足出资。

已经遵守了执业准则规定的工作程序并保持了必要的职业谨慎，仍未发现当事人提供的资料或相关单位提供的证明文件所存在的错误、虚假或不实；已对所发现的舞弊现象提出警告并在专业报告中予以指明；已在专业报告中对重要影响事项作出了必要和真实披露；报告出具后发生了影响报告真实及使用的事项；专业报告使用人未按载明的用途和范围合理使用报告等。上述情形很可能会支持司法部门认定专业中介机构及其从业人员不承担民事赔偿责任。

三、刑事责任

(一)相关法律知识

1. 刑事责任的概念及种类

刑事责任是由司法机关依据国家刑事法律规定，对犯罪分子依照刑事法律的规定追究的法律责任。我国刑法规定，故意犯罪，应当负刑事责任；过失犯罪，法律有规定的才负刑事责任。

承担刑事责任是行为人实施刑事法律禁止的行为所承受的法律后果。接受刑法处罚是刑事责任与民事责任、行政责任和道德责任的根本区别。

根据《刑法》规定，刑罚分为主刑和附加刑。

主刑分为管制、拘役、有期徒刑、无期徒刑和死刑。

附加刑分为罚金、剥夺政治权利、没收财产。对犯罪的外国人也可以独立适用或者附加适用驱逐出境。附加刑可以独立或附加适用。

我国《刑法》第三十七条规定：对于犯罪情节轻微不需要判处刑罚的，可以免予刑事处罚，但是可以根据案件的不同情况，予以训诫或者责令具结悔过、赔礼道歉、赔偿损失，或者由主管部门予以行政处罚或者行政处分。

因利用职业便利实施犯罪，或者实施违背职业要求的特定义务的犯罪被判处刑罚的，人民法院可以根据犯罪情况和预防再犯罪的需要，禁止其自刑罚执行完毕之日或者假释之日起从事相关职业，期限为三年至五年。

我国《刑法》第三条和第五条分别规定了罪刑法定和罪责刑相适应的原则。

罪刑法定原则规定，法律明文规定为犯罪行为的，依照法律定罪处刑；法律没有明文规定为犯罪行为的，不得定罪处刑。

罪责刑相适应原则要求，刑罚的轻重，应当与犯罪分子所犯罪行和承担的刑事责任相适应。

2. 刑事责任的追诉时效

我国《刑法》第八十七条规定，犯罪经过下列期限不再追诉。

(1)法定最高刑为不满五年有期徒刑的，经过五年。

(2)法定最高刑为五年以上不满十年有期徒刑的，经过十年。

(3)法定最高刑为十年以上有期徒刑的，经过十五年。

(4)法定最高刑为无期徒刑、死刑的，经过二十年。如果二十年以后认为必须追诉的，须报请最高人民检察院核准。

根据《刑法》第九十九条规定，以上刑期所称"以上、以下、以内"，包括本数。

关于追诉期限的延长，根据《刑法》第八十八条规定，在人民检察院、公安机关、国家安全机关立案侦查或者在人民法院受理案件以后，逃避侦查或者审判的，不受追诉期限的限制。被害人在追诉期限内提出控告，人民法院、人民检察院、公安机关应当立案而不予立案的，不受追诉期限的限制。

关于追诉期限的计算与中断，根据《刑法》第八十九条规定，追诉期限从犯罪之日起计算；犯罪行为有连续或者继续状态的，从犯罪行为终了之日起计算。在追诉期限以内又犯罪的，前罪追诉的期限从犯后罪之日起计算。

(二)资产评估刑事责任的相关法律规定

1. 提供虚假证明文件罪、出具证明文件重大失实罪

(1)关于提供虚假证明文件罪的法律规定。

根据2020年12月26日通过的《中华人民共和国刑法修正案(十一)》(以下简称《刑法修正案(十一)》)，修正后的《刑法》第二百二十九条规定，承担资产评估、验资、验证、会计、审计、法律服务、保荐、安全评价、环境影响评价、环境监测等职责的中介组织的人员故意提供虚假证明文件，情节严重的，处五年以下有期徒刑或者拘役，并处罚金；有下列情形之一的，处五年以上十年以下有期徒刑，并处罚金：①提供与证券发行相关的虚假的资产评估、会计、审计、法律服务、保荐等证明文件，情节特别严重的；②提供与重大资产交易相关的虚假的资产评估、会计、审计等证明文件，情节特别严重的；③在涉及公共安全的重大工程、项目中提供虚假的安全评价、环境影响评价等证明文件，致使公共财产、国家和人民利益遭受特别重大损失的。有前款行为，同时索取他人财物或者非法收受他人财物构成犯罪的，依照处罚较重的规定定罪处罚。

(2)关于出具证明文件重大失实罪的法律规定。

《刑法》第二百二十九条第一款规定的人员(即承担资产评估、验资、验证、会计、审计、法律服务、保荐、安全评价、环境影响评价、环境监测等职责的中介组织的人员)，严重不负责任，出具的证明文件有重大失实，造成严重后果的，处三年以下有期徒刑或者拘役，并处或者单处罚金。

(3)"提供虚假证明文件罪"的构成特征。

①特定的主体。

本罪犯罪主体是中介组织的人员。这里所说的中介组织是指承办相关业务的资产评估、会计、审计、保荐、法律、验证、安全评价、环境影响评价和环境监测等事项专业服务的法人或非法人组织。其中，承担保荐、安全评价、环境影响评价、环境监测职责的中介组织人员是《刑法修正案(十一)》新增的。而根据《刑法》第二百三十一条，本罪的犯罪主体还包括上述中介机构及其直接负责的主管人员和其他直接责任人员。所不同的是对中介机构本身的处罚适用第二百三十一条。

②行为人实施了故意提供虚假证明文件的行为。

虚假证明文件主要是承接资产评估、验资、验证、会计、审计、法律服务等业务出具的证明文件。虚假证明文件既包括伪造的证明文件，也包括内容虚假的证明文件。符合本罪条件的犯罪行为人提供虚假证明文件必须属于主观故意行为，即明知所提供的证明文件

存在虚假仍决定提供。

③情节严重。

情节严重是就违法犯罪行为及过程的性质、影响的范围与后果、造成的危害程度而言的。比如犯罪手段恶劣、造假次数多或造假程度严重、给国家或相关当事人利益造成严重损害等。通过"情节严重"这一构成要件要素对涉罪的范围进行限定，以避免刑事责任的扩大化。

关于"情节严重"情形的认定，最高人民检察院和公安部有专门规定。根据2010年《最高人民检察院公安部关于公安机关管辖的刑事案件立案追诉标准的规定（二）》的规定，承担资产评估、验资、验证、会计、审计、法律服务等职责的中介组织的人员故意提供虚假证明文件，涉嫌下列情形之一的，应予立案追诉：第一，给国家、公众或者其他投资者造成直接经济损失数额在五十万元以上的；第二，违法所得数额在十万元以上的；第三，虚假证明文件虚构数额在一百万元且占实际数额百分之三十以上的；第四，虽未达到上述数额标准，但具有下列情形之一的：在提供虚假证明文件过程中索取或者非法接受他人财物的；两年内因提供虚假证明文件，受过行政处罚两次以上，又提供虚假证明文件的；第五，其他情节严重的情形。

《刑法》第二百二十九条规定，对出现下列情形之一的犯罪行为应当适用更高一档的刑期，即判处五年以上十年以下有期徒刑，并处罚金：第一，提供与证券发行相关的虚假的资产评估、会计、审计、法律服务、保荐等证明文件，情节特别严重的；第二，提供与重大资产交易相关的虚假的资产评估、会计、审计等证明文件，情节特别严重的；第三，在涉及公共安全的重大工程、项目中提供虚假的安全评价、环境影响评价等证明文件，致使公共财产、国家和人民利益遭受特别重大损失的。

④侵犯的客体。

本罪侵犯的客体是国家对中介组织的监督管理制度和市场中介组织的正常活动。中介组织及其人员的活动，事关市场经济发展和市场经济秩序，提供虚假证明文件的行为本身，就是在破坏市场秩序，就是在损害其他市场主体对中介组织公正性的信赖。本罪的本质危害是损害了市场条件下人们对中介组织及其人员的基本信赖。

(4)"出具证明文件重大失实罪"的构成特征。

①特定的主体。

本罪的犯罪主体与"提供虚假证明文件罪"相同。

②行为人提供的证明文件存在重大失实。

本罪所指的证明文件也与"提供虚假证明文件罪"相同。"重大失实"指的是出具的证明文件存在重大的不符合实际的内容。

③行为人严重不负责任。

这是本罪与"提供虚假证明文件罪"的主要区别。"提供虚假证明文件罪"是行为人存在犯罪的故意，本罪的行为人主观不存在犯罪故意，但存在严重不负责任的过失。这种过失表现为该为的不为，或者表现为不认真而为。

④造成严重后果。

提供重大失实证明文件的后果是，给国家或相关当事人造成严重损失或者产生了特别恶劣的影响等。关于"造成严重后果"的认定，最高人民检察院和公安部有具体规定。根据2010年《最高人民检察院公安部关于公安机关管辖的刑事案件立案追诉标准的规定（二）》

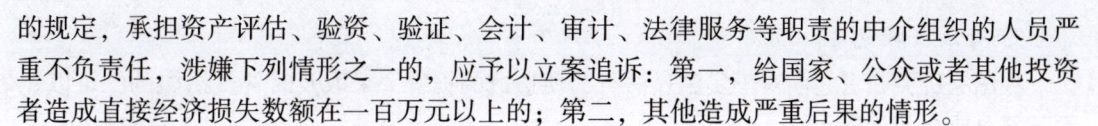

的规定，承担资产评估、验资、验证、会计、审计、法律服务等职责的中介组织的人员严重不负责任，涉嫌下列情形之一的，应予以立案追诉：第一，给国家、公众或者其他投资者造成直接经济损失数额在一百万元以上的；第二，其他造成严重后果的情形。

⑤侵犯的客体。

本罪侵犯的客体与"提供虚假证明文件罪"相同。

2. 单位犯扰乱市场秩序罪

对于单位犯扰乱市场秩序罪应承担的刑事责任，《刑法》第二百三十一条规定："单位犯本节第二百二十一条至第二百三十条规定之罪的，对单位判处罚金，并对其直接负责的主管人员和其他直接责任人员，依照本节各条的规定处罚。"本条对单位犯罪规定了双罚制，既依法对单位处以罚金，又规定按照相应条款的规定依法处罚导致单位犯罪的直接负责的主管人员和其他直接责任人员。

根据《刑法》第三十条的规定，本罪所指的单位是指公司、企业、事业单位、机关、团体。《刑法》第二百二十一条至第二百三十条规定之罪包括：损害商业信誉、商品声誉，虚假广告，串通投标，合同诈骗，组织、领导传销活动，非法经营，强迫交易，伪造、倒卖伪造的有价票证，倒卖车票、船票，非法转让、倒卖土地使用权，提供虚假证明文件，出具证明文件重大失实，逃避商检罪。

四、法律责任的免除

(一) 法律责任免除的含义

法律责任的免除是指当出现法定条件时，法律责任被部分或全部免除。

(二) 我国法律规定的免责条件

不可抗力、正当防卫和紧急避险等是法律所认可的免责条件。除此之外的免责情形还包括以下几种。

1. 时效免责

依照法律规定，在违法行为发生一定期限后[超过规定的诉讼(追诉)时效]，违法行为人不再承担强制性、惩罚性的法律责任。

2. 不诉及协议免责

如果受害人或有关当事人不向法院起诉要求追究行为人的法律责任，行为人的法律责任就实际上被免除，或者受害人与加害人在法律允许的范围内协商同意免责。

3. 自首、立功免责

刑法规定犯罪者在犯罪后有自首、立功表现的，可以减轻或免除处罚。这是一种将功抵过的免责形式。

4. 人道主义免责

在财产责任中，责任人确实没有能力履行或没有能力全部履行的情况下，有关的国家机关免除或部分免除其责任。

5. 有效补救免责

在国家机关归责之前对于实施违法行为所造成的损害，采取及时补救措施的，可以免除其部分或全部责任。

【例7-4】资产评估机构因出具虚假评估报告给委托人造成损失的，应承担的法律责任主要是（　　）。

A. 行政责任　　　　　　　　　B. 刑事责任
C. 民事赔偿责任　　　　　　　D. 吊销执业资格

【正确答案】C

【答案解析】出具虚假评估报告给委托人造成损失的，主要承担民事赔偿责任，同时可能会面临行政责任甚至刑事责任，但主要强调的是对委托人损失的赔偿责任。

【例7-5】资产评估专业人员在执业过程中违反职业道德，可能面临的法律责任不包括（　　）。

A. 罚款　　　　　　　　　　　B. 警告
C. 没收违法所得　　　　　　　D. 终身禁止执业

【正确答案】C

【答案解析】资产评估专业人员违反职业道德可能面临罚款、警告、暂停执业、终身禁止执业等行政责任。没收违法所得通常是针对违法违规经营等行为，不是违反职业道德的主要法律责任。

【例7-6】故意提供虚假证明文件，情节严重的，资产评估专业人员可能被处（　　）。

A. 三年以下有期徒刑或者拘役，并处罚金
B. 五年以下有期徒刑或者拘役，并处罚金
C. 三年以上七年以下有期徒刑，并处罚金
D. 五年以上十年以下有期徒刑，并处罚金

【正确答案】C

【答案解析】故意提供虚假证明文件，情节严重的，处五年以下有期徒刑或者拘役，并处罚金；索取他人财物或者非法收受他人财物，犯前款罪的，处五年以上十年以下有期徒刑，并处罚金。本题强调的是故意提供虚假证明文件且情节严重，但未涉及索取或收受财物的情况，应处三年以上七年以下有期徒刑，并处罚金，故选C。

参考文献

[1] 人大常委会. 中华人民共和国资产评估法(中华人民共和国主席令第四十六号)[R/OL].(2018-01-10)[2018-01-10].https://www.miit.gov.cn/jgsj/cws/hjzcgl/art/2020/art_0c5ebfbca2184e89853567fb9cc98dd2.html.

[2] 中国资产评估协会. 资产评估基础[M]. 北京：中国财政经济出版社，2023.

[3] 刘玉平. 资产评估学[M]. 3版. 北京：中国人民大学出版社，2022.

[4] 俞明轩，王逸玮. 资产评估[M]. 2版. 北京：中国人民大学出版社，2020.

[5] 袁杰，李承，魏莉华，等. 中华人民共和国资产评估法释义[M]. 北京：中国民主法制出版社，2016.

[6] 刘玉平. 资产评估理论与管理[M]. 北京：中国财政经济出版社，2015.

[7] 中国资产评估协会. 中国资产评估准则2017[M]. 北京：经济科学出版社，2017.

[8] 国际评估准则理事会. 国际评估准则(2022年1月31日生效)[M]. 中国资产评估协会，译. 北京：中国财政经济出版社，2021.

[9] 贺邦靖，刘萍. 中国资产评估制度与准则[M]. 北京：中国财政经济出版社，2013.

[10] 中国资产评估协会. 资产评估准则——基本准则[M]. 北京：机械工业出版社，2004.

[11] 中国资产评估协会.《资产评估职业道德准则——基本准则》释义[M]. 北京：机械工业出版社，2004.

[12] 中国资产评估协会.《资产评估准则——评估程序》讲解[M]. 北京：经济科学出版社，2008.

[13] 中国资产评估协会.《资产评估准则——工作底稿》讲解[M]. 北京：经济科学出版社，2008.

[14] 中国资产评估协会. 企业国有资产评估报告指南讲解[M]. 北京：中国财政经济出版社，2010.